国家卫生和计划生育委员会“十三五”规划教材
全国中等卫生职业教育教材

供医学检验技术专业用　　第3版

生物化学基础

主　编　莫小卫　方国强

副主编　刘文芳　再努热木•阿不都外力

编　者（以姓氏笔画为序）

方国强（广东省潮州卫生学校）
石海燕（赤峰学院）
再努热木•阿不都外力（新疆伊宁卫生学校）
吕荣光（甘肃卫生职业学院）
刘文芳（山东省临沂卫生学校）
孙革新（黑龙江护理高等专科学校）
冷淑萍（大庆医学高等专科学校）
郑学锋（许昌学院）
祝红梅（江西省赣州卫生学校）
莫小卫（梧州市卫生学校）
薛刚霞（运城护理职业学院）

人民卫生出版社

图书在版编目(CIP)数据

生物化学基础 / 莫小卫，方国强主编. —3 版. —北京：人民卫生出版社，2016

ISBN 978-7-117-23930-1

Ⅰ. ①生… Ⅱ. ①莫… ②方… Ⅲ. ①生物化学－中等专业学校－教材 Ⅳ. ①Q5

中国版本图书馆 CIP 数据核字(2017)第 010965 号

人卫智网	**www.ipmph.com**	**医学教育、学术、考试、健康，购书智慧智能综合服务平台**
人卫官网	**www.pmph.com**	**人卫官方资讯发布平台**

生物化学基础

第 3 版

主　　编：莫小卫　方国强
出版发行：人民卫生出版社（中继线 010-59780011）
地　　址：北京市朝阳区潘家园南里 19 号
邮　　编：100021
E - mail：pmph @ pmph.com
购书热线：010-59787592　010-59787584　010-65264830
印　　刷：三河市国英印务有限公司
经　　销：新华书店
开　　本：787 × 1092　1/16　　**印张**：14
字　　数：349 千字
版　　次：2002 年 8 月第 1 版　　2017 年 2 月第 3 版
2023 年 1 月第 3 版第 6 次印刷（总第 27 次印刷）
标准书号：ISBN 978-7-117-23930-1/R・23931
定　　价：25.00 元

出版说明

为全面贯彻党的十八大和十八届三中、四中、五中全会精神，依据《国务院关于加快发展现代职业教育的决定》要求，更好地服务于现代卫生职业教育快速发展的需要，适应卫生事业改革发展对医药卫生职业人才的需求，贯彻《医药卫生中长期人才发展规划(2011—2020年)》《现代职业教育体系建设规划(2014—2020年)》文件精神，人民卫生出版社在教育部、国家卫生和计划生育委员会的领导和支持下，按照教育部颁布的《中等职业学校专业教学标准(试行)》医药卫生类(第二辑)(简称《标准》)，由全国卫生职业教育教学指导委员会(简称卫生行指委)直接指导，经过广泛的调研论证，成立了中等卫生职业教育各专业教育教材建设评审委员会，启动了全国中等卫生职业教育第三轮规划教材修订工作。

本轮规划教材修订的原则：①明确人才培养目标。按照《标准》要求，本轮规划教材坚持立德树人，培养职业素养与专业知识、专业技能并重，德智体美全面发展的技能型卫生专门人才。②强化教材体系建设。紧扣《标准》，各专业设置公共基础课(含公共选修课)、专业技能课(含专业核心课、专业方向课、专业选修课)；同时，结合专业岗位与执业资格考试需要，充实完善课程与教材体系，使之更加符合现代职业教育体系发展的需要。在此基础上，组织制订了各专业课程教学大纲并附于教材中，方便教学参考。③贯彻现代职教理念。体现“以就业为导向，以能力为本位，以发展技能为核心”的职教理念。理论知识强调“必需、够用”；突出技能培养，提倡“做中学、学中做”的理实一体化思想，在教材中编入实训(实验)指导。④重视传统融合创新。人民卫生出版社医药卫生规划教材经过长时间的实践与积累，其中的优良传统在本轮修订中得到了很好的传承。在广泛调研的基础上，再版教材与新编教材在整体上实现了高度融合与衔接。在教材编写中，产教融合、校企合作理念得到了充分贯彻。⑤突出行业规划特性。本轮修订紧紧依靠卫生行指委和各专业教育教材建设评审委员会，充分发挥行业机构与专家对教材的宏观规划与评审把关作用，体现了国家卫生计生委规划教材一贯的标准性、权威性、规范性。⑥提升服务教学能力。本轮教材修订，在主教材中设置了一系列服务教学的拓展模块；此外，教材立体化建设水平进一步提高，根据专业需要开发了配套教材、网络增值服务等，大量与课程相关的内容围绕教材形成便捷的在线数字化教学资源包，通过扫描每章标题后的二维码，可在手机等移动终端上查看和共享对应的在线教学资源，为教师提供教学素材支撑，为学生提供学习资源服务，教材的教学服务能力明显增强。

人民卫生出版社作为国家规划教材出版基地，有护理、助产、农村医学、药剂、制药技术、营养与保健、康复技术、眼视光与配镜、医学检验技术、医学影像技术、口腔修复工艺等24个专业的教材获选教育部中等职业教育专业技能课立项教材，相关专业教材根据《标准》颁布情况陆续修订出版。

医学检验技术专业编写说明

2010年，教育部公布《中等职业学校专业目录(2010年修订)》，将医学检验专业(0810)更名为医学检验技术专业(100700)，目的是面向医疗卫生机构，培养从事临床检验、卫生检验、采供血检验及病理技术等工作的、德智体美全面发展的高素质劳动者和技能型人才。人民卫生出版社积极落实教育部、国家卫生和计划生育委员会相关要求，推进《标准》实施，在卫生行指委指导下，进行了认真细致的调研论证工作，规划并启动了教材的编写工作。

本轮医学检验技术专业规划教材与《标准》课程结构对应，设置公共基础课(含公共选修课)、专业基础课、专业技能课(含专业核心课、专业方向课、专业选修课)教材。其中专业核心课教材根据《标准》要求设置共8种。

本轮教材编写力求贯彻以学生为中心、贴近岗位需求、服务教学的创新教材编写理念，教材中设置了“学习目标”“病例/案例”“知识链接”“考点提示”“本章小结”“目标测试”“实训/实验指导”等模块。“学习目标”“考点提示”“目标测试”相互呼应衔接，着力专业知识掌握，提高专业考试应试能力。尤其是“病例/案例”“实训/实验指导”模块，通过真实案例激发学生的学习兴趣、探究兴趣和职业兴趣，满足了“真学、真做、掌握真本领”“早临床、多临床、反复临床”的新时期卫生职业教育人才培养新要求。

全国卫生职业教育教学指导委员会

全国中等卫生职业教育
国家卫生和计划生育委员会“十三五”规划教材目录

总序号	适用专业	分序号	教材名称	版次
1	中等卫生	1	职业生涯规划	2
2	职业教育	2	职业道德与法律	2
3	各专业	3	经济政治与社会	1
4		4	哲学与人生	1
5		5	语文应用基础	3
6		6	数学应用基础	3
7		7	英语应用基础	3
8		8	医用化学基础	3
9		9	物理应用基础	3
10		10	计算机应用基础	3
11		11	体育与健康	2
12		12	美育	3
13		13	病理学基础	3
14		14	病原生物与免疫学基础	3
15		15	解剖学基础	3
16		16	生理学基础	3
17		17	生物化学基础	3
18		18	中医学基础	3
19		19	心理学基础	3
20		20	医学伦理学	3
21		21	营养与膳食指导	3
22		22	康复护理技术	2
23		23	卫生法律法规	3
24		24	就业与创业指导	3
25	护理专业	1	解剖学基础 **	3
26		2	生理学基础 **	3
27		3	药物学基础 **	3
28		4	护理学基础 **	3

续表

总序号	适用专业	分序号	教材名称	版次
29		5	健康评估 **	2
30		6	内科护理 **	3
31		7	外科护理 **	3
32		8	妇产科护理 **	3
33		9	儿科护理 **	3
34		10	老年护理 **	3
35		11	老年保健	1
36		12	急救护理技术	3
37		13	重症监护技术	2
38		14	社区护理	3
39		15	健康教育	1
40	助产专业	1	解剖学基础 **	3
41		2	生理学基础 **	3
42		3	药物学基础 **	3
43		4	基础护理 **	3
44		5	健康评估 **	2
45		6	母婴护理 **	1
46		7	儿童护理 **	1
47		8	成人护理(上册)-内外科护理 **	1
48		9	成人护理(下册)-妇科护理 **	1
49		10	产科学基础 **	3
50		11	助产技术 **	1
51		12	母婴保健	3
52		13	遗传与优生	3
53	护理、助产	1	病理学基础	3
54	专业共用	2	病原生物与免疫学基础	3
55		3	生物化学基础	3
56		4	心理与精神护理	3
57		5	护理技术综合实训	2
58		6	护理礼仪	3
59		7	人际沟通	3
60		8	中医护理	3
61		9	五官科护理	3
62		10	营养与膳食	3
63		11	护士人文修养	1
64		12	护理伦理	1
65		13	卫生法律法规	3

续表

总序号	适用专业	分序号	教材名称	版次
66		14	护理管理基础	1
67	农村医学专业	1	解剖学基础 **	1
68		2	生理学基础 **	1
69		3	药理学基础 **	1
70		4	诊断学基础 **	1
71		5	内科疾病防治 **	1
72		6	外科疾病防治 **	1
73		7	妇产科疾病防治 **	1
74		8	儿科疾病防治 **	1
75		9	公共卫生学基础 **	1
76		10	急救医学基础 **	1
77		11	康复医学基础 **	1
78		12	病原生物与免疫学基础	1
79		13	病理学基础	1
80		14	中医药学基础	1
81		15	针灸推拿技术	1
82		16	常用护理技术	1
83		17	农村常用医疗实践技能实训	1
84		18	精神病学基础	1
85		19	实用卫生法规	1
86		20	五官科疾病防治	1
87		21	医学心理学基础	1
88		22	生物化学基础	1
89		23	医学伦理学基础	1
90		24	传染病防治	1
91	营养与保健专业	1	正常人体结构与功能 *	1
92		2	基础营养与食品安全 *	1
93		3	特殊人群营养 *	1
94		4	临床营养 *	1
95		5	公共营养 *	1
96		6	营养软件实用技术 *	1
97		7	中医食疗药膳 *	1
98		8	健康管理 *	1
99		9	营养配餐与设计 *	1
100	康复技术专业	1	解剖生理学基础 *	1
101		2	疾病学基础 *	1
102		3	临床医学概要 *	1

续表

总序号	适用专业	分序号	教材名称	版次
103		4	药物学基础	2
104		5	康复评定技术 *	2
105		6	物理因子治疗技术 *	1
106		7	运动疗法 *	1
107		8	作业疗法 *	1
108		9	言语疗法 *	1
109		10	中国传统康复疗法 *	1
110		11	常见疾病康复 *	2
111	眼视光与	1	验光技术 *	1
112	配镜专业	2	定配技术 *	1
113		3	眼镜门店营销实务 *	1
114		4	眼视光基础 *	1
115		5	眼镜质检与调校技术 *	1
116		6	接触镜验配技术 *	1
117		7	眼病概要	1
118		8	人际沟通技巧	1
119	医学检验	1	无机化学基础 *	3
120	技术专业	2	有机化学基础 *	3
121		3	生物化学基础	3
122		4	分析化学基础 *	3
123		5	临床疾病概要 *	3
124		6	生物化学及检验技术	3
125		7	寄生虫检验技术 *	3
126		8	免疫学检验技术 *	3
127		9	微生物检验技术 *	3
128		10	临床检验	3
129		11	病理检验技术	1
130		12	输血技术	1
131		13	卫生学与卫生理化检验技术	1
132		14	医学遗传学	1
133		15	医学统计学	1
134		16	检验仪器使用与维修 *	1
135		17	医学检验技术综合实训	1
136	医学影像	1	解剖学基础 *	1
137	技术专业	2	生理学基础 *	1
138		3	病理学基础 *	1
139		4	影像断层解剖	1

续表

总序号	适用专业	分序号	教材名称	版次
140		5	医用电子技术 *	3
141		6	医学影像设备 *	3
142		7	医学影像技术 *	3
143		8	医学影像诊断基础 *	3
144		9	超声技术与诊断基础 *	3
145		10	X 线物理与防护 *	3
146		11	X 线摄影化学与暗室技术	3
147	口腔修复	1	口腔解剖与牙雕刻技术 *	2
148	工艺专业	2	口腔生理学基础 *	3
149		3	口腔组织及病理学基础 *	2
150		4	口腔疾病概要 *	3
151		5	口腔工艺材料应用 *	3
152		6	口腔工艺设备使用与养护 *	2
153		7	口腔医学美学基础 *	3
154		8	口腔固定修复工艺技术 *	3
155		9	可摘义齿修复工艺技术 *	3
156		10	口腔正畸工艺技术 *	3
157	药剂、制药	1	基础化学 **	1
158	技术专业	2	微生物基础 **	1
159		3	实用医学基础 **	1
160		4	药事法规 **	1
161		5	药物分析技术 **	1
162		6	药物制剂技术 **	1
163		7	药物化学 **	1
164		8	会计基础	1
165		9	临床医学概要	1
166		10	人体解剖生理学基础	1
167		11	天然药物学基础	1
168		12	天然药物化学基础	1
169		13	药品储存与养护技术	1
170		14	中医药基础	1
171		15	药店零售与服务技术	1
172		16	医药市场营销技术	1
173		17	药品调剂技术	1
174		18	医院药学概要	1
175		19	医药商品基础	1
176		20	药理学	1

** 为“十二五”职业教育国家规划教材

* 为“十二五”职业教育国家规划立项教材

前 言

本教材以科学发展观为指导，全面落实教育规划纲要，贯彻“加快发展现代职业教育”精神，以服务为宗旨，以就业为导向；遵循技术技能型人才成长规律，按照建立职业教育人才成长“立交桥”的要求，通过教材内容的衔接和贯通，力求体现新的职教理念和要求。运用现代信息技术教材呈现形式，配合“富媒体”素材，着力加强数字化教学资源建设。

作为“全国中等卫生职业教育‘十三五’规划教材及国家卫生和计划生育委员会‘十三五’规划教材”之一，本教材主要供中等卫生职业学校医学检验技术专业使用，在编写过程中遵循“三基五性三特定”的编写原则，“三基”为基本知识、基本理论、基本技能；“五性”为思想性、科学性、先进性、启发性、适用性；“三特定”为特定目标、特定对象、特定限制。教材融传授知识、培养能力、提高素质为一体，注重职业教育人才德能并重、知行合一和崇高的职业精神的培养。重视培养学生的创新、获取信息及终身学习的能力。

本教材在强调生物化学知识系统性的同时，针对中等卫生职业教育医学检验技术专业的实际需要，在教材内容的编排上有所侧重，体现了为专业课程服务的理念。全书内容共十二个单元，包括绪论、蛋白质与核酸化学、酶、维生素、糖代谢、生物氧化、脂类代谢、蛋白质分解代谢、肝生物化学、基因信息的传递与表达、水和无机盐代谢、酸碱平衡。根据编写要求，在每一章的内容之前列出了“学习目标”，围绕着学习目标组织教学内容。每章设有“案例”、“考点链接”、“知识拓展”、“知识链接”、“目标测试”，部分章设有“前沿知识”，对正文相关知识内容进行了扩展和延伸，增加教材的应用性、趣味性和可读性，拓展学生知识面，以激发学生学习兴趣。在每章后面附有对本章内容总结性的描述（本章小结）。教材后附有教学时间分配表（72学时）和教学大纲，方便各学校在教学时选择。

教材的“富媒体”素材按照教材章节的顺序制作，主要包括各章教学课件、案例分析，以及一部分与全国卫生资格考试题型匹配的目标测试题，供教师教学和学生们学习时选用。

本书在编写和出版过程中，全体参编人员在编写过程中都付出了最大努力。为了再版时知识点更加系统完善，本书的质量进一步提高，敬请使用本教材的广大师生提出宝贵意见。

莫小卫　方国强

2016年10月

目 录

第一章 绪 论

学习目标

1. 掌握：生物化学的概念，生物化学的主要研究内容。
2. 了解：生物化学的发展史，生物化学与医学的关系。

生物化学即“生命的化学”，是研究生物体的物质组成、化学结构以及各种化学变化的科学，其主要任务是从分子水平和化学变化的本质上解释各种生命现象。它是生命科学的重要组成部分。在医学领域，生物化学的主要研究对象是人体。

考点链接

生物化学的概念、医学生物化学研究的对象

生物化学集合了生物学、化学、数学、物理、生理学、细胞生物学、遗传学和免疫学等多门学科的理论和方法，与众多学科有着广泛而密切的联系；并且，其研究进展随着相关学科的发展而突飞猛进，成为现代生命科学研究的重要基础学科之一。

一、生物化学研究的主要内容

（一）生物体的物质组成、化学结构及功能

生物体是由无机物和有机物两大类物质组成的。无机物包括水和无机盐，有机物主要包括蛋白质、核酸、糖类、脂类和维生素。它们依据分子量的大小，又可分为生物小分子和生物大分子两大类。生物小分子有维生素、激素、水、无机盐以及构成生物大分子所需的氨基酸、核苷酸、糖、脂肪酸和甘油等。生物大分子主要有蛋白质、核酸、多糖和以结合状态存在的脂质。各种生物分子，尤其是蛋白质与核酸等生物大分子均有其独特的结构与功能，且两者密切相关。结构是功能的基础，功能是结构的体现，物质的结构决定物质的功能。

（二）新陈代谢及其调控

新陈代谢是生命的基本特征。生物体不断地与外界环境进行物质和能量交换，与此同时，生物体内也不断地进行物质和能量的自我更新，这是生命体有别于非生命体的重要标志。新陈代谢包括合成代谢和分解代谢。合成代谢是一个同化作用过程，可将摄入的小分子物质转变为机体自身的大分子物质，以保证机体正常的生长、发育、繁殖、修复和更新，需消耗能量。分解代谢是一个异化作用过程，可将机体自身的大分子物质分解为小分子物质，其作用在于释放能量（产能），合成 ATP 供机体利用，同时也为合成代谢提供原

料。新陈代谢在体内受到严格的调节和控制，以保证机体适应外环境的变化，维持内环境的稳定。

（三）遗传信息的传递与表达

遗传是指由基因的传递，使后代获得亲代的特性。这是生命体区别于非生命体的又一基本特征。核酸作为生命体的遗传物质，分 DNA 和 RNA 两大类。DNA 是遗传信息的主要载体，基因即为 DNA 分子中的功能片段；而 RNA 则参与遗传信息表达的各个过程。遗传信息的传递与表达主要包括 DNA 复制、RNA 转录和蛋白质的翻译等生命过程，涉及遗传、变异、生长、分化等生命现象，与遗传性疾病、恶性肿瘤、心血管疾病等多种疾病的发病机制有关，是现代生物化学十分重要的研究内容。

二、生物化学的发展过程

生物化学是在 20 世纪初作为一门独立的学科发展起来的，其发展过程大致可分为三个阶段，即叙述生物化学、动态生物化学和功能生物化学阶段。

（一）叙述生物化学阶段

从 19 世纪末到 20 世纪初，各国科学家对糖类、脂类等生物体化学组成进行了研究，并对生物体各种组成成分进行分离、纯化、结构测定、合成及理化性质的研究，客观描述了组成生物体的物质含量、分布、结构、性质与功能。虽然同期生物体内的一些化学过程也被发现，并进行过研究，但总的来说还是以分析和研究生物体的组成成分为主，是生物化学的萌芽时期，所以，这一时期被称为叙述生物化学阶段或静态生物化学阶段。

> **考点链接**
>
> 生物化学的发展分几个阶段

（二）动态生物化学阶段

从 20 世纪初期开始至 20 世纪中期，随着科学技术的不断进步，生物化学的研究取得了蓬勃的发展。在营养学方面，发现了必需氨基酸、必需脂肪酸和多种维生素。在内分泌学方面，发现了许多不同的激素。在酶学方面，1926 年脲酶被成功分离并结晶。接着，胃蛋白酶及胰蛋白酶等也被相继分离纯化。酶被证实是一类蛋白质，其性质及功能研究得到迅速发展。在新陈代谢方面，生物化学工作者应用放射性核素示踪法等当时较为先进的手段，深入研究各种物质在生物体内的化学变化，使各种物质代谢途径，如三羧酸循环、脂肪酸 β-氧化、糖酵解及鸟氨酸循环等过程得以明确阐述。由于代谢是一个动态过程，所以，这个时期被称为动态生物化学阶段。

（三）功能生物化学阶段（分子生物化学阶段）

从 20 世纪 50 年代开始，生物化学进入发展最为迅速的阶段，取得了许多里程碑式的重大突破。期间，蛋白质与核酸等生物大分子的研究成为焦点，核酸的结构和蛋白质生物合成的途径被阐明。尤其是 James D.Waston 和 Francis H.Crick 在 1953 年提出了 DNA 双螺旋结构模型，随后证明了遗传学中心法则，从而产生了分子生物学，并成为生物化学的重要组成部分。

Cohen 于 1973 年建立了体外重组 DNA 方法，标志着基因工程的诞生。1981 年 T.Cech 发现了核酶，从而打破了酶的化学本质都是蛋白质的传统观念。1990 年开始实施的人类基因组计划是生命科学领域有史以来最庞大的全球性研究计划，其研究成果广泛应用于基因诊断、基因治疗和基因工程药物研发，极大地推动了现代医学的发展。

知识链接

我国对生物化学发展的贡献

我国生物化学家在生物化学的发展过程中发挥了重要的作用。1965 年中国科学院上海生物化学研究所的科学家们首次用人工方法合成了具有生物活性的牛胰岛素。1981 年，我国科学家又成功合成了酵母丙氨酰 tRNA。此外，我国科学家还在酶学、蛋白质结构、新基因的克隆和功能等方面取得了重要成就。21 世纪初，我国科学家加入了人类基因组计划，成为参与这一计划的唯一发展中国家，为该计划的顺利完成作出了积极的贡献。

三、生物化学与医学的关系

生物化学作为重要的医学基础课程，其研究内容与疾病的发生、诊断、治疗以及药物的研制均有着密切关系。

1. 生物化学与疾病的发生　DNA 的结构改变可导致细胞变异；血红蛋白结构异常会发生镰刀状红细胞贫血；胰岛素分泌不足可引发糖尿病；酪氨酸酶缺陷会导致白化病；苯丙氨酸羟化酶缺陷会导致苯丙酮酸尿症；糖酵解速度过快可造成乳酸酸中毒；食物中缺乏叶酸或维生素 B_{12} 会发生巨幼红细胞贫血。

2. 生物化学与疾病的诊断　临床上测定血清丙氨酸氨基转移酶，可了解肝脏是否功能正常；检测血清中甲胎蛋白，可协助诊断是否有肝癌的发生；测定红细胞膜上的胆碱酯酶活性，可了解有机磷中毒的程度及评估治疗效果；测定血浆蛋白的种类和含量，可作为肝、肾疾病的诊断依据；分析 DNA 的结构，可了解是否有致病基因的存在。

3. 生物化学与疾病的治疗　通过介入技术将链激酶或尿激酶注入冠状动脉血栓形成处，可将血栓溶解，血管再通；多晒太阳可促进佝偻病患者维生素 D 的合成，从而预防佝偻病或软骨病；通过限制苯丙酮酸尿症患者苯丙氨酸摄入量，对保证患者正常生长发育有一定作用。

4. 生物化学与药物的研制　生物化学与药学有着密切的联系，其迅速发展的理论和技术在制药工业中得到广泛应用，目前生物化学药物根据化学结构可分为以下七类：①氨基酸、多肽及蛋白类药物；②酶和辅酶类药物；③核酸及降解物和衍生物类药物；④糖类药物；⑤脂类药物；⑥维生素类药物；⑦组织制剂。

总之，在临床实践中，不论是疾病的预防，还是疾病的诊断和治疗，或者生物化学药物的研制，生物化学的知识和技术可解决很多问题。这也是学习生物化学的目的之一。

四、学习生物化学的方法

1. 要运用结构决定功能的逻辑思维来学习生物化学。

2. 要注重在学习的过程中对基本概念、关键酶、重要反应过程及特点、生理意义等的理解记忆。

3. 要注意前后联系、勤于思考，充分做到理论联系实际。

4. 要学会学习自学，课前预习、课后及时复习的有效方法。

本章小结

生物化学即“生命的化学”，是研究生物体的物质组成、化学结构以及各种化学变化的科学。其主要任务是从分子水平和化学变化的本质上解释各种生命现象。生物化学主要内容是研究生物体的物质组成、化学结构及功能，新陈代谢及其调控，遗传信息的传递与表达。其发展过程可分为叙述生物化学、动态生物化学和分子生物化学三个阶段。我国生物化学家在生物化学的发展过程中作出了积极的贡献。作为重要的医学基础课程，生物化学与疾病的发生、诊断、治疗以及药物的研制均有着密切关系。

（莫小卫）

目标测试

（单项选择题）

1. 医学生物化学的研究对象是
   A. 人体　　B. 动物体
   C. 自然界所有生物体　　D. 植物体
   E. 微生物
2. 功能生物化学阶段主要研究
   A. 组成生物体的物质含量　　B. 组成生物体的物质的性质
   C. 物质的新陈代谢方面　　D. 以生物大分子的研究成为焦点
   E. 组成生物体的物质分布

第二章　蛋白质与核酸化学

学习目标

1. 掌握：蛋白质元素组成，蛋白质基本组成单位；蛋白质的理化性质；核酸的分子结构。
2. 熟悉：蛋白质基本结构；核酸的分子组成；某些重要的核苷酸。
3. 了解：蛋白质的空间结构，蛋白质结构与功能的关系；蛋白质的分类；核酸的理化性质。

生物体是由数以亿万计的分子量大小不等的分子组成。参与生物体构成并发挥重要生理功能的生物大分子通常都有一定的分子结构规律，即由一定的基本结构单位，按一定的排列顺序和连接方式而形成的多聚体。蛋白质和核酸是体内主要的生物大分子，各自有其结构特征，并分别行使不同的生理功能。核酸具有贮存、传递遗传信息等功能，而蛋白质几乎涉及所有的生理过程。二者的存在与配合，是遗传、繁殖、生长、运动、物质代谢等生命现象的基础。因此研究生物体的分子结构与功能必须先深入了解这两类生物大分子。

第一节　蛋白质的分子组成

蛋白质是生物体的基本组成成分之一，也是生物体中含量最丰富的生物大分子，约占人体干重的45%。蛋白质分布广泛、种类繁多，结构和功能又各不相同，在物质代谢、组织修复、物质运输、肌肉收缩、机体防御和细胞信号传导等各种生命活动过程中，发挥着不可替代的作用。

一、蛋白质的元素组成

虽然蛋白质的种类繁多，结构和功能又各不相同，但元素组成相似，主要有碳（50%～55%）、氢（6%～7%）、氧（19%～24%）、氮（13%～19%）等，还含有硫和少量的磷或铁、锰、锌、铜、钴、钼及碘等元素。氮元素是蛋白质的特征元素，各种蛋白质的含氮量很接近，平均为16%；由于体内的主要含氮物质是蛋白质，因此用凯氏定氮法测定生物样品中的含氮量就可按下式推算出蛋白质大致含量。

100g样品中蛋白质含量（g%）= 每克样品中含氮克数 ×6.25×100

二、蛋白质的基本组成单位——氨基酸

蛋白质受酸、碱或蛋白酶作用，最终水解产物为氨基酸。因此氨基酸是组成蛋白质的基本单位。

（一）氨基酸的结构特点

存在于自然界中的氨基酸有 300 余种，但被生物体直接用于合成蛋白质的仅有 20 种，各种氨基酸结构各不相同，大都属于 L-α- 氨基酸（除甘氨酸外）。其结构通式如图 2-1 所示。

体内也存在若干不参与蛋白质合成但具有重要生理作用的 L-α- 氨基酸，如参与合成尿素的鸟氨酸、瓜氨酸和精氨酸代琥珀酸。

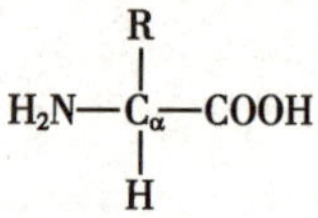

图 2-1 氨基酸的结构通式

（二）氨基酸的分类

根据氨基酸侧链的结构和理化性质不同可将 20 种氨基酸分为四类：①非极性氨基酸；②非电离的极性氨基酸；③碱性氨基酸；④酸性氨基酸（表 2-1）。

表 2-1 20 种常见氨基酸的名称和结构式

中文名	英文名	三字符	结构式	等电点
非极性氨基酸				
丙氨酸	Alanine	Ala	$CH_3—CH(^{+}NH_3)—COO^-$	6.02
缬氨酸 *	*Valine	Val	$(CH_3)_2CH—CH(^{+}NH_3)COO^-$	5.97
亮氨酸 *	*Leucine	Leu	$(CH_3)_2CHCH_2—CH(^{+}NH_3)COO^-$	5.98
异亮氨酸 *	*Isoleucine	Ile	$CH_3CH_2CH(CH_3)—CH(^{+}NH_3)COO^-$	6.02
苯丙氨酸 *	*Phenylalanine	Phe	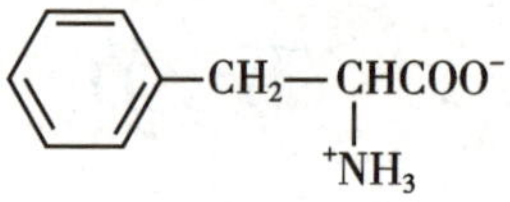	5.48
色氨酸 *	*Tryptophan	Trp	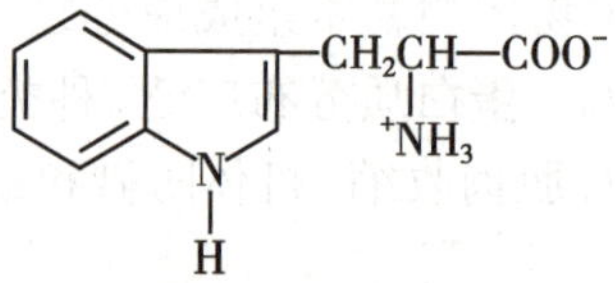	5.89
甲硫（蛋）氨酸 *	*Methionine	Met	$CH_3SCH_2CH_2—CH(^{+}NH_3)COO^-$	5.75
脯氨酸	Proline	Pro	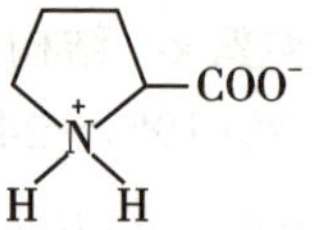	6.30
非电离的极性氨基酸				
甘氨酸	Glycine	Gly	$CH_2(^{+}NH_3)—COO^-$	5.97
丝氨酸	Serine	Ser	$HOCH_2—CH(^{+}NH_3)COO^-$	5.68
苏氨酸 *	*Threonine	Thr	$CH_3CH(OH)—CH(^{+}NH_3)COO^-$	6.53

续表

中文名	英文名	三字符	结构式	等电点
半胱氨酸	Cysteine	Cys	$HSCH_2-CHCOO^-$ $^+NH_3$	5.02
酪氨酸	Tyrosine	Tyr	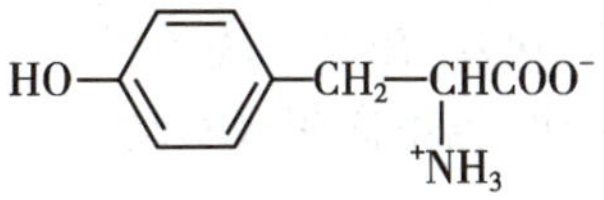	5.66
天冬酰胺	Asparagine	Asn	O $H_2N-\overset{\Vert}{C}-CH_2CHCOO^-$ $^+NH_3$	5.41
谷氨酰胺	Glutamine	Gln	O $H_2N-\overset{\Vert}{C}-CH_2CH_2CHCOO^-$ $^+NH_3$	5.65
碱性氨基酸				
组氨酸	Histidine	His	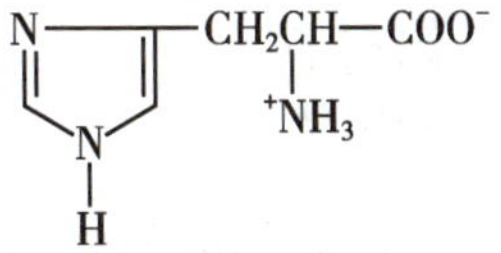	7.59
赖氨酸 *	*Lysine	Lys	$^+NH_3CH_2CH_2CH_2CH_2CHCOO^-$ NH_2	9.74
精氨酸	Arginine	Arg	$^+NH_2$ $H_2N-\overset{\Vert}{C}-NHCH_2CH_2CH_2CHCOO^-$ NH_2	10.76
酸性氨基酸				
天冬氨酸	Aspartic acid	Asp	$HOOCCH_2CHCOO^-$ $^+NH_3$	2.97
谷氨酸	Glutamic acid	Glu	$HOOCCH_2CH_2CHCOO^-$ $^+NH_3$	3.22

带“*”为必需氨基酸

20种氨基酸中脯氨酸和半胱氨酸结构较为特殊。脯氨酸属于亚氨基酸，其在蛋白质合成加工时可被修饰生成羟脯氨酸。半胱氨酸含有巯基，2个半胱氨酸可通过巯基脱氢后以二硫键相连接，形成胱氨酸（图2-2）。蛋白质分子中有不少半胱氨酸以胱氨酸形式存在。

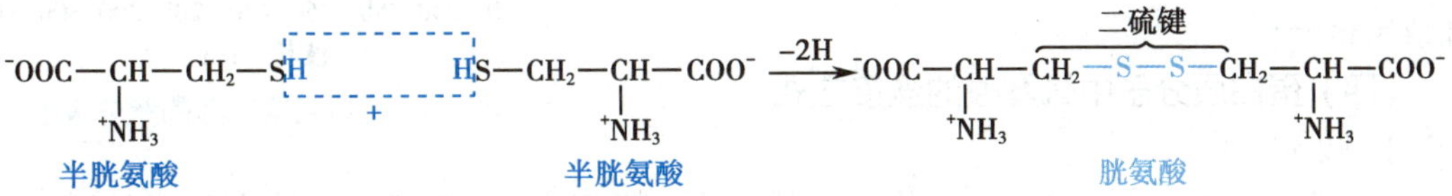

图2-2　胱氨酸和二硫键

（三）氨基酸的重要理化性质

1. 两性解离性质和等电点　由于氨基酸分子中含有碱性的α-氨基和酸性的α-羧基，因此氨基酸是两性电解质，具有两性解离的特性。氨基和羧基的解离受溶液pH的影响，故氨基酸的解离方式取决于其所处溶液的 pH 值。在 pH<pI 的溶液中 H^+ 浓度高，羧基的解离受抑制，氨基酸带正电荷，在电场中向阴极移动。在 pH>pI 的溶液中 H^+ 浓度低，氨基解离受抑制，氨基酸带负电荷，在电场中向阳极移动。在一定的 pH 条件下，某种氨基酸酸性解离和碱性解离的趋势相等，所带的正负电荷相等，称为兼性离子。此时溶液的 pH 就称为该氨基酸的等电点（pI）。在兼性离子状态下，氨基酸所带正负电荷相等，净电荷为零，在电场中既不向阳极移动，也不向阴极移动。

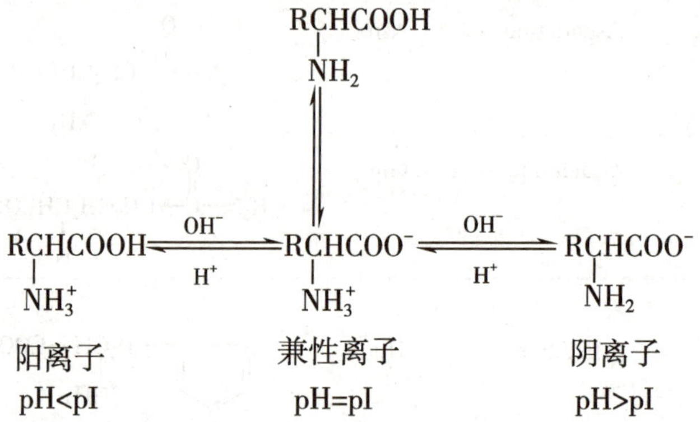

在一定 pH 范围内，氨基酸溶液的 pH 离等电点越远，氨基酸所带的净电荷越多。由于不同氨基酸所含的氨基和羧基的数目不同，解离程度不同，故等电点也不相同（见表 2-1），在同一 pH 溶液中，不同氨基酸所带净电荷种类和数量不同。利用这一性质，可通过电泳、离子交换层析等方法分离、纯化氨基酸。

2. 氨基酸的紫外吸收性质和呈色反应 色氨酸和酪氨酸等芳香族氨基酸含有共轭双键，在 280nm 波长处具有特征性吸收峰（图 2-3）。由于大多数蛋白质含有酪氨酸和色氨酸，所以测定蛋白质溶液 280nm 的光吸收值，是快速分析溶液中蛋白质含量的简便方法。

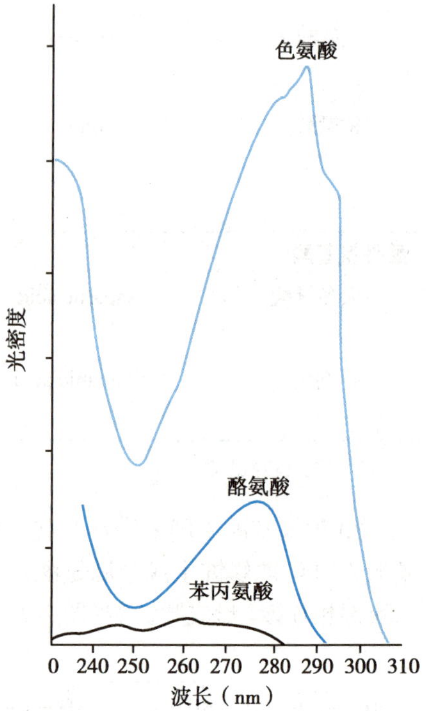

图 2-3 芳香族氨基酸的紫外吸收

氨基酸还能与某些试剂发生特异的颜色反应，如氨基酸与茚三酮试剂共同加热生成蓝紫色化合物，在 570nm 波长处有最大吸收峰，可用于氨基酸的定性或定量分析。

（四）蛋白质分子中氨基酸的连接方式

1. 肽键和肽

（1）肽键：一个氨基酸的 α- 羧基与另一个氨基酸的 α- 氨基脱水缩合形成的酰胺键（-CO-NH-）称为肽键（图 2-4）。

（2）肽：氨基酸通过肽键相连而成的化合物称为肽。由两个氨基酸组成的肽叫二肽，三个氨基酸组成的肽称为三肽，依次类推，一般把十个以下氨基酸组成的肽称为寡肽，十个以上氨基酸组成的肽称为多肽，多肽呈链状亦称为多肽链。多肽链有两端，有自由氨基的一端称氨基末端或 N- 末端，通常写在左侧；有自由羧基的一端称羧基末端或 C- 末端，通常写在右侧。肽链分子中的氨基酸因脱水缩合而基团不完整，被称为氨基酸残基。

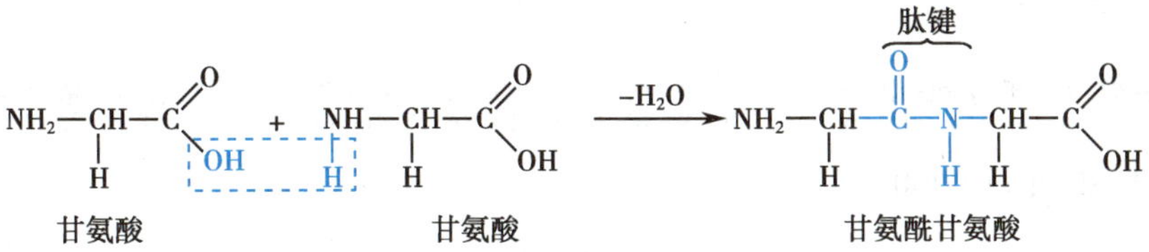

图 2-4 肽键和肽

蛋白质是由许多氨基酸残基组成、有特定空间结构和生物学功能的多肽。蛋白质的氨基酸残基数通常在 50 个以上；50 个氨基酸残基以下的仍称为多肽。例如，常把由 39 个氨基酸残基组成的促肾上腺皮质激素称作多肽，而把含有 51 个氨基酸残基的胰岛素称作蛋白质。

（3）体内重要的生物活性肽：生物体内存在许多具有生物活性的低分子肽，称为生物活性肽。如谷胱甘肽（GSH）是由谷氨酸、半胱氨酸和甘氨酸组成的三肽，是体内重要的还原剂；保持细胞内含巯基的蛋白质或酶还原状态，维持蛋白质或酶的活性；与外源性的毒物、药物等结合，阻断这些物质与 DNA、RNA 以及蛋白质结合，从而对机体起到保护作用。体内有许多激素属寡肽或多肽，例如属于下丘脑 - 垂体肾上腺皮质轴的催产素（9 肽）、加压素（9 肽）、促肾上腺皮质激素（39 肽）、促甲状腺素释放激素（3 肽）等。在神经传导过程中起信号转导作用的肽类如 P 物质（10 肽）、脑啡肽（5 肽）、β- 内啡肽（31 肽）和强啡肽（17 肽）等被称为神经肽。

第二节 蛋白质的结构与功能

案例

患者，女性，18 岁。因发热、间歇性上下肢关节疼痛 3 个月余就诊。体格检查：体温 38.5℃，贫血貌，轻度黄疸，肝、脾略肿大。实验室检查：血红蛋白 80g/L，血细胞比容 9.5%，红细胞总数 3×10^{14}/L，白细胞总数 6×10^{9}/L，白细胞分类正常。网织红细胞计数 0.12；血清铁 21μmol/L，次亚硫酸氢钠试验阳性；Hb 电泳产生一条带，所带正电荷较正常 HbA 多，与 HbS 同一部位。红细胞形态：镰刀型。患者呈明显的贫血症状（红细胞缺乏）、严重感染及重要器官损伤。

请问：1. 正常红细胞是什么形状？有什么特点？

2. 该患者患的是什么病，红细胞为什么会变成镰刀型？

蛋白质分子是由许多氨基酸通过肽键相连形成的结构复杂的生物大分子。蛋白质复杂的分子结构可分为一级、二级、三级和四级结构。一级结构是蛋白质的基本结构，二级、三级、四级结构称为空间结构。蛋白质的生物学功能和性质是由其结构所决定的。

一、蛋白质的基本结构

在蛋白质分子中，从 N- 末端至 C- 末端的氨基酸残基排列顺序称为蛋白质的一级结构。维持一级结构的主要化学键是肽键。胰岛素是第一个被确定一级结构的蛋白质（图 2-5）。

A链 H_2N-甘-异亮-缬-谷-谷酰-半胱-半胱-苏-丝-异亮-半胱-丝-亮-酪-谷酰-亮-谷-天冬酰-酪-半胱-天冬酰-COOH
1 2 3 4 5 6 7 8 9 10 11 12 13 14 15 16 17 18 19 20 21

(A链 6 与 11 之间：S-S；A链 7 与 B链 7 之间：S-S；A链 20 与 B链 19 之间：S-S)

B链 H_2N-苯丙-缬-天冬酰-谷酰-组-亮-半胱-甘-丝-组-亮-缬-谷-丙-亮-酪-亮-缬-半胱-甘-谷-精-甘-苯丙-苯丙-
1 2 3 4 5 6 7 8 9 10 11 12 13 14 15 16 17 18 19 20 21 22 23 24 25
酪-苏-脯-赖-丙-COOH
26 27 28 29 30

图 2-5 人胰岛素的一级结构

由于各种蛋白质的氨基酸组成和排列顺序不同，因此 20 种氨基酸就构成了种类繁多、功能各异的蛋白质。蛋白质一级结构是其空间结构和特异生物学功能的基础。

二、蛋白质的空间结构

蛋白质的分子形状、理化性质和生物学活性与其空间结构密切相关。

（一）蛋白质的二级结构

蛋白质的二级结构是指多肽链主链原子的局部空间排布。二级结构的主要形式有 α- 螺旋、β- 折叠、β- 转角和无规卷曲等。

> **考点链接**
> 蛋白质二级结构主要形式

1. α- 螺旋　指多肽链的主链围绕中心轴作有规律的螺旋状盘曲形成的螺旋状结构。该螺旋为右手螺旋，其走向为顺时针方向。相邻螺旋之间形成氢键，以维持螺旋结构的稳定（图 2-6）。

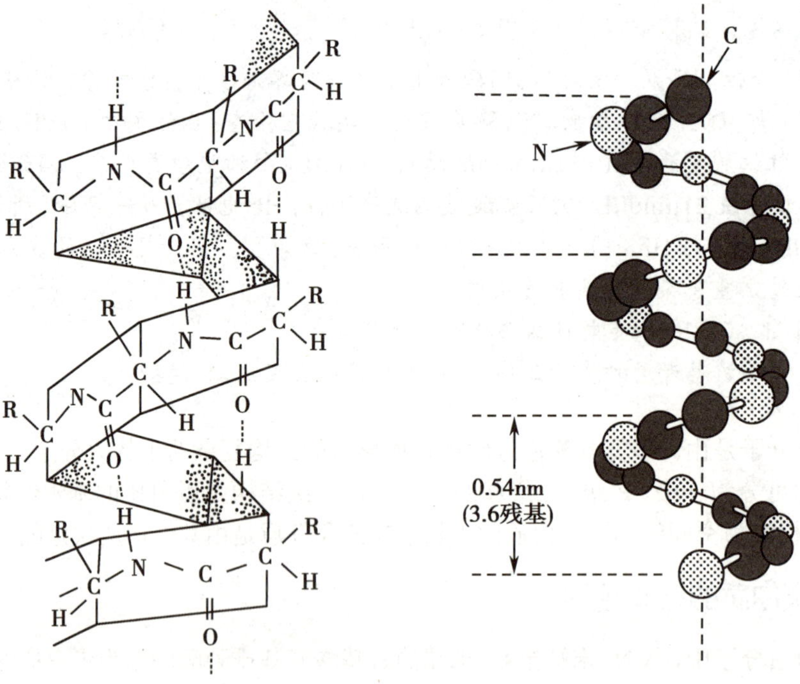

图 2-6 α- 螺旋结构示意图

2. β- 折叠 在β- 折叠结构中，多肽链主链呈折纸状，以 α- 碳原子为旋转点，依次折叠成锯齿状结构，构成β- 折叠的若干肽段互相靠拢，顺向或逆向平行排列并通过氢键相连，以维持β- 折叠结构的稳定（图 2-7）。

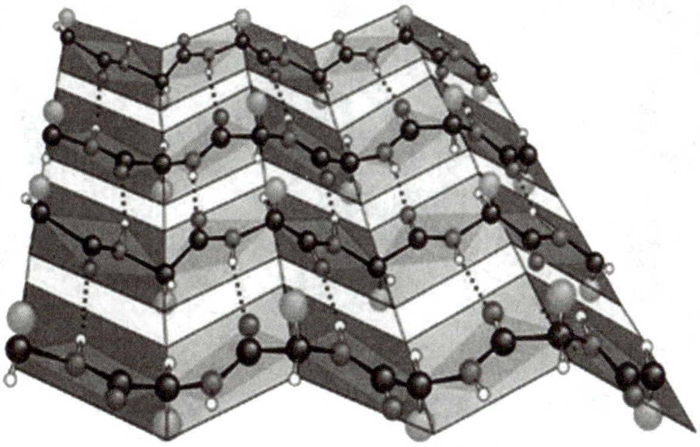

图 2-7 蛋白质的β- 折叠结构

3. β- 转角和无规卷曲 β- 转角常发生在肽链进行 180° 回折时的转角上。无规卷曲是指多肽链中除了以上几种比较规则的构象外，其余没有确定规律性的局部肽链构象。

（二）蛋白质的三级结构

蛋白质的三级结构是指整条肽链所有原子包括主链和侧链在内的空间排布。蛋白质三级结构的形成和稳定主要靠多肽链侧链基团间所形成的次级键如氢键、离子键、二硫键、疏水键、范德华力等，其中以疏水键最为重要（图 2-8）。

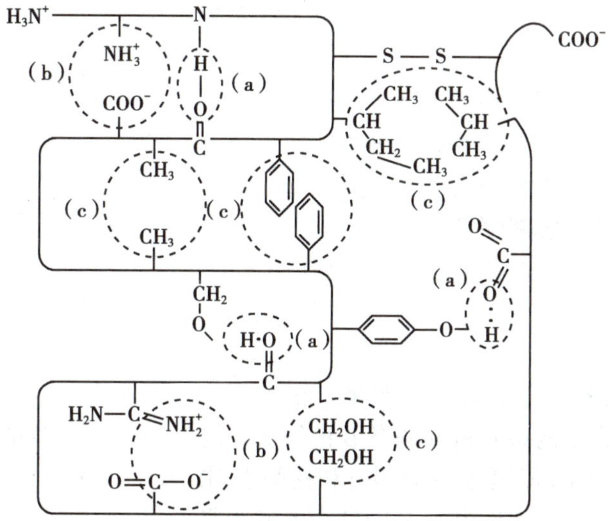

图 2-8 维持蛋白质分子空间构象的化学键

（a）氢键 （b）离子键 （c）疏水作用

（三）蛋白质的四级结构

体内有许多蛋白质分子是由两条或两条以上具有独立三级结构的多肽链通过非共价键聚合而成，其中每条具有独立三级结构的多肽链称为亚基。蛋白质分子中各亚基之间的空间排布称为蛋白质的四级结构，维持四级结构稳定的非共价键主要为疏水键、氢键、离子键，其中离子键尤其重要。

蛋白质分子一、二、三、四级结构示意图(图 2-9)。

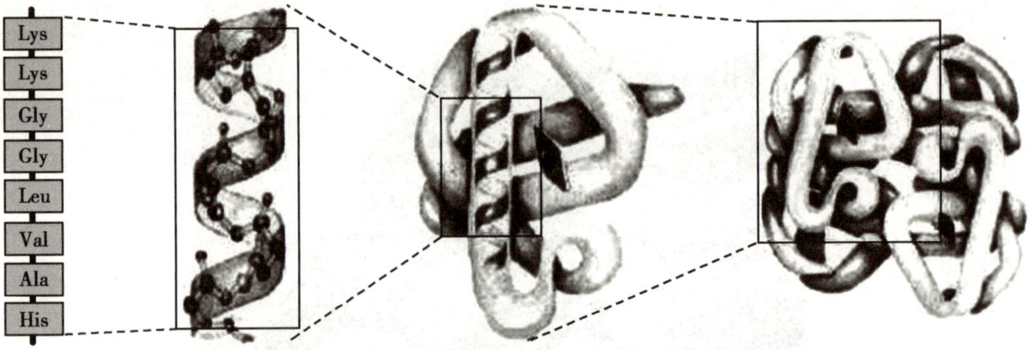

图 2-9 蛋白质一、二、三、四级结构示意图

三、蛋白质结构与功能的关系

(一) 蛋白质一级结构与功能的关系

1. 一级结构是空间结构和功能的基础 如核糖核酸酶是依靠分子内二硫键及非共价键维持其空间结构并保持其活性。当有尿素和 β- 巯基乙醇存在时，二硫键和非共价键断裂，空间结构破坏，酶活性丧失；用透析的方法除去尿素和 β- 巯基乙醇后，由于一级结构未破坏，该酶可恢复原有的空间结构，同时恢复原有的生物学功能。

2. 一级结构的变化与疾病的关系 由遗传突变导致蛋白质分子一级结构改变而引起的疾病，称为分子病。如镰刀状红细胞性贫血(详见第十章第二节)。

(二) 空间结构与功能的关系

蛋白质的各种功能与其空间结构有着密切的关系，当蛋白质空间结构发生改变时其生物学功能也随之发生变化。

1. 血红蛋白构象改变引起功能变化 正常成人红细胞中的血红蛋白由两条 α 链和两条 β 链组成。这四个亚基均有两种构象，即紧张态(T 态)和松弛态(R 态)。在血红蛋白无氧结合时，其亚基间结合紧密为紧张态，此时与氧的亲和力小；在组织中，血红蛋白呈紧张态，使血红蛋白释放出氧供组织利用。在血红蛋白结合氧时，亚基间呈相对松弛状态即松弛态，此时与氧的亲和力大，当第一个亚基与氧结合后，就会促使第二、第三个亚基与氧结合，而前三个亚基与氧的结合，又大大促进了第四个亚基与氧结合；在肺器官内，血红

考点链接

蛋白质结构与功能的关系

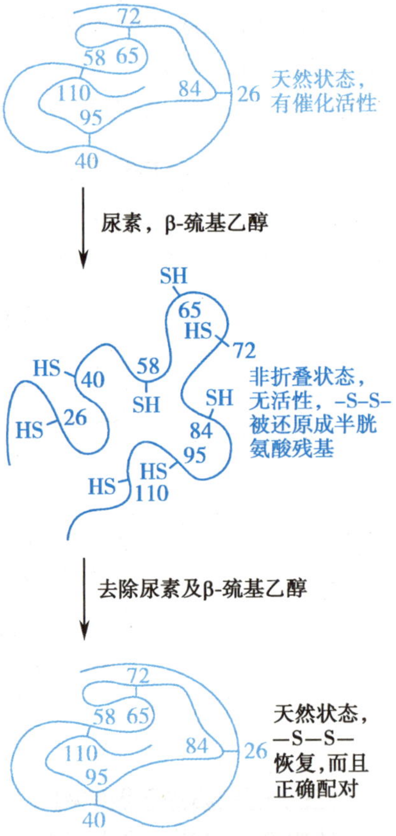

β-巯基乙醇及尿素对核糖核酸酶的作用

图 2-10 牛核糖核酸酶的一级结构与空间结构的关系

蛋白呈松弛态，有利于血红蛋白在氧分压高的肺中迅速充分地与氧结合，从而完成其运输 O_2 功能。

2. 蛋白质构象改变可导致构象病　生物体内蛋白质的合成、加工和成熟是一个复杂的过程，其中多肽链的正确折叠对其正确构象的形成和功能发挥起着至关重要的作用。若蛋白质的折叠发生错误，尽管其一级结构不变，但蛋白质的构象发生改变，仍可影响其功能，严重时可导致疾病发生，有人将此类疾病称为蛋白质构象病。有些蛋白质错误折叠后相互聚集，常形成抗蛋白水解酶的淀粉样纤维沉淀，产生毒性而致病，表现为蛋白质淀粉样纤维沉淀的病理改变，这类疾病包括人纹状体脊髓变性病、老年痴呆症、亨廷顿舞蹈病、疯牛病等。

知识链接

疯牛病

疯牛病是由朊病毒（感染性蛋白质）引起的一组人和动物神经退行性病变。正常动物和人脑中存在由染色体基因编码的蛋白质 PrP，其分子二级结构含多个 α- 螺旋，水溶性强、对蛋白酶敏感，又称为 PrP^C。富含 α- 螺旋的 PrP^C 在某种未知蛋白质的作用下可转变成致病的分子，其二级结构含多个 β- 折叠，亦称为 PrP^{Sc}。PrP^{Sc} 和 PrP^C 的一级结构完全相同，可见 PrP^C 转变成 PrP^{Sc} 涉及蛋白质分子 α- 螺旋重新折叠成 β- 折叠的过程。PrP^{Sc} 对蛋白酶不敏感，水溶性差，而且对热稳定，可以相互聚集，最终形成淀粉样纤维沉淀而致病。

第三节　蛋白质的理化性质和分类

一、蛋白质的理化性质

（一）蛋白质的两性解离与等电点

考点链接

蛋白质的等电点

蛋白质和氨基酸一样具有两性解离性质。蛋白质分子除两端游离的氨基和羧基可解离外，肽链中的酸性和碱性氨基酸残基侧链上的某些基团，在一定的溶液 pH 条件下，都可解离成带负电荷或正电荷的基团。

当蛋白质溶液处于某一 pH 时，蛋白质解离成阳离子和阴离子的趋势相等，即净电荷为零，成为兼性离子，此时溶液的 pH 称为该蛋白质的等电点（pI），图 2-11。

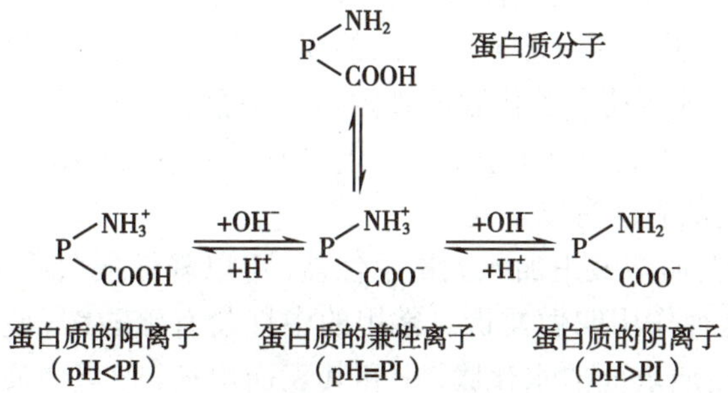

图 2-11　蛋白质两性电离示意图

不同的蛋白质其等电点不同，通常含碱性氨基酸较多的蛋白质其等电点偏碱性。含酸性氨基酸较多的蛋白质其等电点偏酸性。当蛋白质溶液的 pH 小于其等电点时，蛋白质颗粒带正电荷，反之则带负电荷。血浆中大多数蛋白质的等电点在 pH5.0 左右，因而在生理 pH 条件下，血浆蛋白质带负电荷。

利用蛋白质两性解离的特性，可通过电泳将不同的蛋白质从混合物中分离出来。电泳是指带电粒子在电场中向电性相反的电极泳动的现象。不同的蛋白质所带电荷的性质、数量和分子的大小、形状不同，在电场中泳动的速度和方向则不一样。带电荷多，分子小的泳动较快；带电荷少，分子大的泳动较慢，从而达到分离蛋白质的目的。

（二）蛋白质的胶体性质

蛋白质的分子量多在 1 万至 100 万之间，分子颗粒大小在胶体颗粒（1～100nm）范围之内，其水溶液具有胶体溶液的性质。蛋白质颗粒表面大多为亲水基团，可吸引水分子，使颗粒表面形成一层水化膜；此外蛋白质在等电点以外的 pH 环境中颗粒表面带有同种电荷。水化膜和表面带有同种电荷可阻断蛋白质颗粒相互聚集，避免蛋白质从溶液中析出，起到稳定的作用。如去除蛋白质分子表面电荷和水化膜两个稳定因素，蛋白质极易从溶液中析出而产生沉淀。

蛋白质的颗粒很大，不能透过半透膜。利用这一性质可将大分子蛋白质与小分子物质分离。如利用半透膜来分离纯化蛋白质，此方法称为透析。人体的细胞膜、线粒体膜、毛细血管壁等都是半透膜，可使各种蛋白质分布在组织细胞的不同部位，在维持血容量和体液平衡中起着重要的作用。

（三）蛋白质的变性、复性和沉淀

1. 蛋白质的变性和复性　在某些物理或化学因素作用下，蛋白质特定的空间构象被破坏，从而导致其理化性质改变和生物活性丧失，称为蛋白质的变性。引起变性的化学因素有强酸、强碱、有机溶剂、尿素、去污剂、重金属离子等；物理因素有高热、高压、超声波、紫外线、X 射线等。蛋白质变性的实质是次级键断裂，空间结构被破坏，但不涉及氨基酸序列的改变，一级结构不被破坏。蛋白质变性后的特点是溶解度降低，易于沉淀，结晶能力消失，黏度增加，生物活性丧失，易被蛋白酶水解等。

大多数蛋白质变性后，空间构象严重破坏，不能恢复其天然状态，称为不可逆性变性；若蛋白质变性程度较轻，去除变性因素，有些可恢复其天然构象和生物活性，称为蛋白质的复性。如图 2-10 核糖核酸酶的变性与复性。

蛋白质变性性质在临床被广泛应用，如用乙醇、加热和紫外线进行消毒灭菌。此外，防止蛋白质变性也是有效保存蛋白制剂的必要条件。当制备或保存酶、疫苗、免疫血清等蛋白制剂时应选择适当条件，以防其变性或失去活性。

2. 蛋白质的沉淀　蛋白质自溶液中析出的现象称为蛋白质的沉淀。蛋白质分子在水溶液中由于颗粒表面同种电荷和水化膜两种因素而不会相互凝聚、沉淀。若用物理或化学方法破坏蛋白质高分子溶液的两个稳定因素，蛋白质易从溶液中析出而产生沉淀（图 2-12）。

常用的蛋白质沉淀的方法有以下几种。

（1）盐析法：向蛋白质溶液中加入大量中性盐，可以降低蛋白质的溶解度，使蛋白质凝聚而从溶液中析出，这种作用叫做盐析。常用的中性盐有硫酸铵、硫酸钠和氯化钠等。高浓度的中性盐破坏蛋白质表面的水化膜，中和其表面电荷，使蛋白质颗粒聚集而沉淀。盐析与溶液的 pH 值及离子强度有关。pH 越接近等电点，蛋白质越容易沉淀。由于各种蛋白

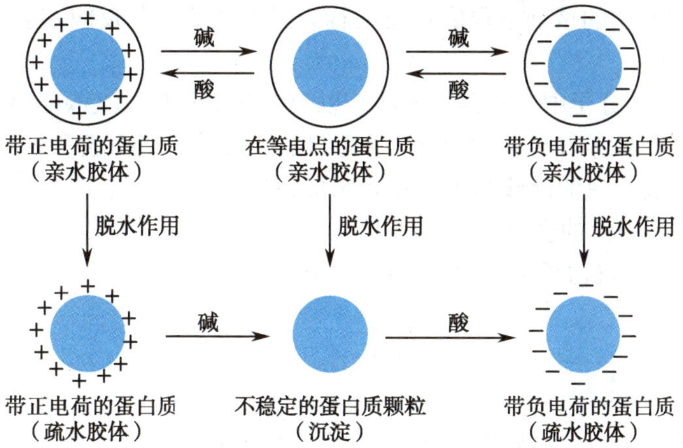

图 2-12 蛋白质在溶液中的聚沉

质的溶解度和等电点不同，盐析时所需的 pH 值和离子强度也不相同，如血浆球蛋白在半饱和的硫酸铵溶液中沉淀，而清蛋白则在饱和的硫酸铵溶液中沉淀。因此通过改变溶液的盐浓度和 pH 值可将混合溶液中的蛋白质分离。此法的主要特点是沉淀的蛋白质不变性，因此常用于酶、激素等具有生物活性的蛋白质的制备。

（2）有机溶剂沉淀法：在蛋白质溶液中加入一定量的与水互溶的有机溶剂（乙醇、丙酮、甲醇等），有机溶剂与水的亲和力大，能破坏蛋白质表面的水化膜，同时也降低溶液的介电常数而影响蛋白质的解离，是常用的蛋白质沉淀方法。此法可引起蛋白质的变性，这与有机溶剂的浓度、作用时间和温度有关。因此用此法分离制备有生物活性的蛋白质时，应注意控制可引起变性的因素。

（3）重金属盐沉淀法：蛋白质在 pH>pI 的溶液中呈负离子状态，可与重金属离子（Cu^{2+}、Hg^{2+}、Pb^{2+}、Ag^{+} 等）结合成不溶性蛋白盐而沉淀。临床上抢救误食重金属盐中毒的患者时，给予大量的蛋白质使之生成不溶性沉淀而减少重金属盐离子的吸收。

（4）生物碱试剂沉淀法：蛋白质在 pH<pI 时带正电荷，可与生物碱试剂（如苦味酸、磷钨酸、磷钼酸、鞣酸、三氯醋酸、磺基水杨酸等）结合成不溶性盐而沉淀。此类反应在实际工作中有许多应用。如临床检验中无蛋白血滤液的制备和中草药注射液中蛋白质检查，以及鞣酸、苦味酸的收敛作用等原理均以此反应为依据。

（5）加热沉淀：加热可使蛋白质变性，疏水基团暴露，分子水溶性降低而发生沉淀。蛋白质溶液在等电点时加热更易于沉淀，而偏酸或偏碱时加热则不易发生沉淀。

变性的蛋白质易于沉淀，但沉淀的蛋白质不一定变性（如盐析法沉淀）。蛋白质经强酸、强碱作用发生变性后，仍能溶解于强酸或强碱溶液中。可见沉淀的蛋白质不一定变性，变性的蛋白质也不一定沉淀。有些蛋白质溶液的 pH 调至等电点时，蛋白质会结成絮状的不溶解物，此絮状物仍可溶解于强酸或强碱中。如再加热则絮状物可变成比较坚固的凝块，此凝块不再溶解于强酸和强碱中，这种现象称为蛋白质的凝固作用。凝固是蛋白质变性后进一步发展的不可逆的结果。

（四）蛋白质的紫外线吸收特征及呈色反应

蛋白质分子中含有具共轭双键的酪氨酸和色氨酸残基，在 280nm 波长处有特征性吸收峰，可利用蛋白质的紫外吸收特性作定量分析。蛋白质分子中的肽键以及氨基酸残基的某些化学基团，可与有关的试剂呈现颜色反应称为蛋白质的呈色反应，这些反应可用于蛋白质的定性、定量分析。

1. 双缩脲反应　分子中含有两个或两个以上氨基甲酰基（$-CONH_2$）的化合物能与碱性硫酸铜溶液作用，形成紫红色的络合物，称为双缩脲反应。蛋白质和多肽分子中的肽键能发生此呈色反应，其颜色的深浅与蛋白质含量成正比。临床检验中常用双缩脲法测定血清总蛋白、血浆纤维蛋白原的含量。

2. 茚三酮反应　蛋白质分子中游离的 α- 氨基，在 pH 为 5～7 的溶液中可与茚三酮反应生成蓝紫色化合物。

二、蛋白质的分类

蛋白质分子结构复杂，种类繁多，分类方法也有很多。

（一）根据蛋白质的组成成分分类

蛋白质可分为单纯蛋白质和结合蛋白质，单纯蛋白质只含氨基酸；结合蛋白质是由蛋白质和非蛋白质两部分组成的。

（二）根据蛋白质形状和空间构象分类

蛋白质可分为纤维状蛋白质和球状蛋白质。纤维状蛋白质形似纤维，多数为结构蛋白质，较难溶于水，如胶原蛋白、弹性蛋白、角蛋白等。球状蛋白质分子盘曲成球形或椭圆形，多数可溶于水，如免疫球蛋白、肌红蛋白、血红蛋白等。球状蛋白质空间结构比纤维蛋白质更复杂，生物体内的功能蛋白质多属于球状蛋白质。

（三）根据蛋白质功能分类

分为活性蛋白质和非活性蛋白质两类，前者包括酶、蛋白质激素、运输和贮存的蛋白质、运动蛋白质和受体蛋白质。后者包括角蛋白、胶原蛋白等。

第四节　核 酸 化 学

核酸分为脱氧核糖核酸（DNA）和核糖核酸（RNA）。DNA 存在于细胞核和线粒体内，是遗传信息的载体；RNA 主要存在于细胞质内，参与细胞内遗传信息的表达。病毒的 RNA 也可作为遗传信息的载体。

一、核酸的分子组成

（一）元素组成

组成核酸的基本元素：C、H、O、N、P；其中 P 元素是特征元素，含量比较稳定，为 9%～10%，平均为 9.5%。通过测定 P 的含量来推算核酸的含量，这种测定核酸含量的方法称定磷法。任何核酸都含磷酸，所以核酸呈酸性。

$$样品中核酸含量(g) = 样品含磷克数(g) \times 10.5$$

（二）化学组成

核酸在核酸酶作用下水解成核苷酸，核苷酸是构成核酸的基本组成单位。核苷酸可进一步水解生成碱基、戊糖和磷酸。

DNA 的基本组成单位是脱氧核糖核苷酸，RNA 的基本组成单位是核糖核苷酸。

考点链接

核酸的分子组成

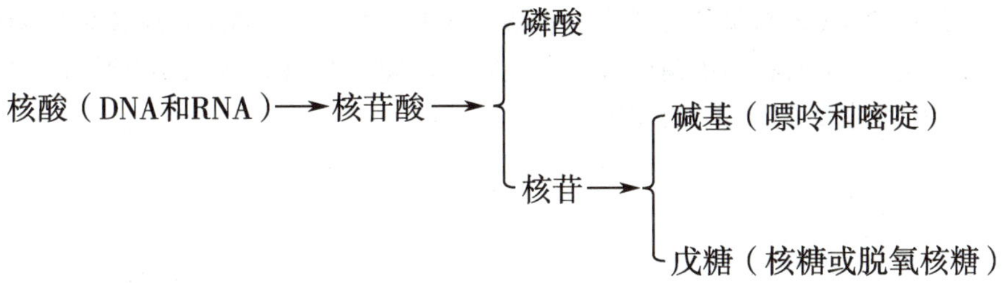

1. 碱基　构成核苷酸的碱基有两类，即嘌呤碱基和嘧啶碱基。嘌呤碱基主要是鸟嘌呤(G)和腺嘌呤(A)，嘧啶碱基主要是胞嘧啶(C)、尿嘧啶(U)和胸腺嘧啶(T)。

DNA 和 RNA 都含有鸟嘌呤(G)、腺嘌呤(A)和胞嘧啶(C)；胸腺嘧啶(T)只存在于 DNA 中；而尿嘧啶(U)只存在于 RNA 中。它们的化学结构见图 2-13。

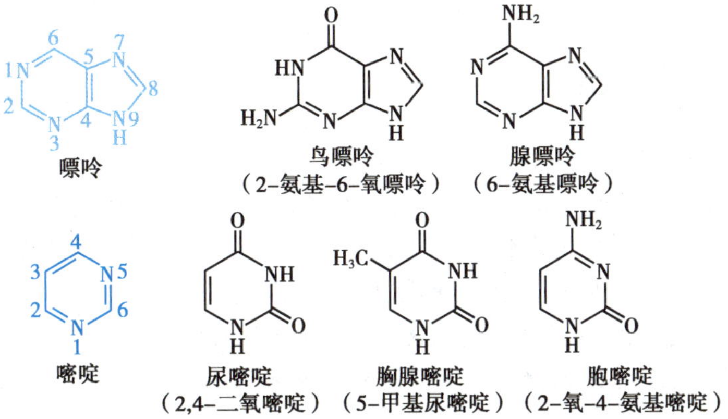

图 2-13　构成核苷酸的嘧啶和嘌呤的化学结构式

核酸中还有一些含量较少的碱基，称为稀有碱基。稀有碱基种类很多，它们是常见碱基的衍生物，如黄嘌呤、次黄嘌呤、二氢尿嘧啶、假尿嘧啶及各种甲基化碱基等。

2. 戊糖　核酸中的戊糖有两类，即 *D*- 核糖和 *D*-2- 脱氧核糖。*D*- 核糖存在于 RNA 中，*D*-2- 脱氧核糖存在于 DNA 中，为区别碱基环中的编号，戊糖的碳原子编号用 1′, 2′, ……表示(图 2-14)。

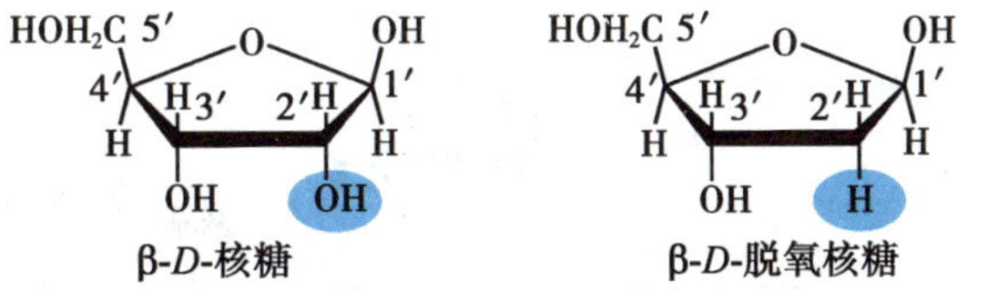

图 2-14　构成核苷酸的核糖和脱氧核糖的化学结构式

（三）核酸的基本组成单位——核苷酸

1. 核苷　核苷是碱基与戊糖以糖苷键相连接所形成的化合物，是由戊糖的第 1′ 位碳原子上的羟基和嘧啶碱基的第 1 位氮原子或嘌呤碱基的第 9 位氮原子的氢脱水缩合而成(图 2-15)。组成 RNA 的核苷有腺苷、鸟苷、尿苷和胞苷，组成 DNA 的脱氧核苷有脱氧腺苷、脱氧鸟苷、脱氧胸苷和脱氧胞苷。

2. 核苷酸　核苷酸多数是核苷或脱氧核苷的 C-5′ 上羟基被磷酸酯化，形成 5′- 核苷酸

（图 2-16）。组成 RNA 的核糖核苷酸有腺苷酸（AMP）、鸟苷酸（GMP）、尿苷酸（UMP）、胞苷酸（CMP）；组成 DNA 的脱氧核糖核苷酸有脱氧腺苷酸（dAMP）、脱氧胞苷酸（dCMP）、脱氧鸟苷酸（dGMP）和脱氧胸苷酸（dTMP）。

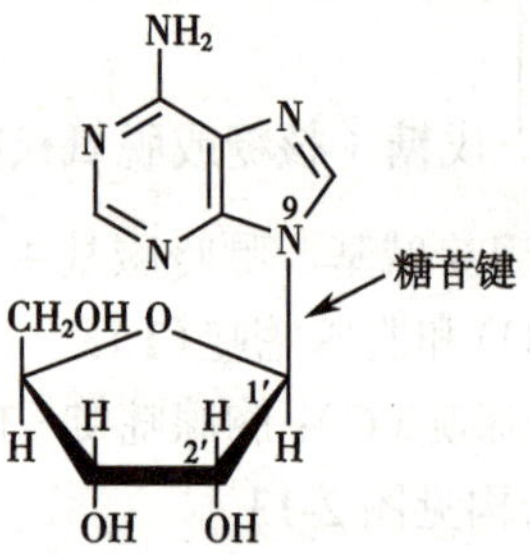

图 2-15　核苷的分子结构

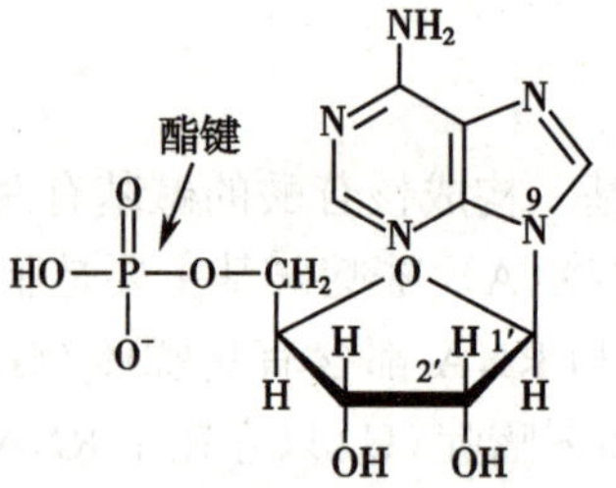

图 2-16　核苷酸的分子结构

二、核酸的分子结构

（一）核酸的一级结构

核酸是由核苷酸聚合而成的生物大分子。核酸的一级结构是核酸中核苷酸的排列顺序。由于核苷酸间的差异主要是碱基不同，所以也称为碱基序列。一个核苷酸的 C-3′ 羟基与另一个核苷酸的 C-5′ 磷酸基脱水形成的化学键称为 3′，5′- 磷酸二酯键（图 2-17（a））。许多个核苷酸之间通过磷酸二酯键相连，形成的长链状化合物称为多核苷酸链。有游离 5′- 磷酸基因的一端称为 5′- 磷酸末端；有游离 3′- 羟基的一端称为 3′- 羟基末端。其书写方法如图 2-17（b）所示。

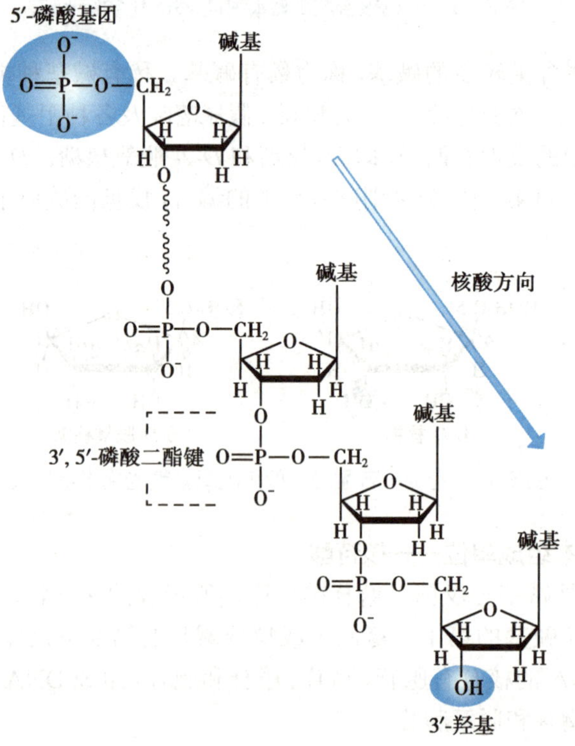

（a）

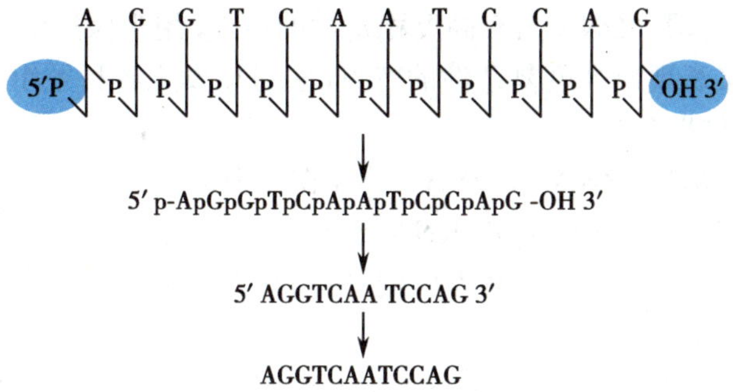

(b)

图 2-17 核苷酸的连接方式

(a) 核苷酸的连接方式；(b) 核酸一级结构表示法及简写方式

（二）核酸的空间结构

1. DNA 的空间结构与功能 J.Watson 和 F.Crick 综合前人的研究结果，提出了 DNA 分子双螺旋结构的模型，并在 1953 年将该模型发表在 *Nature* 杂志上。这一发现揭示了生物界遗传性状得以世代相传的分子机制，它不仅解释了当时已知的 DNA 的理化性质，而且还将 DNA 的功能与结构联系起来，奠定了现代生命科学的基础。DNA 双螺旋结构揭示了 DNA 作为遗传信息载体的物质本质，为 DNA 作为复制模板和基因转录模板提供了结构基础。DNA 双螺旋结构的发现被认为是分子生物学发展史上的里程碑。

考点链接

DNA 的结构与功能

由 Watson 和 Crick 于 1953 年提出的 DNA 双螺旋结构具有下列特征。

（1）DNA 分子是由两条反向平行（一条链为 3′ → 5′，另一条链为 5′ → 3′）的多核苷酸链以右手螺旋方式围绕同一中心轴盘绕而成的双螺旋结构。

（2）在两条链中，磷酸与脱氧核糖位于螺旋外侧，碱基位于螺旋内侧。两条链之间的碱基处在同一平面，构成碱基平面，碱基平面彼此平行、互相重叠，并垂直于双螺旋的中心轴，螺旋表面形成大沟和小沟。

（3）双螺旋的直径为 2nm，每两个相邻碱基对之间的距离为 0.34nm，螺旋每旋转一周含 10 对碱基，螺距为 3.4nm。

（4）两条多核苷酸链之间的碱基通过氢键配对，A-T 之间形成 2 个氢键，G-C 之间形成 3 个氢键（图 2-18）。氢键和碱基平面之间的疏水键是维持双螺旋结构稳定的重要力量。

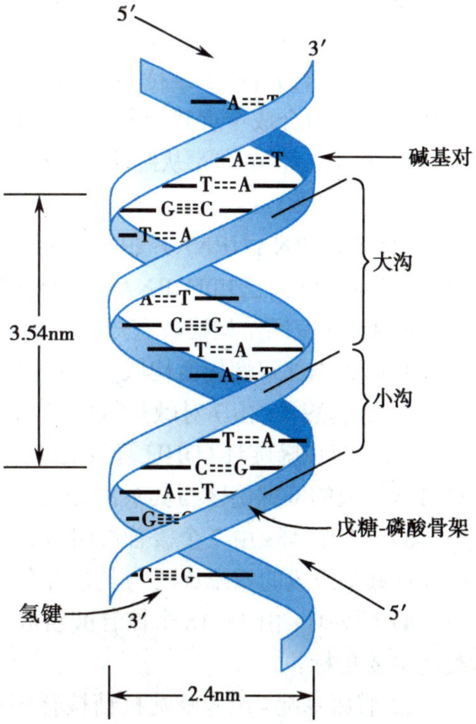

图 2-18 DNA 双螺旋结构示意图

DNA 是生物遗传信息的载体，并为基因复制和转录提供了模板。它是生命遗传的物质基础，也是个体生命活动的信息基础。基因是携带遗传信息的 DNA 片段。DNA 具有高度稳定性的特点，用来保持生物体系遗传的相对稳定性。同时，DNA 又表现出高度复杂性的特点，它可以发生各种重组和突变，适应环境的变迁，为自然选择提供机会。

2. RNA 结构与功能　RNA 与 DNA 一样，在生命活动中发挥着重要的作用。与 DNA 相比，RNA 分子比较小，稳定性差，易被核酸酶水解。RNA 通常为单链，链内如有碱基互补的区域可形成局部双链区。

考点链接

RNA 的结构与功能

体内 RNA 种类繁多，主要有信使 RNA（mRNA）、转运 RNA（tRNA）、核糖体 RNA（rRNA），还有多种小 RNA（sRNA）。

（1）信使 RNA（mRNA）：mRNA 占细胞总 RNA 的 3%～5%，大小相差很大，不稳定，寿命很短。mRNA 在细胞核中合成后转移到细胞质，作为蛋白质多肽链合成的模板。原核生物和真核生物的 mRNA 结构不同，现介绍真核生物成熟 mRNA 的结构（图 2-19）。

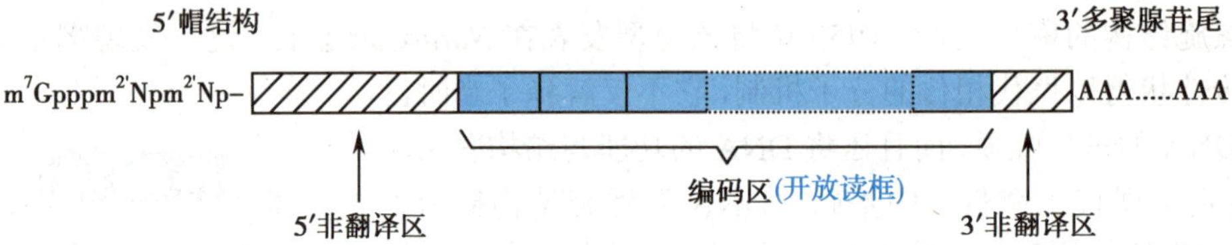

图 2-19　真核生物 mRNA 的结构示意图

真核生物成熟 mRNA 的 5′- 末端有一个甲基化的鸟嘌呤核苷三磷酸，即 m^7GpppNm 的帽子结构；在 mRNA 的 3′- 末端，有一个长度为 30～200 个腺苷酸构成的多聚腺苷酸（poly A）结构，称为多聚腺苷酸尾。“帽”和“尾”都是 mRNA 转录完成后添加上去的，两者中间是基因编码区，存有大量遗传信息。

5′- 帽子结构有助于维持 mRNA 的稳定性，协同 mRNA 从细胞核向细胞质的转运，以及在蛋白质生物合成中促进核糖体和翻译起始因子的结合。3′- 多聚腺苷酸尾结构和 5′- 帽子结构共同负责 mRNA 从细胞核向细胞质的转运、维持 mRNA 的稳定性以及翻译起始的调控。

（2）转运 RNA（tRNA）：tRNA 占细胞总 RNA 的 15%。tRNA 作为氨基酸的载体参与蛋白质的生物合成，已知的 tRNA 由 74～95 个核苷酸组成。

tRNA 的空间结构比较有规律。tRNA 的二级结构最具特色，呈三叶草型（图 2-20）。配对碱基形成局部双螺旋而构成臂，不配对的单链部分则形成环，主要由下列五部分组成。

1）氨基酸臂：由 7 对碱基组成，富含鸟嘌呤，末端为—CCA，接受活化的氨基酸。

2）二氢尿嘧啶环（DHU 环）：由 8～12 个核苷酸组成，具有两个二氢尿嘧啶，通过 3～4 对碱基组成的双螺旋区与其余部分相连。

3）反密码环：由 7 个核苷酸组成。环中部为反密码子，由 3 个碱基组成，反密码环通过由 5 对碱基组成的双螺旋区与其余部分相连。

4）额外环：由 3～18 个核苷酸组成。不同的 tRNA 具有不同大小的额外环，是 tRNA 分类的重要指标。

5）假尿嘧啶 - 胸腺嘧啶核糖核苷环（TψC 环）：由 7 个核苷酸组成，5 对碱基组成的双螺旋区与其余部分相连。

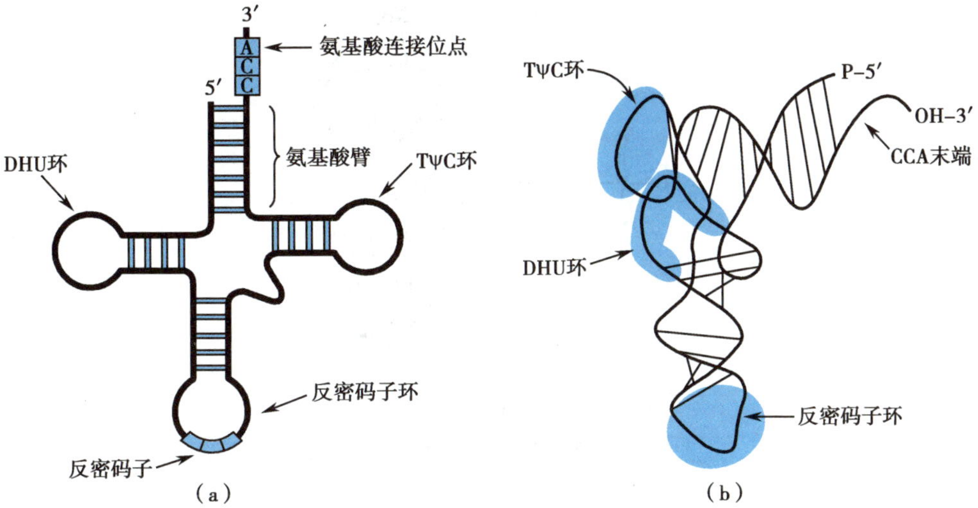

图 2-20　tRNA 的二级结构和三级结构示意图

(a)tRNA 的二级结构形似三叶草，具有四个茎和三个环结构，其中 3′- 端的腺苷酸是氨基酸的连接位点；(b)tRNA 的三级结构是一个倒 L 形的形状

tRNA 的三级结构呈倒“L”形（图 2-20）。氨基酸臂与反密码环分别位于“倒 L”形分子的两端，DHU 环与 TψC 环位于拐角上。主要依靠碱基堆积力和氢键维系，紧凑而稳定。

(3) 核糖体 RNA（rRNA）：rRNA 是细胞内含量最多的 RNA，约占 RNA 总量的 80% 以上。rRNA 与核糖体蛋白共同构成核糖体，它为蛋白质生物合成所需要的 mRNA、tRNA 以及多种蛋白因子提供了相互结合和相互作用的空间环境。

三、某些重要的核苷酸

在体内有一些重要游离核苷酸，它们在物质代谢和信息传递中具有重要作用。

1. 多磷酸核苷酸　一磷酸核苷（NMP）与 1 分子磷酸结合成二磷酸核苷（NDP），二磷酸核苷再与 1 分子磷酸结合成三磷酸核苷（NTP）。磷酸与磷酸之间的连接键水解裂开时能产生较大能量，叫做高能磷酸键，习惯以“～Ⓟ”表示。含“～Ⓟ”的化合物叫高能磷酸化合物。体内最重要的多磷酸核苷酸为三磷酸腺苷（ATP），ATP 是体内能量的直接来源和利用形式，ATP 含有两个高能磷酸键，其化学结构见图 2-21。物质代谢所产生的能量使 ADP 和磷酸合成 ATP，这是生物体内贮能的一种方式。ATP 分解又释放能量，高能磷酸键水解裂开时，每生成 lmol 磷酸就放出能量约 30.5kJ（一般磷酸酯水解释能 8.4～12.5kJ/mol）。放出的能量可以支持各种生理活动（如肌肉的收缩），也可用以促进生物化学反应（如蛋白质的合成）。所以 ATP 是体内蕴藏可利用能量的主要物质，也是体内所需能量的主要来源。

其他单核苷酸可以和腺苷酸一样磷酸化，产生相应的高能磷酸化合物。各种核苷三磷酸（ATP、CTP、GTP 和 UTP）是体内 RNA 合成的直接原料。各种脱氧核苷三磷酸（dATP、dCTP、dGTP 和 dTTP）是体内 DNA 合成的直接原料。有些核苷三磷酸还参与特殊的代谢过程，如 UTP 参加糖原的合成，CTP 参与磷脂的合成，GTP 参加蛋白质和嘌呤的合成等。

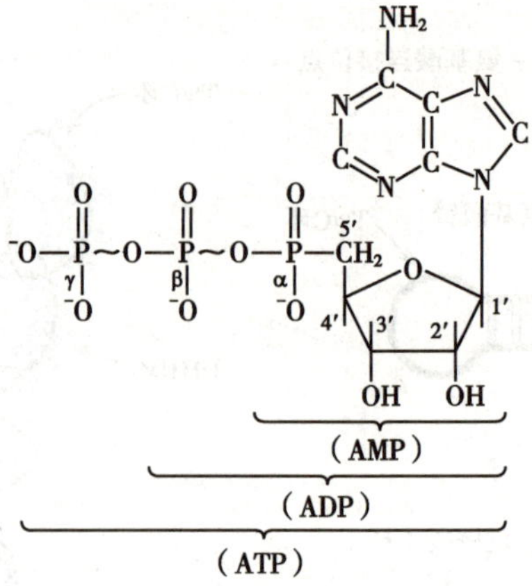

图 2-21 AMP、ADP、ATP 的结构示意图

2. 环化核苷酸 主要有 3′, 5′- 环化腺苷酸（cAMP）和 3′, 5′- 环化鸟苷酸（cGMP），在细胞内代谢调节和细胞信号传递中作为第二信使（图 2-22）。

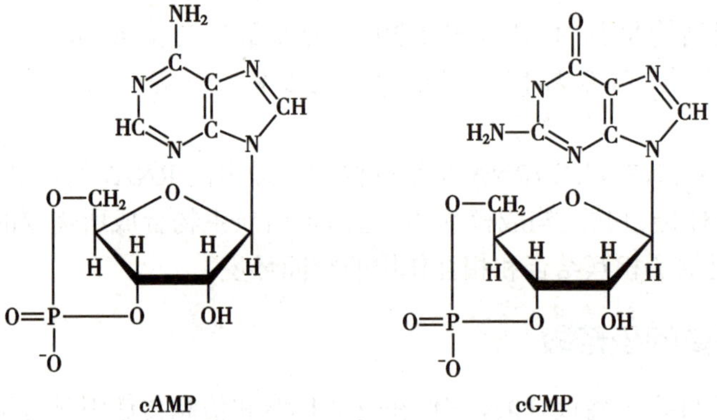

图 2-22 环化核苷酸的结构示意图

核苷酸还参与某些生物活性物质的组成：如烟酰胺腺嘌呤二核苷酸（NAD^+），烟酰胺腺嘌呤二核苷酸磷酸（$NADP^+$）和黄素腺嘌呤二核苷酸（FAD）。

四、核酸的理化性质

（一）核酸的一般性质

核酸是两性电解质，含有酸性的磷酸基和碱性的碱基。因磷酸基的酸性较强，核酸分子通常表现为较强的酸性。可用电泳和离子交换分离纯化核酸。在碱性条件下，RNA 不稳定，可在室温下水解。利用这个性质可以测定 RNA 的碱基组成，也可清除 DNA 溶液中混杂的 RNA。

核酸多是线性的大分子，由于 DNA 分子细长，其在溶液中的黏度很高。RNA 分子比 DNA 短，在溶液中的黏度低于 DNA。

（二）核酸的紫外线吸收

核酸分子中的碱基都含有共轭双键，故都有吸收紫外线的性质，其最大吸收峰在

260nm 附近。可利用核酸的这一特性对核酸溶液进行定量分析。也可利用溶液 A_{260}/A_{280} 估计核酸的纯度。

（三）核酸的变性与复性

1. 变性　某些理化因素（温度、pH、离子强度等）会导致 DNA 双链互补碱基对之间的氢键发生断裂，使 DNA 双链解离为单链。这种现象称为 DNA 变性。虽然 DNA 变性破坏了 DNA 的空间结构，但是没有改变它的核苷酸序列（图 2-23）。

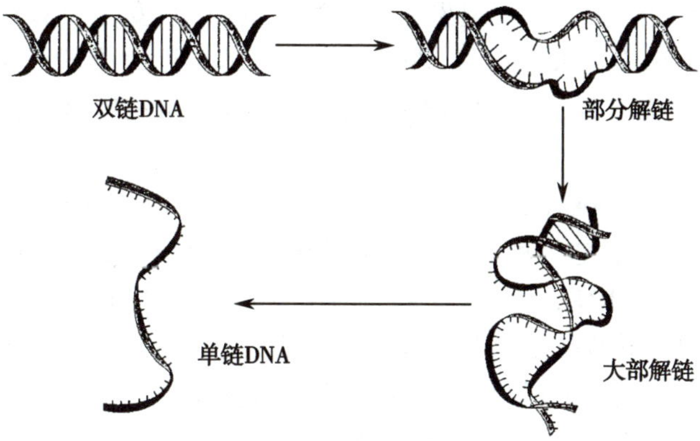

图 2-23　DNA 解链过程的示意

在变性条件下，DNA 双链经历部分解链，大部分解链，直到全部解离为两条单链的过程

在 DNA 解链过程中，由于有更多的共轭双键得以暴露，含有 DNA 的溶液在 260nm 处的吸光度随之增加，这种现象称为 DNA 的增色效应。它是监测 DNA 双链是否发生变性的一个最常用的指标（图 2-24）。在实验室内最常用的使 DNA 变性的方法之一是加热。

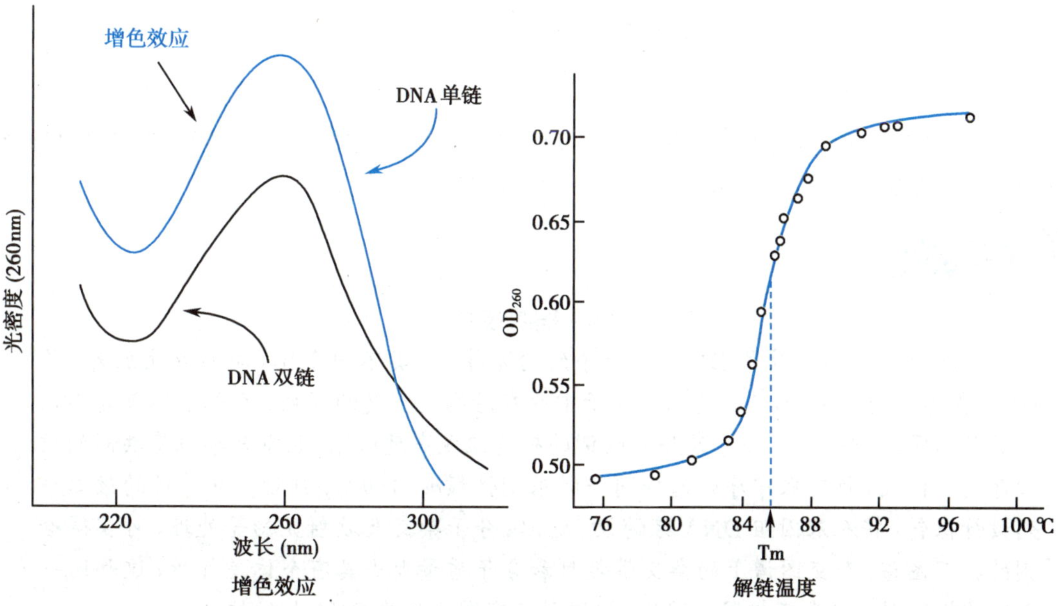

图 2-24　DNA 变性的增色效应和解链曲线

升高温度而引起的DNA变性称为DNA热变性，又称DNA的解链或熔解作用。以温度作为横坐标，光密度作为纵坐标所得的曲线称为DNA的解链曲线（图2-24）。从曲线中可以看出，DNA双链从开始解链到完全解链，是在一个相当狭窄的温度范围内完成的。在解链过程中，紫外吸光度的变化A_{260}达到最大变化值的一半时所对应的温度定义为DNA的解链温度（T_m）或融解温度，在此温度时，50%的DNA双链解离成为单链。DNA的T_m值与DNA长短以及碱基的GC含量相关。GC的含量越高，T_m值越高。

2. 复性与分子杂交　当变性条件缓慢地除去后，两条解离的互补链可重新互补配对，恢复原来的双螺旋结构。这一现象称为复性。例如，热变性的DNA经缓慢冷却后可以复性，这一过程也称为退火。但是，将热变性的DNA迅速冷却至4℃以下，两条解离的互补链还来不及形成双链，所以DNA不能发生复性。可利用这一特性保持DNA的变性状态。

如果将不同种类的DNA单链或RNA放在同一溶液中，只要两种核酸单链之间存在着一定程度的碱基配对关系，它们就有可能形成杂化双链。这种杂化双链可以在不同的DNA单链之间形成，也可以在RNA单链之间形成，甚至还可以在DNA单链和RNA单链之间形成（图2-25）。这种现象称为核酸杂交。核酸分子杂交是分子生物学的常用实验技术。这一原理可以用来研究DNA片段在基因组中的定位、鉴定核酸分子间的序列相似性、检测靶基因在待检样品中存在与否等。DNA印迹、RNA印迹、斑点印迹、PCR扩增、基因芯片等核酸检测手段都是利用了核酸分子杂交的原理。

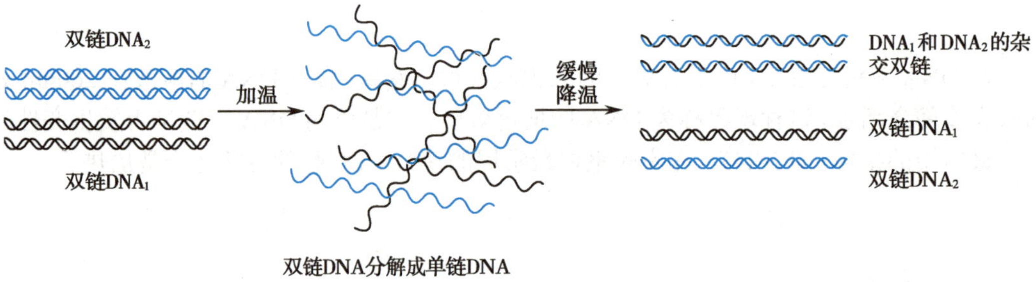

图2-25　核酸分子复性和杂交的示意图

来自不同样品的双链DNA_1和双链DNA_2解离后，如果它们有同源序列，当温度缓慢降低时，单链的DNA_1可以和单链的DNA_2形成互补的杂化双链。

前沿知识

DNA指纹技术

生物个体间的差异是DNA分子序列的差异，人类不同个体（同卵双生除外）的DNA各不相同。例如，人类DNA分子中存在着高度重复的序列，不同个体重复单位的数目不同，差异很大，但重复序列两侧的碱基组成高度保守，且重复单位有共同的核心序列。因此，针对保守序列选择同一种限制性核酸内切酶，针对重复单位的核心序列设计探针，将人基因组DNA经酶切、电泳、分子杂交及放射显影等处理，可获得检测的杂交图谱，杂交图谱上的杂交带数目和分子质量大小具有个体差异性，这如同一个人的指纹图一样各不相同。因此，把这种杂交图谱称为DNA指纹技术。

本章小结

蛋白质的元素组成主要有碳、氢、氧、氮，各种蛋白质的含氮量平均为16%。蛋白质的基本组成单位是氨基酸，蛋白质和氨基酸有两性解离和等电点的性质。蛋白质分子中氨基酸的连接主键是肽键。一级结构是蛋白质的基本结构，二级、三级、四级结构称为空间结构。在某些物理或化学因素作用下，蛋白质特定的空间构象被破坏，从而导致其理化性质改变和生物活性丧失，称为蛋白质的变性。蛋白质自溶液中析出的现象称为蛋白质的沉淀。

核酸分为脱氧核糖核酸（DNA）和核糖核酸（RNA）。核苷酸是构成核酸的基本组成单位。核苷酸可进一步水解生成碱基、戊糖和磷酸。一个核苷酸和另一个核苷酸通过3′，5′-磷酸二酯键连接。DNA的二级结构主要是双螺旋结构。体内RNA主要有信使RNA（mRNA）、转运RNA（tRNA）、核糖体RNA（rRNA），核酸是两性电解质，有紫外线吸收性质，外界条件改变会使核酸变性与复性。

（郑学锋）

目标测试

（单项选择题）

1. 下列蛋白质组分中，哪一种在280nm具有最大的光吸收
   A. 酪氨酸的酚环　　B. 苯丙氨酸的苯环
   C. 半胱氨酸的巯基　　D. 二硫键
   E. 色氨酸
2. 蛋白质一级结构与功能关系的特点是
   A. 氨基酸组成不同的蛋白质，功能一定不同
   B. 一级结构相近的蛋白质，其功能类似可能性越大
   C. 一级结构中任何氨基酸的改变，其生物活性即消失
   D. 不同生物来源的同种蛋白质，其一级结构相同
   E. 以上都不对
3. 下面不是空间构象病的是
   A. 人纹状体脊髓变性病　　B. 老年痴呆症
   C. 亨廷顿舞蹈病　　D. 疯牛病
   E. 禽流感
4. 测得某一蛋白质样品的含氮量为0.40g，此样品约含蛋白质多少克
   A. 2.00g　　B. 2.50g
   C. 6.40g　　D. 3.00g
   E. 6.25g
5. 天然蛋白质不存在的氨基酸是
   A. 半胱氨酸　　B. 脯氨酸
   C. 丝氨酸　　D. 甲硫氨酸

E. 瓜氨酸

6. 对蛋白质沉淀、变性和凝固关系的叙述，哪项是正确的

A. 变性的蛋白质一定要凝固
B. 变性的蛋白质一定要沉淀
C. 沉淀的蛋白质必然变性
D. 凝固的蛋白质一定变性
E. 沉淀的蛋白质一定凝固

7. 蛋白质溶液的稳定因素是

A. 蛋白质溶液有分子扩散现象
B. 蛋白质溶液有“布朗运动”
C. 蛋白质分子表面带有水化膜和同种电荷
D. 蛋白质的黏度大
E. 蛋白质分子带有电荷

8. 镰刀状红细胞性贫血患者，由于Hb中氨基酸的替换

A. α-链第六位Val换成Glu
B. β-链第六位Val换成Glu
C. α-链第六位Glu换成Val
D. 导致一级结构改变
E. 以上都不对

9. RNA和DNA彻底水解后的产物是

A. 核糖相同，部分碱基不同
B. 碱基相同，核糖不同
C. 部分碱基不同，核糖不同
D. 碱基不同，核糖相同
E. 以上都不是

10. 下列关于tRNA的叙述哪一项是错误的

A. tRNA的二级结构是三叶草形的
B. 由于各种tRNA3′-末端碱基都不相同，所以才能结合不同的氨基酸
C. tRNA分子中含有稀有碱基
D. 细胞内有多种tRNA
E. tRNA通常由74～95个单核苷酸组成

11. 核酸中核苷酸之间的连接方式是

A. 2′, 3′-磷酸二酯键
B. 3′, 5′-磷酸二酯键
C. 2′, 5′-磷酸二酯键
D. 糖苷键
E. 氢键

12. 下列关于DNA双螺旋结构的叙述哪一项是正确的

A. 磷酸核糖在双螺旋外侧，碱基位于内侧
B. 碱基平面与螺旋轴垂直
C. 遵循碱基配对原则，但有摆动现象
D. 碱基对平面与螺旋轴平行
E. 核糖平面与螺旋轴垂直

13. 组成核酸的基本结构单位是

A. 戊糖和脱氧戊糖
B. 磷酸和戊糖
C. 含氨碱基
D. 单核苷酸
E. 多聚核苷酸

14. 核酸溶液的紫外吸收峰在波长多少纳米处

A. 260nm
B. 280nm
C. 230nm
D. 240nm
E. 220nm

15. tRNA 的分子结构特征是
A. 有密码环
B. 有反密码环和 3′- 端 C-C-A
C. 3′- 端有多聚 A
D. 5′- 端有 C-C-A
E. 有反密码环和 5′- 端 C-C-A

第三章　酶

学习目标

1. 掌握：酶的概念，酶促反应的特点；酶的分子组成，酶的活性中心与必需基团，酶原与酶原的激活；酶浓度、底物浓度、温度、酸碱度对酶促反应速度的影响。
2. 熟悉：同工酶的概念；抑制剂对酶促反应速度的影响。
3. 了解：酶作用的基本原理；激活剂对酶促反应速度的影响；酶的分类、命名及医学上的应用。

生物体内的新陈代谢过程是通过有序的、连续不断的、各种各样的化学反应来进行。这些化学反应如果在体外进行，通常需要在高温、高压、强酸、强碱等剧烈条件下才能发生。而在生物体内，这些反应在极为温和的条件下就能高效和特异地进行。这是因为生物体内存在着一类极为重要的生物催化剂——酶。体内几乎所有的化学反应都是在酶的催化下完成的。酶在生物体物质代谢过程中发挥着重要的作用，若某些酶缺失或活性改变，均可导致体内物质代谢紊乱，甚至发生疾病。临床上还可通过测定某些酶的活性以协助诊断有关疾病。因此，酶与医学的关系十分密切。

第一节　酶的概述

一、酶的概念

酶(E)是由活细胞产生的具有催化作用的蛋白质，是体内最重要的生物催化剂。体内物质代谢反应几乎都是由酶所催化，如果没有酶就没有生命。酶所催化的反应称为酶促反应，被酶所催化的物质称为底物(S)，生成的物质称为产物(P)，酶所具有的催化能力称为酶活性，酶失去催化能力称为酶失活。

考点链接

酶的概念

二、酶促反应的特点

酶与一般催化剂相比有相同的性质，即只能催化热力学上允许的化学反应，只能加速反应的进程，而不会改变反应的平衡点。在反应前后没有质和量的改变。酶加速化学反应的机制是酶能降低反应的活化能。而酶作为生物催化剂，又具自身的特点。

考点链接

酶促反应的特点

（一）高度的催化效率

酶的催化效率极高，酶促反应速度比无催化剂反应速度高 10^{8}～10^{20} 倍，比一般催化剂高 10^{7}～10^{13} 倍。酶的催化效率高是因为酶比一般催化剂能更有效地降低反应的活化能，大大提高酶促反应速度（图 3-1）。

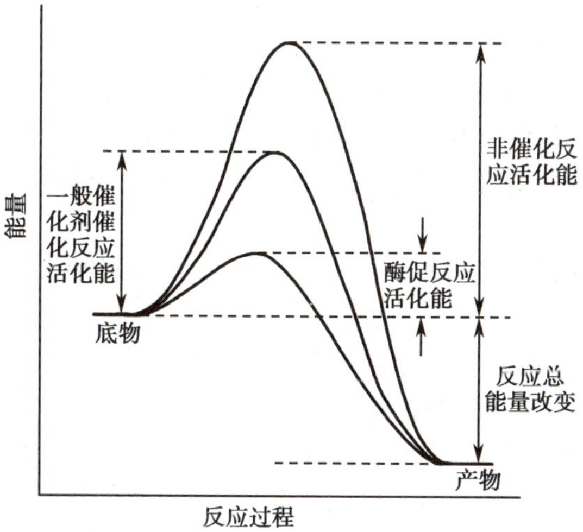

图 3-1 酶促反应活化能的改变

（二）高度的特异性（专一性）

与一般催化剂不同，酶对其所催化的底物具有较严格的选择性。即一种酶仅作用于一种或一类化合物，或一定的化学键，催化一定的化学反应并产生一定的产物，酶的这种特性称为酶的特异性或专一性。根据酶对底物选择的特点不同，酶的特异性可分为两种类型。

1. 绝对特异性　有的酶只作用于特定结构的底物分子，进行一种专一的反应，生成一种特定结构的产物，这种特异性称为绝对特异性。如脲酶只能催化尿素水解生成二氧化碳和氨，而对甲基尿素无催化作用。

有些具有绝对特异性的酶可以区分光学异构体和立体异构体，只能催化一种光学异构体或立体异构体进行反应。如乳酸脱氢酶只能催化 *L*- 乳酸脱氢生成丙酮酸，而对 *D*- 乳酸无催化作用；延胡索酸酶只催化反 - 丁烯二酸（延胡索酸）加水生成苹果酸，而对顺 - 丁烯二酸（马来酸）无催化作用。

2. 相对特异性　有些酶对底物的专一性不是依据整个底物分子结构，而是依据底物分子中特定的化学键或特定的基团，因而可以作用于含有相同化学键或化学基团的一类化合物，这种特异性称为相对特异性。如脂肪酶既能催化脂肪水解又能催化酯类物质水解。

（三）高度的不稳定性

酶的化学本质是蛋白质，因此强酸、强碱、高温、高压、有机溶剂、重金属盐、紫外线、剧烈震荡等任何使蛋白质变性的物理或化学因素都可使酶蛋白变性，从而使酶失去活性。所以，在保存酶制品和测定酶活性时应避免上述因素的影响。

（四）酶活性的可调节性

酶的催化活性受多种因素的调控而发生改变，其方式有多种，有的可提高酶的活性，有的可抑制酶的活性，从而使体内各种化学反应有条不紊、协调地进行，以适应不断变化的内、外环境和生命活动所需。

第二节 酶的结构与功能

一、酶的分子组成

(一)单纯酶和结合酶

根据酶的化学组成不同可将酶分为单纯酶和结合酶两大类。

考点链接

酶的分子组成

1. 单纯酶 单纯酶是仅由氨基酸残基构成的酶,即属于单纯蛋白质的酶,如淀粉酶、脂肪酶、蛋白酶等水解酶。其催化活性取决于蛋白质的分子结构。

2. 结合酶 结合酶是由蛋白质和非蛋白质两部分组成的酶,即属于结合蛋白质的酶。前者称为酶蛋白,后者称为辅助因子,两者结合形成的复合物称为结合酶(全酶)。酶蛋白或辅助因子单独存在时均无活性,只有结合在一起构成全酶时才有催化活性。生物体内大多数酶都是结合酶。

酶蛋白	+	辅助因子	=	全酶(结合酶)
(无催化活性)		(无催化活性)		(有催化活性)

辅助因子有两类,一类是金属离子(最常见),如 K^{+}、Mg^{2+}、Zn^{2+} 等;另一类是小分子有机化合物,如 B 族维生素及其衍生物等。根据辅助因子与酶蛋白结合的牢固程度不同又可将其分为辅酶和辅基。其中,与酶蛋白结合疏松,可用透析或超滤等方法使两者分开的称为辅酶;与酶蛋白结合紧密,不能用透析或超滤等方法使两者分开的称为辅基。体内酶蛋白的种类很多,但酶的辅助因子种类并不多,所以一种辅酶或辅基可与不同的酶蛋白结合形成多种结合酶,而一种酶蛋白只能与一种辅助因子结合形成一种结合酶。由此可见,酶蛋白决定反应的特异性,而辅助因子决定反应的类型和性质,在酶促反应中起着传递电子、原子和化学基团的作用。

(二)单体酶、寡聚酶和多酶复合体

酶可以根据分子构象不同分为单体酶、寡聚酶和多酶复合体。单亚基酶称为单体酶;以非共价键连接而形成的多亚基酶称为寡聚酶;由几种催化功能不同的酶彼此嵌合形成的复合体称为多酶复合体,若把多酶复合体解体,则各酶的催化活性消失。如丙酮酸脱氢酶复合体由三种酶组成。

二、酶的活性中心与必需基团

酶的分子很大,而酶分子中存在的各种化学基团并不一定都与酶的活性有关。与酶活性密切相关的化学基团称为酶的必需基团。这些必需基团在一级结构上可能相距甚远,但在空间结构上却彼此靠近,组成具有特定空间结构的区域,能与底物特异地结合并将底物转化为产物,起催化中心的作用,这一区域称为酶的活性中心。对于结合酶来说,辅酶或辅基也参与酶活性中心的组成。

考点链接

酶的活性中心与必需基团

酶活性中心内的必需基团有两种:一种是结合基团,其作用是能识别底物,并与底物相结合形成酶 - 底物复合物;另一种是催化基团,其作用是影响底物中某些化学键的稳定性,催化底物发生化学反应,并使之转

化为产物。活性中心内的必需基团有的可同时具有这两方面的功能。还有一些必需基团虽然不参与活性中心的组成，但为维持酶活性中心特有的空间构象所必需，被称为酶活性中心外的必需基团（图 3-2）。

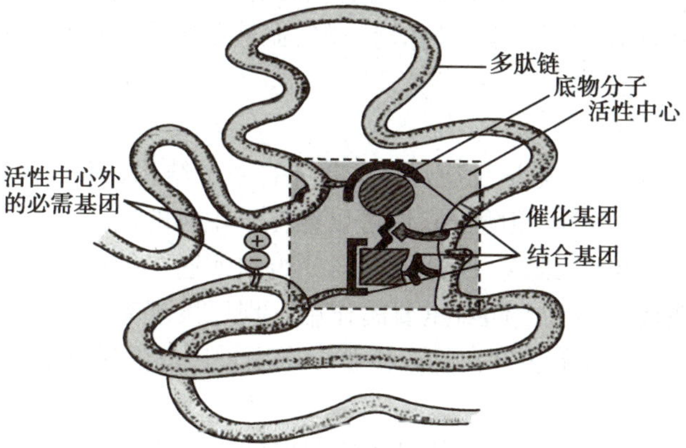

图 3-2　酶活性中心示意图

三、酶原与酶原的激活

大多数酶在细胞内合成后即有催化活性，但有些分泌性的蛋白酶在细胞内合成或初分泌时是一种无活性的酶前体，需要在一定条件下才能转变为有活性的酶。这种无活性的酶的前体称为酶原，如凝血酶原、胰蛋白酶原等。

在一定条件下，无活性的酶原转变为有活性的酶的过程称为酶原的激活。酶原激活的实质是去除一些抑制性的肽段，经变构形成或暴露酶的活性中心的过程。例如胰蛋白酶原在小肠受肠激酶的催化将其 N 端水解掉一个六肽，胰蛋白酶原分子结构发生改变，形成酶的活性中心，使无活性的胰蛋白酶原激活成为有催化活性的胰蛋白酶（图 3-3）。

考点链接

酶原与酶原的激活的概念、生理意义

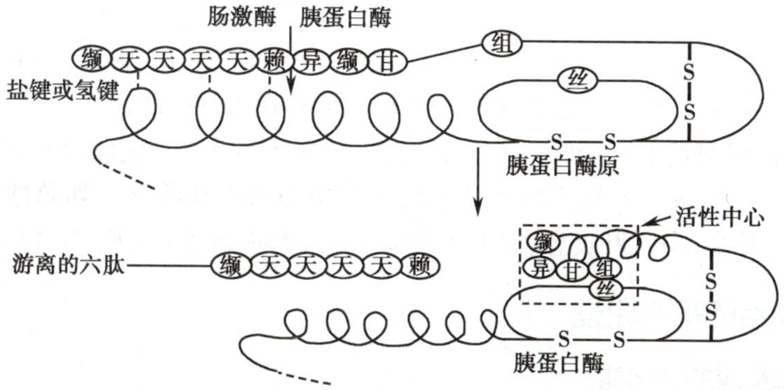

图 3-3　胰蛋白酶原的激活

酶原的存在与酶原的激活具有重要的生理意义。一方面可以避免细胞产生的蛋白酶对细胞自身消化，另一方面可以使酶原在特定的部位和环境中受到激活并发挥其生理作用，保证体内物质代谢正常进行。如果酶原的激活过程发生异常，将导致一系列疾病的发生。例如胰蛋白酶原在未进入小肠时就被激活，激活的胰蛋白酶将水解自身的胰腺细胞，使胰腺出血、肿胀而导致出血性胰腺炎的发生。另外，酶原还可看作是酶的贮存形式。在正常情况下，血浆中许多凝血因子基本上是以无活性的酶原形式存在，当出血时，无活性的酶原就能转变为有活性的酶，并发挥其生理作用，激发血液凝固系统进行止血。

四、同工酶

同工酶是指催化相同的化学反应，但酶蛋白的分子结构、理化性质和免疫学性质不同的一组酶。它们可以存在于生物的同一种属或同一个体的不同组织细胞中，甚至在同一组织或同一细胞的不同细胞器中，在代谢调节上起着重要的作用。现已发现有几百种同工酶，其中人们研究最多并在临床检验中应用最广泛的是乳酸脱氢酶（LDH）和肌酸激酶（CK）。

> **考点链接**
> 同工酶的概念

乳酸脱氢酶是由 H 亚基和 M 亚基组成的四聚体。这两种亚基以不同的比例组成五种同工酶（图 3-4）：$LDH_1(H_4)$、$LDH_2(H_3M_1)$、$LDH_3(H_2M_2)$、$LDH_4(H_1M_3)$和 $LDH_5(M_4)$。由于分子结构上的差异，五种同工酶具有不同的电泳速度，通常用电泳法可把五种 LDH 分开，其中 LDH_1 向正极泳动速度最快，而 LDH_5 泳动速度最慢。LDH 同工酶在各组织器官中的分布与含量不同，在心肌中以 LDH_1 活性最高，骨骼肌及肝中以 LDH_5 活性最高。在临床上可根据同工酶谱活性与含量的改变对疾病进行诊断。如急性心肌梗死患者血中 LDH_1 明显升高，急性肝炎患者血中 LDH_5 明显升高。

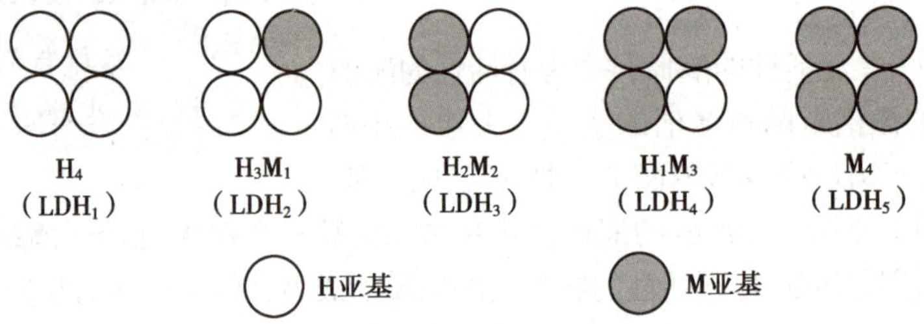

图 3-4 乳酸脱氢酶的同工酶

肌酸激酶是由 M 亚基和 B 亚基组成的二聚体，共有三种同工酶，CK_1(BB)主要存在于脑组织，CK_2(MB)主要存在于心肌，CK_3(MM)主要存在于骨骼肌。

当相关组织细胞发生病变时，会有特殊的同工酶释放入血，使血清中同工酶谱发生变化，通过测定血清中同工酶的活性有助于某些疾病的诊断和治疗。如急性心肌梗死患者 LDH_1、CK_2 明显升高，急性肝炎患者 LDH_5 明显升高、脑损伤患者 CK_1 明显升高。

五、酶作用的基本原理

（一）降低反应的活化能

反应物从初始态转变为活化态所需的能量称为活化能。酶的催化效率极高是因为酶比一般催化剂能更有效地降低反应的活化能，活化能降低，酶促反应速度则大大提高。

（二）中间产物学说

酶（E）在发挥催化作用时，必须先与底物（S）结合形成酶 - 底物复合物（ES），然后再分解为产物（P）并释放出酶，这一过程称为中间产物学说。许多实验证明了 ES 复合物的存在。释放的酶又可与底物结合继续发挥其催化功能。

（三）诱导契合学说

当底物分子和酶的活性中心接触时，其结构相互诱导，相互变形和相互适应，最终达到相互结合形成酶 - 底物复合物。这种在底物的诱导下形成与底物完全匹配的活性中心构象的过程称为诱导契合学说（图 3-5）。该学说认为酶表面并没有一种与底物互补的固定形状，而只是由于底物的诱导才形成了互补形状。

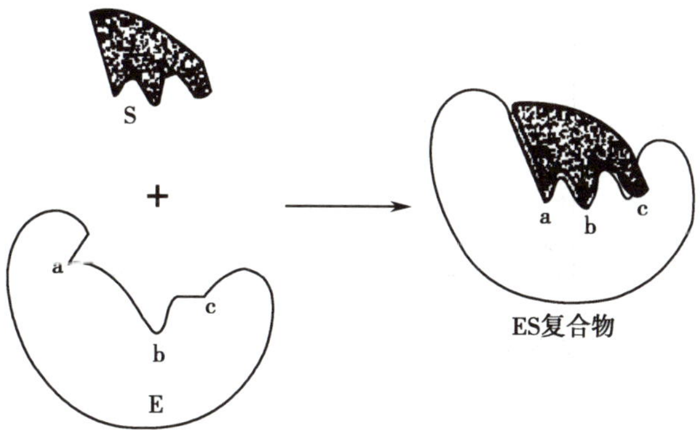

图 3-5 诱导契合学说示意图

第三节 影响酶促反应速度的因素

案例

患者，男性，28 岁，菜农。因腹痛 5 小时，呼吸困难，抽搐 1 小时急诊入院。上午在菜地喷洒杀虫药 1605 时，未按操作规程工作，时有药液溅身。中午感觉头晕、恶心、轻度腹痛，未作更衣及清洗即卧床休息。此后腹痛急剧，不时呕吐，出汗较多。来院前呼吸急促，口鼻有大量分泌物，两眼上翻，四肢抽搐。入院时神志不清，呼吸困难，口唇青紫，两侧瞳孔极度缩小，颈胸部肌束颤动，两肺可闻水泡音，大小便失禁。

请问：1. 该病例应诊断为何种病症？依据是什么？

2. 该患者的发病机制是什么？

3. 临床该如何治疗？

在临床上测定血清和尿液中酶的活性对于疾病的诊断和治疗都有重要意义。酶活性的充分发挥是决定酶促反应速度的主要因素，测定酶活性就是在一定的实验条件下测定酶促反应的速度。酶促反应的速度可以用单位时间内底物的减少量或产物的生成量来表示。酶促反应的速度受多种因素的影响，主要包括酶浓度、底物浓度、温度、酸碱度、激活剂和抑制剂等因素。在研究某一因素对酶促反应速度的影响时，应保持整个反应体系中的其他因素不变，并保持严格的反应初速度条件。了解影响酶促反应速度的各种因素，对酶活性测定、疾病的诊断和治疗等都有指导意义。

一、酶浓度对酶促反应速度的影响

当底物浓度大大超过酶浓度，其他条件固定的情况下，酶促反应速度与酶浓度变化成正比例关系，作图呈直线（图 3-6）。

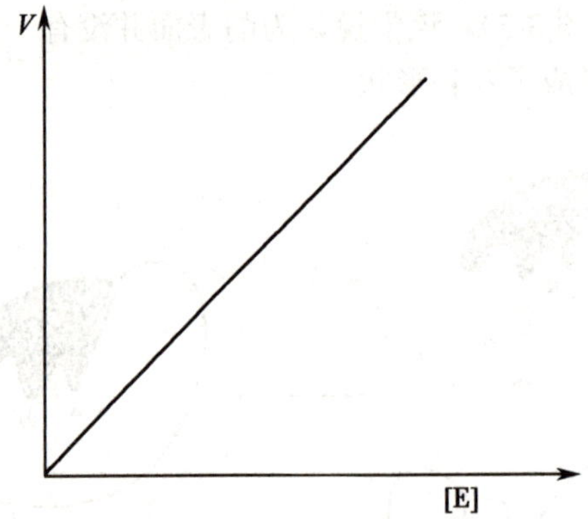

图 3-6 酶浓度对酶促反应速度的影响

二、底物浓度对酶促反应速度的影响

在酶浓度等其他因素不变的情况下，底物浓度对反应速度的影响作图呈矩形双曲线关系（图 3-7）。由图可知在低底物浓度时，反应速度与底物浓度成正比例关系。随着底物浓度的逐渐增加，酶的活性中心逐渐被底物饱和，反应速度的增幅下降，反应速度与底物浓度之间不再成正比例关系。底物浓度达到一定值时，几乎所有的酶都已经与底物结合，酶的活性中心已经被底物饱和，反应速度达到最大值（V_{max}），此时再增加底物浓度，反应速度不再增加。

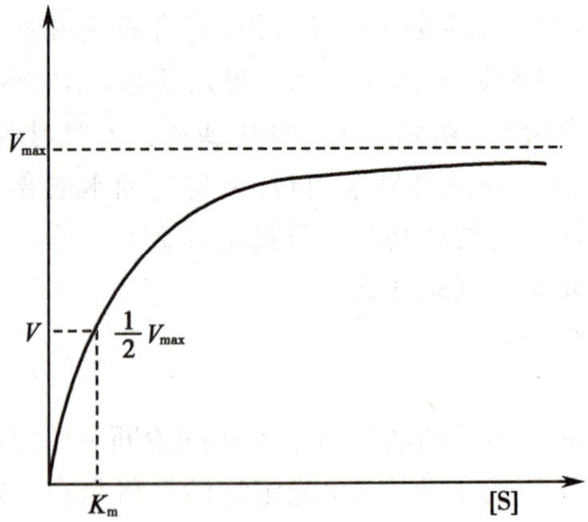

图 3-7 底物浓度对酶促反应速度的影响

米 - 曼氏方程式是反映反应速度与底物浓度之间关系的数学方程式，简称米氏方程式。

$$V = \frac{V_{max}[S]}{K_m + [S]}$$

其中 V_{max} 为最大反应速度，[S]是底物浓度，K_m 为米氏常数，V 是不同[S]时的反应速度。当 $V=V_{max}/2$ 时，由米氏方程式可推算出 $K_m=[S]$，即 K_m 值等于酶促反应速度为最大反应速度一半时的底物浓度。

米氏常数在酶学研究中有重要意义。

1. K_m 值是酶的特征性常数之一。K_m 值只与酶的性质有关，与酶浓度无关。不同的酶有不同的 K_m 值。

2. K_m 值可用来表示酶对底物的亲和力。K_m 值越小，V 越大，酶与底物的亲和力越大；反之，K_m 值越大，V 越小，酶与底物的亲和力越小。

3. K_m 值作为常数只是对一定的底物，一定的 pH，一定的温度而言。测定 K_m 可以作为鉴别酶的一种手段，但必须是在指定的实验条件下。一种酶有几种不同的底物时，其 K_m 值也不相同，K_m 值最小的底物是酶的天然底物或最适底物。

三、温度对酶促反应速度的影响

化学反应的速度随着温度升高而加快，但对于酶促反应来说温度具有双重影响。酶对温度极为敏感，当温度比较低时，酶促反应速度随着温度升高而加快，但当温度升高到一定程度时，酶蛋白开始发生变性，继续升高温度，酶蛋白继续发生变性并丧失生物学活性，酶促反应速度不再加快反而减慢。故温度对酶促反应速度作图呈钟形曲线。酶促反应速度最快时的温度称为酶的最适温度（图 3-8）。酶的最适温度不是酶的特征性常数，与反应时间有关。

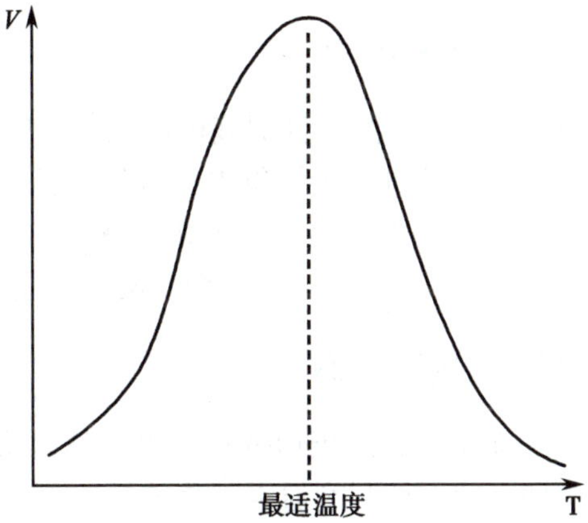

图 3-8　温度对酶促反应速度的影响

大多数温血动物组织中酶的最适温度在 35～40℃之间（37℃左右，接近体温）。当温度升高到 60℃时，大多数酶开始发生变性，超过 80℃时，绝大多数酶的变性已不可逆。与高温不同的是，低温只是抑制酶的活性，温度回升时活性又可恢复，所以酶制品应该在低温下保存。

四、酸碱度对酶促反应速度的影响

酶促反应速度受环境酸碱度的影响，pH 既能影响酶的解离，也能影响底物与辅酶的解离，从而影响 ES 的形成，导致酶促反应速度的改变。不同 pH 条件下，酶促反应的速度也不同。酶具有最大催化活性时的pH称为酶的最适pH（图3-9）。溶液pH高于或低于酶的最适pH时，酶的活性均减低；偏离最适pH越远，酶的活性就越低；当偏离至一定程度时，酶会变性失活，故pH对酶促反应速度作图呈钟形曲线。酶的最适pH不是酶的特征性常数，与底物浓度，缓冲液的种类，酶的纯度等因素有关。

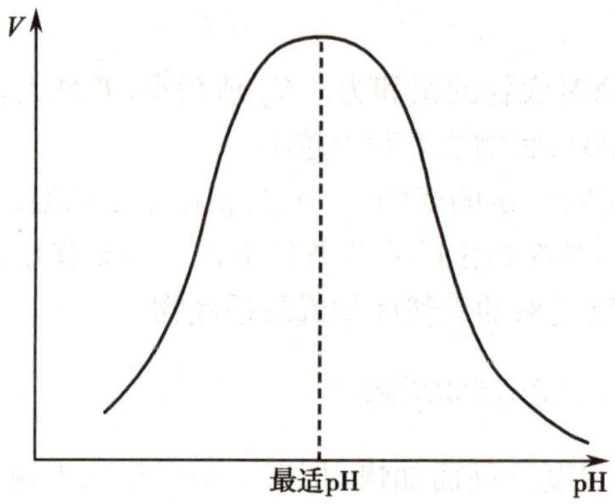

图3-9 pH对酶促反应速度的影响

大多数动物体内酶的最适pH在6.5～8.0之间（7.40左右，接近中性）。但也有例外，如胃蛋白酶的最适pH为1.8，肝精氨酸酶的最适pH为9.8。溶液的pH高于或低于最适pH时，酶的活性降低，远离最适pH时还会导致酶的变性失活。在测定酶的活性时，应选用适宜的缓冲液以保持酶活性的相对恒定。

五、激活剂对酶促反应速度的影响

凡能使酶由无活性变为有活性或使酶活性提高的物质称为酶的激活剂。根据酶对激活剂的依赖程度不同可将激活剂分为必需激活剂和非必需激活剂。前者对酶促反应是不可缺少的，否则酶促反应将不能进行，多为金属离子，如Mg^{2+}、K^{+}等。非必需激活剂存在时可增加酶的活性，没有这类激活剂时，酶依旧有活性，如胆汁酸盐对脂肪酶的作用就是如此。

六、抑制剂对酶促反应速度的影响

凡能使酶的催化活性下降而不引起酶蛋白变性的物质称为酶的抑制剂。强酸、强碱等造成酶变性失活不属于酶的抑制剂。抑制剂通常与酶的活性中心内或外的必需基团特异地结合而导致酶活性降低或丧失，但除去抑制剂后，酶又可恢复其催化活性。通常根据抑制剂与酶结合的紧密程度不同，可分为不可逆性抑制作用和可逆性抑制作用两类。

（一）不可逆性抑制作用

不可逆性抑制作用的抑制剂以共价键与酶活性中心上的必需基团结合，使酶丧失活性。因结合非常牢固不能用透析或超滤等简单的物理学方法使两者分开，所以这类抑制剂使酶活性受抑制后，必须用某些药物才能恢复酶活性。

例如，胆碱酯酶能催化乙酰胆碱水解生成胆碱和乙酸。农药有机磷杀虫剂（敌百虫、敌敌畏、农药1605，1059等）能专一地与胆碱酯酶活性中心结合，使酶失去活性，不能催化乙酰胆碱水解，造成迷走神经兴奋，表现出恶心、呕吐、多汗、肌肉震颤、瞳孔缩小、惊厥等一系列中毒症状。临床上用碘解磷定来治疗有机磷农药中毒。

某些重金属离子（Hg^{2+}、Ag^{+} 等）可与酶分子的巯基结合，使含巯基的酶失去活性。化学毒气“路易士气”是一种含砷化合物，能抑制体内巯基酶而引起人畜中毒。重金属盐及含砷化合物引起的巯基酶中毒可用二巯基丙醇（BAL）解毒。

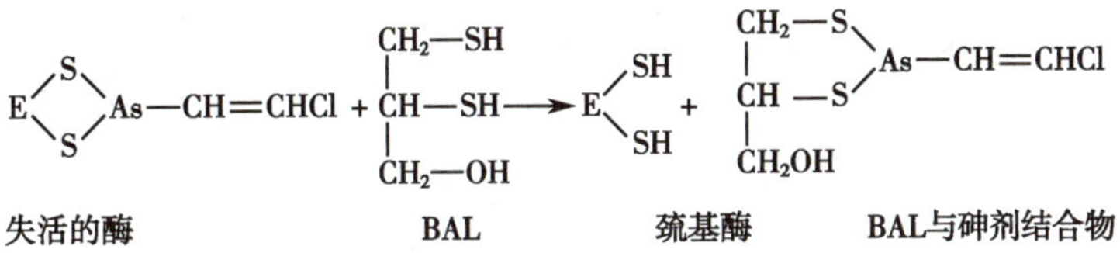

图 3-10 酶的不可逆抑制作用

（二）可逆性抑制作用

可逆性抑制作用的抑制剂以非共价键与酶或酶 - 底物复合物可逆地结合，使酶活性下降。因结合不甚牢固，可用透析或超滤等简单的物理学方法把酶与抑制剂分开，从而使酶恢复活性。可逆性抑制作用又可分为竞争性抑制作用和非竞争性抑制作用两类。

1. 竞争性抑制　竞争性抑制中抑制剂在化学结构上与底物结构相似，与底物竞争酶的活性中心，从而阻碍酶与底物结合，使底物与酶结合的概率减少，酶促反应速度减慢，这种抑制作用称为竞争性抑制。由于抑制剂、底物与酶的结合均可逆，竞争性抑制的特点是抑制作用的强弱取决于抑制剂与底物的相对浓度及两者与酶的亲和力。在抑制剂浓度不变的情况下，增加底物浓度能减弱或消除抑制剂的抑制作用。

考点链接
竞争性抑制

例如，丙二酸、苹果酸及草酰乙酸和琥珀酸的结构相似，是琥珀酸脱氢酶的竞争性抑制剂。酶的竞争性抑制在临床上有重要的实际应用，如磺胺类药物抑制细菌的作用就是根据这一原理。细菌不能直接利用环境中的叶酸，只能利用对氨基苯甲酸（PABA）、二氢蝶呤及谷氨酸作为原料，在细菌体内二氢叶酸合成酶的催化下合成二氢叶酸，继而形成四氢叶酸，合成核酸，促进细菌的生长繁殖。磺胺类药物的化学结构与对氨基苯甲酸结构类似，故能与对氨基苯甲酸竞争细菌体内二氢叶酸合成酶的活性中心，造成该酶的活性受抑制，进而减少四氢叶酸的合成，使细菌合成核酸受阻，从而抑制细菌的生长繁殖。人类能直接利用食物中的叶酸，所以不受磺胺类药物的影响。根据竞争性抑制的特点，在使用磺胺类药物时，采用首次剂量加倍的方法，以保持血液中药物的有效浓度，可更好起到竞争性抑菌效果。

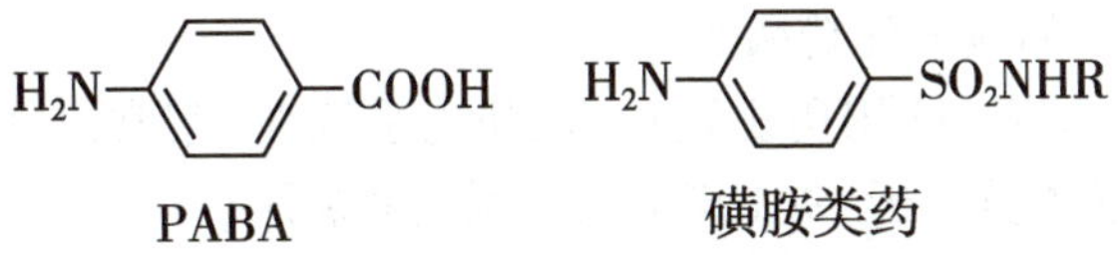

2. 非竞争性抑制　非竞争性抑制是指抑制剂与底物结构不相似，不能与底物竞争酶的活性中心，而是与酶的活性中心外的必需基团结合，不影响酶与底物的结合，底物与抑制剂之间无竞争关系，这种抑制作用称为非竞争性抑制。抑制作用的强弱取决于抑制剂本身的浓度，不能通过增加底物浓度的方法消除抑制作用。竞争性抑制作用与非竞争性抑制作用见图 3-11。

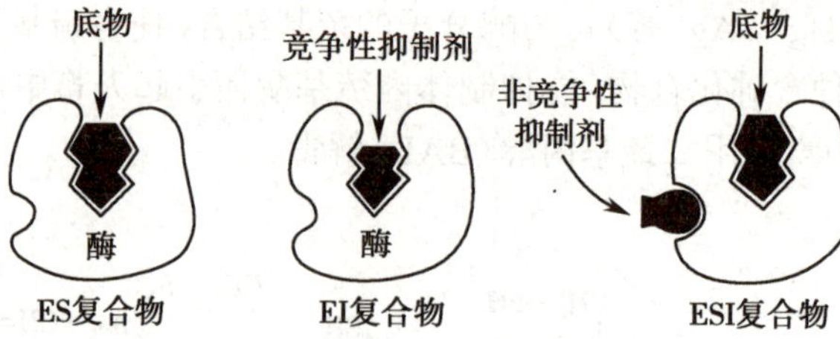

图 3-11 竞争性抑制作用与非竞争性抑制作用示意图

第四节 酶的分类、命名及医学上的应用

一、酶的分类

根据国际酶学委员会的规定，按酶促反应的性质将酶分为六大类。

1. 氧化还原酶类 指催化底物进行氧化还原反应的酶类。如乳酸脱氢酶、细胞色素氧化酶等。

2. 转移酶类 指催化底物之间进行某些基团的转移或交换的酶类。如转氨酶、甲基转移酶等。

3. 水解酶类 指催化底物发生水解反应的酶类。如淀粉酶、蛋白酶等。

4. 裂解酶类 指催化一个底物分解为两分子产物或其逆反应的酶类。如柠檬酸合成酶、醛缩酶等。

5. 异构酶类 指催化各种同分异构体之间相互转化的酶类。如磷酸葡萄糖变位酶、顺乌头酸酶等。

6. 合成酶类（或连接酶类） 指催化两分子底物合成一分子产物，同时还伴有消耗 ATP 的酶类。如谷氨酰胺合成酶、羧化酶等。

二、酶的命名

酶的命名有习惯命名和系统命名两种方法。

（一）习惯命名法

根据酶所催化的底物、反应类型以及酶的来源命名的方法称为习惯命名法。如催化水解淀粉的酶称为淀粉酶，催化脱氢反应的酶称为脱氢酶。有些酶的命名除了上述两项原则外，还要加上酶的来源，如唾液淀粉酶等。

习惯命名法简单、易懂，应用历史较长，但缺乏系统性，常常出现一酶数名或一名数酶的现象。因此国际酶学委员会于 1961 年提出了系统命名法。

（二）系统命名法

系统命名法要求标明酶的所有底物和反应类型，如果是多底物，底物名称之间以“:”分隔，并附有一个由 4 组数字组成的酶的分类编号，数字前冠以 EC，使每一种酶只有一种名称。例如，天冬氨酸转氨酶的系统名称为 *L*- 天冬氨酸: α- 酮戊二酸氨基转移酶，其编号为 EC2.6.1.1。此法可以避免习惯命名法的混乱，但比较繁琐，使用不方便。

三、酶在医学上的应用

知识拓展

生物酶在中药提取中的应用

所谓生物酶是指由活细胞产生的具有催化作用的有机物，大部分为蛋白质，也有极少部分为RNA。其具有较高的催化作用，应用于工业生产中，能够提高工作效率、减少污染、简化工艺程序。之所以酶具有良好的应用性主要在于其专一性强，催化条件温和，不需要满足某种特定的条件，从而有效地应用于工业生产中。

目前，生物酶在中药提取中以酶技术为主，通过其催化作用，有效地将纯度较高的中药成分提取出来。随着酶技术在中药中的广泛应用，在未来的日子里酶提取中药的效果、中药物理活性的筛选、酶反应产物结构的测定速度等方面将得到优化和发展。

生命活动离不开酶的催化作用，酶催化生物体内物质代谢有条不紊地进行，同时又对物质代谢发挥着巧妙的调节作用。人体的许多疾病与酶和酶活性的改变有关；血清中酶活性的改变对多种疾病的诊断有重要的价值；许多药物又可通过对酶的影响来治疗疾病。随着对酶研究的不断发展，酶在医学上的重要性越来越引起了人们的注意，应用也越来越广泛。

（一）酶与疾病的关系

临床上有些疾病的发病机制是由于酶的质和量异常或酶活性受抑制所致。现已发现140多种先天性代谢的缺陷中，多由酶的先天性或遗传性缺损所致。例如，苯丙氨酸羟化酶缺乏使苯丙氨酸和苯丙酮酸在体内堆积，大量的苯丙酮酸从尿中排出，引起苯丙酮酸尿症；高浓度的苯丙氨酸可抑制5-羟色胺的生成，导致精神幼稚化。许多中毒性疾病几乎都是由于某些酶活性被抑制所引起的，如有机磷农药中毒、重金属盐中毒、氰化物中毒等。

（二）酶在疾病诊断上的应用

正常人体内酶活性较稳定，当人体某些器官和组织受损或发生疾病后，导致血液或其他体液中一些酶活性异常，临床上测定这些酶的活性可帮助诊断疾病。如肝炎和其他原因引起的肝脏受损，大量转氨酶释放入血，使血清转氨酶活性升高；急性胰腺炎时，血清和尿中淀粉酶活性显著升高；心肌梗死时，血清乳酸脱氢酶和肌酸激酶活性明显升高；有机磷农药中毒时，血清胆碱酯酶活性下降；前列腺癌时，血清中的酸性磷酸酶活性增高等。因此，通过测定血液或其他体液中酶活性的改变有利于疾病的诊断和预后治疗。

另外，许多遗传性疾病是由于先天性缺乏某种酶所致，故在出生前，可从羊水或绒毛中检测该酶的活性，做出产前诊断，有助于预防先天性疾病的发生，提高人口素质。

（三）酶在临床治疗上的应用

近年来，酶疗法已经被人们所认识，各种酶制品在临床上的应用也越来越普遍。酶可作为药剂用于治疗某些疾病。酶作为药物最早用于助消化，现在已扩大到消炎、抗凝、促凝、降压等方面。如胃蛋白酶、胰蛋白酶、淀粉酶等可用于帮助消化；磺胺类药物可通过竞争性抑制二氢叶酸合成酶的活性而达到抑菌的作用；尿激酶、链激酶、纤溶酶等可溶解血栓，防止血栓形成，可用于脑血栓、心肌梗死等疾病的防治；利用天冬酰胺酶分解天冬酰胺可抑制血癌细胞的生长；某些抗肿瘤药物能抑制细胞内核酸或蛋白质合成所需的酶类，从而抑制肿瘤细胞的分化与增殖，抑制肿瘤的生长。

（四）酶与医学检验

酶作为临床检验的工具已被广泛地应用。在临床上酶可以作为试剂对一些化合物和酶的活性进行测定分析。酶法分析具有高效、准确、灵敏和专一的特点。在生化检验中常用酶法分析测定血液中的葡萄糖、胆固醇、肌酐等含量，在免疫检验中可通过酶标记测定法（把酶结合在某些物质上通过测定酶的活性来判断被标记物质或与其定量结合物质的存在和含量的方法）来检测微量的抗体和抗原。如对乙型肝炎表面抗原、艾滋病毒抗体、一些肿瘤标记物（甲胎蛋白、癌胚抗原等）的检测都用到此方法。另外在聚合酶链反应（PCR）技术中，也离不开一些工具酶。

本章小结

酶是由活细胞产生的具有催化作用的蛋白质，是最重要的生物催化剂。酶促反应的特点是：高度的催化效率、高度的特异性、高度的不稳定性和酶活性的可调节性。

根据酶的化学组成不同，酶可分为单纯酶和结合酶两大类。与酶活性密切相关的化学基团称为酶的必需基团。酶的必需基团组成具有特定空间结构的区域，能与底物特异地结合并将底物转化为产物，起催化中心的作用，这一区域称为酶的活性中心。酶活性中心内的必需基团有结合基团和催化基团。由无活性的酶原转变为有活性的酶的过程称为酶原的激活。酶原激活的实质是形成或暴露酶的活性中心的过程。酶原的存在与激活具有重要的生理意义。同工酶是指催化相同的化学反应，而酶蛋白的分子结构、理化性质及免疫学性质不同的一组酶，在不同的组织和细胞中具有不同的代谢特点。

影响酶促反应速度的因素有酶浓度、底物浓度、温度、酸碱度、激活剂和抑制剂等。

（祝红梅）

目标测试

（单项选择题）

1. 酶能加快化学反应速度的原因是
   A. 提高产物能量　　B. 降低反应的能量
   C. 提高底物的能量　　D. 降低反应活化能
   E. 提供反应能量
2. 下列有关酶催化反应的特点中错误的是
   A. 酶反应在37℃条件下最高　　B. 具有高度催化能力
   C. 具有高度稳定性　　D. 酶催化作用是受调控的
   E. 具有高度专一性
3. 酶的特异性是指
   A. 酶与辅酶特异的结合　　B. 酶对其所催化的底物有特异的选择性
   C. 酶在细胞中的定位是特异性的　　D. 酶催化反应的机制各不相同
   E. 在酶的分类中各属不同的类别

4. 有关结合酶概念正确的是
A. 酶蛋白决定反应性质
B. 辅酶与酶蛋白结合才具有酶活性
C. 辅酶决定酶的专一性
D. 酶与辅酶多以共价键结合
E. 体内大多数脂溶性维生素转变为辅酶
5. 决定酶促反应特异性的是
A. 辅酶
B. 辅基
C. 酶蛋白
D. 底物
E. 激活剂
6. 有关辅酶的叙述中正确的是
A. 为一种高分子化合物
B. 与酶蛋白结合比较疏松
C. 可决定酶的特异性
D. 不参与质子、电子及化学基团转移
E. 一种辅酶只能与一种酶蛋白结合
7. 有关酶活性中心的叙述中错误的是
A. 是酶分子特定的空间区域
B. 具有结合基团
C. 具有催化基团
D. 酶分子中所有的必需基团均存在于活性中心上
E. 底物在此转变为产物
8. 酶原没有活性是由于
A. 缺少必需基团
B. 缺少辅助因子
C. 酶蛋白的失活
D. 活性中心未形成
E. 缺少辅酶
9. 有关酶原激活的概念，正确的是
A. 初分泌的酶原即有酶活性
B. 酶原转变为酶是可逆反应过程
C. 无活性酶原转变为有活性酶
D. 酶原激活无生理意义
E. 酶原激活是酶原蛋白质变性
10. 影响酶促反应速度的因素不包括
A. 底物浓度
B. 酶浓度
C. 反应环境的pH
D. 反应温度
E. 酶原浓度
11. 一个酶作用于多种底物时，其天然底物的 K_m 值应该是
A. 最大
B. 与其他底物相同
C. 最小
D. 居中间
E. 与 K_s 相同
12. 温度对酶促反应的影响正确的是
A. 温度升高反应速度加快，与一般催化剂完全相同
B. 低温可使大多数酶发生变性
C. 最适温度是酶的特征性常数
D. 最适温度不是酶的特征性常数
E. 最适温度对所有的酶均相同

13. 有机磷农药中毒时，下列哪一种酶受到抑制

A. 己糖激酶　　B. 碳酸酐酶

C. 胆碱酯酶　　D. 乳酸脱氢酶

E. 含巯基的酶

14. 磺胺药抑菌机制不正确的是

A. 增加二氢叶酸合成酶活性

B. 抑制细菌核酸合成

C. 磺胺药与对氨基苯甲酸具有类似结构

D. 磺胺药属于酶的竞争性抑制剂

E. 药物可致 FH_4 合成障碍

15. 丙二酸对琥珀酸脱氢酶的抑制属于

A. 反馈抑制　　B. 反竞争性抑制

C. 竞争性抑制　　D. 非竞争性抑制

E. 别构抑制

第四章 维 生 素

04章

学习目标

1. 掌握：维生素的概念及分类；B族维生素与辅酶的关系。
2. 熟悉：维生素的共同特点。
3. 了解：导致维生素缺乏的原因；各种维生素的主要生物化学功能及典型缺乏病名称。

第一节 概 述

一、维生素的概念

维生素是维持机体正常功能所必需，在体内不能合成或合成量很少，必须由食物供给的一类小分子有机物，是人体必需的六类营养素之一。

考点链接

维生素的概念

维生素的种类很多，化学结构各异，生理功能也各不相同，具有以下共同特点：①以其本体或可被机体利用的前体形式存在于天然食物中。②体内不能合成或合成量不能满足机体需要，必须由食物供给。③不参与组织细胞的构成，也不为机体提供能量。④主要功能是参与及调节物质和能量代谢。大多数维生素都以辅酶的形式参与酶的催化功能，在调节物质和能量代谢中发挥着重要的作用。⑤机体对其需要量很少，但不能缺乏。机体对维生素需要量通常为每天几毫克甚至几微克，但若长期缺乏某种维生素，即可导致物质代谢障碍，引起相应的维生素缺乏病。

二、维生素的命名和分类

（一）命名

维生素命名系统有三种，一是按其发现的先后顺序以拉丁字母命名，如维生素A、B、C、D、E、K等；二是根据其化学结构特点命名，如维生素B_1是含硫的胺类，故称为硫胺素；三是根据其生理功能和治疗作用命名，如维生素B_1又称为抗脚气病维生素，维生素C又称抗坏血病维生素。

考点链接

维生素的命名

（二）分类

维生素的种类较多，化学结构差异很大，通常是根据其溶解性质不同，分为两大类。

> **考点链接**
> 维生素的分类

1. 脂溶性维生素　不溶于水，易溶于脂类和有机溶剂，包括维生素 A、D、E、K 四种。

2. 水溶性维生素　易溶于水，包括 B 族维生素（维生素 B_1、B_2、B_6、B_{12}、维生素 PP、泛酸、叶酸、生物素等）和维生素 C。

三、维生素缺乏的原因

维生素在体内不断参与代谢或转变为其他物质，部分以原型形式排出，所以必须予以补充，若某种维生素较长时间不能满足需要，就可能导致相应缺乏病。维生素缺乏病是指由于某种维生素缺乏引起的，能用相应维生素彻底治愈的一类疾病。许多因素可导致维生素缺乏，引起维生素缺乏常见原因如下。

（一）摄入量不足

膳食中维生素供给不足、搭配不合理或因食物的加工、烹调、储存方法不当等均可造成维生素大量破坏与丢失，引起维生素的摄入不足。如淘米过度、煮稀饭加碱、米面加工过细均可使维生素 B_1 大量丢失破坏。

（二）吸收障碍

某些原因造成消化系统吸收功能障碍，如长期腹泻、消化道或胆道梗阻等均可造成维生素的吸收、利用减少。

（三）需要量增加

某些生理或病理条件下，机体对维生素的需要量会相对增加。如生长发育期儿童、孕妇与哺乳期妇女、慢性消耗性疾病患者，对维生素的需要量增多，如按常量供给可导致维生素缺乏。

（四）体内合成减少

长期服用广谱抗生素可抑制肠道正常菌群的生长，从而引起某些由肠道细菌合成的维生素如维生素 K、B_6、PP、叶酸等的缺乏。长时间日光照射不足，可使皮肤内维生素 D 生成不足，从而影响机体对钙的吸收，小儿易引起佝偻病，成人易引起骨质疏松、软骨病等。

第二节　脂溶性维生素

> **案例**
>
> 公元六百多年唐代著名医学家孙思邈就记载了用羊肝来治疗“雀目”。患此病的患者，双眼干涩刺痛，畏光流泪，傍晚时视物不清，同时还有皮肤干燥、粗糙，头发枯萎稀疏等症状，当时亦称此病为“鸡盲眼”。
>
> 请问：1. 引起“雀目”的真正原因是什么？
>
> 2. 为什么用羊肝可以治疗“雀目”？

脂溶性维生素不溶于水，易溶于脂类及多数有机溶剂。在食物中与脂类共存，并随脂类一同吸收。因此，当脂类吸收不良时，脂溶性维生素的吸收量也减少，严重者可导致维生素缺乏病。如果脂溶性维生素的摄入量超过机体需要量，多余的部分可大量储存在肝或脂肪组织中，所以食物短期内不能提供脂溶性维生素一般不会导致缺乏，但若较长时间摄入过少可缓慢出现缺乏症状，而长期大量补充则可能因过量积蓄引起中毒，临床上以维生素A和维生素D中毒较为常见。

> **考点链接**
>
> 常见脂溶性维生素缺乏症

一、维生素A

（一）化学本质及来源

维生素A又称抗干眼病维生素。天然有维生素 A_1 和 A_2 两种形式，A_1 又称视黄醇，A_2 又称3-脱氢视黄醇。维生素A在体内的活性形式包括视黄醇、视黄醛和视黄酸。

维生素A化学性质活泼，易被氧化剂和紫外线破坏，故维生素A制剂应注意避光保存。

维生素A主要来源于动物性食物，特别是动物肝、鱼肝油、奶制品、禽蛋等含量丰富。植物性食物中不含维生素A，但胡萝卜、菠菜、番茄、芒果等黄绿色植物中含有丰富的类胡萝卜素，其中以β-胡萝卜素最为重要，它可在肠壁和肝脏中转变为维生素A，这种本身不具有维生素A活性，在体内可以转变为维生素A的物质称为维生素A原。

（二）功能及缺乏病

1. 参与合成视杆细胞内的感光物质　视杆细胞中对弱光敏感并与暗视觉有关的感光物质叫视紫红质，它是由维生素A转变成的11-顺视黄醛和视蛋白结合而成。人从光线充足处进入黑暗环境时，因缺乏视紫红质，不能视物，需经一段时间合成足够的视紫红质后，才能在一定光照度下视物，这一过程叫暗适应。暗适应时间的长短与视网膜中维生素A的储量有直接关系。若维生素A充足，视紫红质合成迅速，则暗适应时间短，视觉正常。若维生素A缺乏，必然会引起11-顺视黄醛的补充不足，视紫红质合成减少，对弱光的敏感性降低，使暗适应时间延长，严重缺乏时则会导致夜盲症。

2. 维持上皮组织的生长、健全和促进免疫球蛋白的合成　维生素A能促进上皮细胞内糖蛋白的合成，维持上皮组织的正常生长和分化，保持上皮细胞分泌功能的健全。若维生素A缺乏，可引起上皮组织干燥、增生和角化等，其中以眼、呼吸道、消化道等黏膜上皮受影响较为显著。眼部表现为泪腺上皮角化，泪液分泌受阻，以致角膜、结膜干燥，产生眼干燥症（干眼病）。故维生素A又称抗干眼病维生素。

免疫球蛋白是免疫系统的重要成员，化学本质是糖蛋白，其生成与维生素A相关。因此维生素A缺乏时可因免疫球蛋白生成减少而使机体抵抗力下降。

3. 其他作用　维生素A参与类固醇激素合成，从而促进蛋白质的合成，促进生长发育。β-胡萝卜素是抗氧化剂，在氧分压较低的条件下，能直接消灭自由基，而自由基是引起肿瘤和许多疾病的重要因素。

二、维生素D

（一）化学本质、性质及来源

维生素D又称抗佝偻病维生素，是含有环戊烷多氢菲结构的类固醇衍生物。主要包

括维生素 D_2（麦角钙化醇）和维生素 D_3（胆钙化醇）两种形式，存在于人体内的主要是维生素 D_3。

维生素 D 对热稳定，对碱和氧较稳定，但在酸性溶液中加热则逐渐分解。通常的加工烹调不会造成维生素 D 的损失，但脂肪酸败可引起维生素 D 破坏。

维生素 D_3 可从动物性食物中获得，在动物肝、奶类、蛋黄、尤其是鱼肝油中含量丰富；另一个来源是体内的胆固醇在皮下转变成 7- 脱氢胆固醇后经紫外线照射可生成维生素 D_3。因此，常做日光浴和户外运动可预防维生素 D 缺乏。

（二）功能及缺乏病

维生素 D 在肝和肾中羟化转变成其活性形式 1，25-$(OH)_2$-D_3 后，可促进小肠对钙、磷的吸收，促进肾小管对钙、磷的重吸收，从而增加血钙及血磷浓度，有利于骨骼和牙齿的发育。维生素 D 缺乏时，血钙及血磷浓度下降，骨的钙化受阻，出现骨质脱钙软化和变形，儿童会发生佝偻病，成人会发生骨质疏松甚至软骨病。

三、维生素 E

（一）化学本质、性质及来源

维生素 E 又称生育酚，它主要有生育酚和生育三烯酚两大类。自然界以 α- 生育酚分布最广，生理活性最强。

维生素 E 在无氧条件下对热稳定，但对氧十分敏感，易被氧化，因而能保护其他易被氧化的物质。

各种植物油、深海鱼油、谷物的胚芽、绿叶蔬菜是维生素 E 较好的来源。

（二）功能及缺乏病

1. 抗氧化作用　维生素 E 是强抗氧化剂，能与自由基反应而清除自由基，保护生物膜上的多不饱和脂肪酸及其他蛋白质的巯基免受自由基攻击，从而维持细胞膜的完整，保护生物膜的结构和功能。

2. 与动物生殖功能有关　动物实验证明，缺乏维生素 E 时其生殖器官发育受损甚至不育。人类尚未发现维生素 E 缺乏所致的不育症。但临床上常用维生素 E 来治疗先兆流产和习惯性流产。

3. 调节血小板的聚集作用　维生素 E 可抑制血小板聚集，保持血流通畅。维生素 E 缺乏时血小板聚集作用增高，凝血作用增强，可引起血栓形成，增加心肌梗死和中风的危险性。

4. 保护肝细胞　肝是维生素 E 的主要储存器官，维生素 E 则是肝细胞生长的重要保护因子之一。维生素 E 通过其在肝细胞膜上的存在，对多种急性肝损伤均具有保护作用；对慢性肝纤维化也具有延缓和阻断作用。

5. 抗肿瘤　维生素 E 主要通过以下几条途径降低肿瘤的发生：①维持机体内氧化和抗氧化系统的平衡。②阻断一些化学致癌物的致癌作用。③提高机体的免疫水平。④抑制某些癌基因的表达。流行病学调查发现，人类维生素 E 的摄入量与乳腺癌的发生有一定的负相关。

维生素 E 一般不易缺乏，在某些脂肪吸收障碍等疾病时可引起缺乏，表现为红细胞数量减少，寿命缩短。

四、维生素K

（一）化学本质、性质及来源

维生素K是萘醌的衍生物。天然存在的有K_1、K_2两种。临床上常用的是人工合成K_3、K_4，能溶于水，可口服或注射。

维生素K耐热，但对碱不稳定，尤其对光敏感，故应避光保存。

维生素K_1在绿叶蔬菜和动物肝脏中含量丰富，维生素K_2则是人体肠道细菌的代谢产物。

（二）功能及缺乏病

维生素K的主要生化作用是维持体内的第Ⅱ、Ⅶ、Ⅸ、Ⅹ凝血因子的正常水平，促进血液凝固。凝血因子由无活性型向活性型的转变需要γ-谷氨酸羧化酶的催化，维生素K作为该酶的辅助因子，参与这种转化反应，故维生素K又称凝血维生素。

维生素K因来源广泛，且体内肠道中细菌也能合成，故一般不易缺乏。但脂肪吸收功能减退或长期服用广谱抗生素，可引起缺乏，应口服和注射补充。维生素K缺乏时，因不能合成凝血因子，出现凝血障碍，表现为凝血时间延长，易发生皮下、肌肉及内脏出血等。

知识拓展

维生素K的作用

维生素K是一种脂溶性维生素，主要的药理作用是防止出血。在临床上，维生素K（主要是K_1与K_2）多被用作抗出血药物。近几年来，国外药理学家对维生素K类物质做了深入研究，发现维生素K对骨质疏松有一些重要作用。老年人口服维生素K制剂与抗凝血剂（如华法林）有助于提高人体骨骼中矿化物的代谢率，防止钙等主要矿化物的流失，最终可防止出现骨质疏松和骨质软化。

脂溶性维生素的生化功能及缺乏症见表4-1。

表4-1 脂溶性维生素的生化功能及缺乏症

名称	主要生化功能	缺乏症
维生素A（抗干眼病维生素）	1. 参与合成视紫红质 2. 维持上皮的生长、健全；促进免疫球蛋白的合成 3. 促进生长发育 4. 抗氧化作用 5. 抑癌作用	夜盲症 眼干燥症（干眼病）
维生素D（抗佝偻病维生素）	1. 促进钙、磷吸收 2. 促进骨盐沉积	佝偻病（儿童） 软骨病（成人）
维生素E（生育酚）	1. 抗氧化作用 2. 与动物的生育有关 3. 调节血小板的聚集 4. 保护肝细胞 5. 抗肿瘤作用	
维生素K（凝血维生素）	促进凝血因子Ⅱ、Ⅶ、Ⅸ、Ⅹ的合成	凝血障碍

第三节 水溶性维生素

案例

随着生活质量的不断改善，人们对饮食的要求也越来越高，比如喜好精制米、精白面，将米反复淘洗，把蔬菜长时间浸泡，加小苏打腌牛肉使之滑嫩可口等。

请问：以上做法对食物中的维生素有何影响？为什么？

考点链接

常见水溶性维生素缺乏症

水溶性维生素基本不能在体内储存，若摄入量超过机体需要量，多余部分即随尿排出，所以必须经常从膳食中摄取，且一般不发生过多现象。B族维生素往往作为酶的辅助因子而发挥其参与和调节物质代谢的作用。

一、维生素B_1

（一）化学本质、性质及来源

维生素B_1又名抗脚气病维生素，由含硫的噻唑环和含氨基的嘧啶环组成，故又称硫胺素。其在酸性溶液中稳定，碱性条件下加热易破坏。焦磷酸硫胺素（TPP）为其在体内的活性形式。

维生素B_1在植物中广泛分布，种子外皮（如麦麸、米糠）、胚芽、酵母及瘦肉中含量丰富。因维生素B_1在碱性条件下易破坏，故烹调食物时不宜加碱。

（二）功能及缺乏病

1. TPP是α-酮酸氧化脱羧酶的辅酶，参与α-酮酸氧化脱羧反应，当维生素B_1缺乏时，代谢中间产物α-酮酸氧化发生障碍，糖代谢受阻造成能量供应不足，影响到组织细胞尤其是神经组织的正常功能，导致末梢神经炎及其他神经病变，即脚气病。

2. 促进胃肠消化吸收　这是由于维生素B_1可抑制胆碱酯酶活性，减少乙酰胆碱水解所致。当维生素B_1缺乏时，乙酰胆碱水解加强，神经传导受到影响，主要表现为消化液分泌减少，胃肠蠕动变慢，食欲缺乏，消化不良等。

知识拓展

维生素B_1缺乏与抑郁症

中科院上海生科院营养科学研究所柯尊记研究组和林旭研究组合作的最新研究成果发现：在中国中老年人群中维生素B_1缺乏与抑郁症密切相关。维生素B_1即硫胺素，TPP是其活性形式。TPP是糖代谢途径中关键酶的辅酶，在维持神经系统功能完整性中起着重要的作用。研究表明，维生素B_1缺乏能够导致线粒体功能紊乱和慢性氧化应激，这两者均被认为是抑郁症发病的潜在机制。实验研究证实补充维生素B_1能改善产后抑郁症。

二、维生素 B_2

(一) 化学本质、性质及来源

维生素 B_2 又名核黄素。其分子中有两个活泼的双键，在生物体内氧化还原过程中起传递氢的作用。维生素 B_2 比较耐热，在酸性环境中比较稳定，但遇光易破坏。

维生素 B_2 广泛存在于动、植物组织中。米糠、酵母、蛋黄、肝脏中含量丰富。微生物核黄菌有合成维生素 B_2 的能力。

(二) 功能及缺乏病

体内维生素 B_2 有黄素单核苷酸（FMN）及黄素腺嘌呤二核苷酸（FAD）两种活性形式，它们是体内许多氧化还原酶（也叫黄素蛋白或黄素酶）的辅基，作为递氢体，广泛参与体内的各种氧化反应，促进糖、脂肪和蛋白质的代谢。机体缺乏维生素 B_2 则出现能量和物质代谢的紊乱，可引起口角炎、唇炎、阴囊炎、脂溢性皮炎等症状。

三、维生素 PP

(一) 化学本质、性质及来源

维生素 PP 又名抗癞皮病维生素，包括烟酸（又称尼克酸）和烟酰胺（又称尼克酰腰），二者均属含氮杂环吡啶衍生物，在体内可相互转化。维生素 PP 性质稳定，不易被酸、碱和加热破坏。

富含维生素 PP 的食物有动物肝脏、酵母、花生、豆类及肉类等。肝能利用色氨酸合成维生素 PP，但不能满足需要。

(二) 功能及缺乏病

维生素 PP 在体内的活性形式是烟酰胺腺嘌呤二核苷酸（NAD^+）和烟酰胺腺嘌呤二核苷酸磷酸（$NADP^+$）。NAD^+ 和 $NADP^+$ 是多种不需氧脱氢酶的辅酶，在氧化还原过程中起传递氢的作用。

维生素 PP 缺乏时可引起癞皮病，其典型症状为皮肤暴露部位出现对称性皮炎、腹泻及痴呆。此病多发生在以玉米为主食的地区，现已基本控制。另外，抗结核药异烟肼的结构与维生素 PP 十分相似，两者有拮抗作用，长期服用可能引起维生素 PP 缺乏。

知识链接

维生素 PP 的新应用

近年来，维生素 PP 临床用来作为降胆固醇的药物，因为大剂量的烟酸能起扩张血管的作用，可以抑制体内脂肪组织中的脂肪分解和肝脏中低密度脂蛋白的合成，进而起到降低胆固醇的作用，但长期服用可能导致血中葡萄糖和尿酸升高，还可能损害肝脏。

四、维生素 B_6

(一) 化学本质、性质及来源

维生素 B_6 是吡啶的衍生物，包括吡哆醇、吡哆醛、吡哆胺。维生素 B_6 在酸中较稳定，但易被碱破坏，中性环境中易被光破坏。

维生素 B_6 在动植物中分布很广，麦胚芽、米糠、大豆、酵母、肝、鱼、肉及绿叶蔬菜中含量丰富，某些微生物也可以少量合成。

（二）功能及缺乏病

维生素 B_6 经磷酸化形成磷酸吡哆醛、磷酸吡哆胺，两者为其在体内的活性形式。

1. 磷酸吡哆醛和磷酸吡哆胺是转氨酶的辅酶，在氨基酸代谢中起传递氨基的作用。

2. 磷酸吡哆醛是脱羧酶的辅酶，参与氨基酸代谢中的脱羧基反应，促进氨基酸转变成一些重要的活性物质。如维生素 B_6 能促进谷氨酸脱羧，形成 γ- 氨基丁酸，后者是一种重要的抑制性神经递质。临床上常用维生素 B_6 治疗小儿惊厥及妊娠呕吐。

3. 磷酸吡哆醛是 δ- 氨基 γ- 酮戊酸（ALA）合成酶的辅酶，ALA 合成酶是血红素合成的限速酶。所以维生素 B_6 缺乏时有可能造成小细胞低色素性贫血。

人类未发现维生素 B_6 缺乏的典型病例。长期服用异烟肼进行抗结核治疗时，因其能与磷酸吡哆醛结合生成腙而随尿排出，引起维生素 B_6 缺乏，所以在服用异烟肼时，应补充维生素 B_6。

五、泛酸

（一）化学本质、性质及来源

泛酸又称遍多酸。由于在自然界分布广泛而得名，人肠道细菌也可以合成。一般很少有缺乏症。

泛酸在中性溶液中对热稳定，对氧化剂和还原剂也极为稳定，但易被酸、碱破坏。

（二）功能及缺乏病

泛酸经磷酸化并获得巯基生成 4′- 磷酸泛酰巯基乙胺，后者是辅酶 A（HSCoA）及酰基载体蛋白（ACP）的组成部分，所以 HSCoA 及 ACP 为泛酸在体内的活性形式。HSCoA 及 ACP 是酰基转移酶的辅酶，具有转移酰基的作用，广泛参与糖、脂类、蛋白质代谢及肝脏的生物转化作用。泛酸缺乏症少见。

六、生物素

（一）化学本质、性质及来源

生物素，耐酸不耐碱，高温和氧化剂可使其灭活。

生物素在动、植物界分布很广，如肝、肾、蛋黄、酵母、蔬菜、谷类中都有。一般利用玉米浆或酵母膏就可满足微生物对生物素的需要。肠道细菌也能合成生物素供人体需要，所以一般不易发生生物素缺乏病。

（二）生理功能与缺乏症

生物素是体内多种羧化酶的辅酶，参与体内 CO_2 的固定以及羧化反应。生物素与糖、脂肪、蛋白质和核酸的代谢有密切关系，在代谢过程中起 CO_2 载体作用。此外，生物素对一些微生物如酵母菌、细菌的生长有强烈促进作用。

人缺乏生物素时易引起精神抑郁、毛发脱落、皮肤发炎等疾病。当长期口服抗生素药物或过多吃生鸡蛋清，会发生生物素缺乏症。

七、叶酸

（一）化学本质、性质及来源

叶酸因在绿叶中含量十分丰富而得名，由 *L*- 谷氨酸、对氨基苯甲酸（PABA）和 2- 氨基-4-羟基-6-甲基蝶呤啶组成，又称蝶酰谷氨酸。

叶酸为黄色结晶，在酸性溶液中不稳定，在中性及碱性溶液中耐热，对光照敏感。

叶酸在绿叶蔬菜、水果、动物肝、酵母等中含量丰富，肠道细菌也可合成。

（二）功能及缺乏病

叶酸的活性形式是四氢叶酸（FH_4）。体内叶酸还原为二氢叶酸（FH_2），进一步还原为四氢叶酸（FH_4）。FH_4 是体内一碳单位转移酶的辅酶，它作为一碳单位的载体参与嘌呤、胸腺嘧啶核苷酸等多种物质的合成。当叶酸缺乏时，DNA 合成必然受到限制，骨髓幼红细胞 DNA 合成减少，红细胞分裂速度下降，细胞体积增大，细胞核内的染色质疏松，大部分在成熟前就被破坏，造成巨幼红细胞贫血。

抗癌药物甲氨蝶呤因结构与叶酸相似，能抑制二氢叶酸还原酶的活性，使四氢叶酸合成减少，进而抑制体内胸腺嘧啶核苷酸的合成，因此有抗癌作用。

食物中富含叶酸且肠道细菌也可合成，故一般很少有缺乏症。孕妇及哺乳期妇女因快速分裂细胞增加或因生乳而致代谢较旺盛，应适量补充叶酸。口服避孕药或抗惊厥药干扰叶酸的吸收与代谢，如长期服用此药应考虑补充叶酸。

八、维生素 B_{12}

（一）化学本质、性质及来源

维生素 B_{12} 又称钴胺素，是唯一含金属元素的维生素。粉红色晶体，临床上使用的维生素 B_{12} 注射液是红色液体。

广泛存在于动物性食品中，肝、肾、瘦肉、鱼、蛋中含量丰富，肠道细菌也可合成，植物性食物中不含维生素 B_{12}。

（二）功能及缺乏病

维生素 B_{12} 进入机体后可与不同的基团结合，维生素 B_{12} 的活性形式是甲基钴胺素（CH_3-B_{12}）和 5′-脱氧腺苷钴胺素，也是存在于血液的主要形式。

1. 甲基钴胺素　是 N^5-甲基四氢叶酸转甲基酶的辅酶，参与甲基的转移。甲基钴胺素在体内参与同型半胱氨酸甲基化生成甲硫氨酸的反应，产生四氢叶酸和蛋氨酸。当维生素 B_{12} 缺乏时，N^5-甲基四氢叶酸的甲基不能转移，不利于甲硫氨酸的生成，同时也影响四氢叶酸的再生，使组织中游离的四氢叶酸含量减少，不能利用它来转运其他一碳单位，影响嘌呤、嘧啶的合成，最终导致核酸合成障碍，影响细胞分裂，产生巨幼红细胞性贫血。

2. 5′-脱氧腺苷钴胺素　是 L-甲基丙二酰 CoA 变位酶的辅酶，催化琥珀酰 4-磷酸泛酰巯基乙胺 CoA 的生成。当 B_{12} 缺乏时，*L*-甲基丙二酰 CoA 大量堆积，因 *L*-甲基丙二酰 CoA 的结构与脂肪酸合成的中间产物丙二酰 CoA 相似，所以影响脂肪酸的正常合成。B_{12} 缺乏所致的神经疾患也是由于脂肪酸的合成异常而影响了髓鞘质的转换，引起髓鞘质变性退化，造成退行性脱髓鞘。

维生素 B_{12} 来源广泛，缺乏症少见，但它的吸收需要胃壁细胞分泌的内因子的参与，内因子产生不足时可影响维生素 B_{12} 的吸收。故可偶见于有严重吸收障碍疾患的患者及长期素食者。

九、维生素 C

（一）化学本质、性质及来源

维生素 C 又称 *L*-抗坏血酸，无色片状结晶，呈酸性，还原性强，对碱、热、氧化剂不稳定。

维生素C广泛存在于新鲜蔬菜及水果中，如酸枣、山楂、柑橘、草莓、猕猴桃以及辣椒等。植物中含有的抗坏血酸氧化酶能将维生素C氧化为无活性的二酮古洛糖酸，所以储存过久的水果、蔬菜中的维生素C的含量会大量减少。

（二）功能及缺乏病

1. 参与体内的多种羟化反应

（1）促进胶原蛋白的合成：体内的结缔组织、骨及毛细血管的重要组成成分离不开胶原蛋白，而维生素C是催化胶原蛋白合成的脯氨酸羟化酶和胶原赖氨酸羟化酶维持活性所必需的辅助因子。

（2）参与胆固醇的转化：维生素C是胆汁酸合成的限速酶7α-羟化酶的辅酶，可以促进胆固醇在肝内转化为胆汁酸。另外，肾上腺皮质激素合成中，某些反应也需要维生素C的参与。

2. 参与体内的氧化还原反应

（1）保护巯基作用：维生素C是人体主要的还原剂，通过还原作用，它能使巯基酶的—SH维持还原状态，使之不被氧化。铅等重金属离子能与巯基酶的-SH结合，使其失活以致代谢障碍而中毒。维生素C可促使氧化型谷胱甘肽（G-S-S-G）转变为还原型谷胱甘肽（G-SH），后者与金属离子结合排出体外。故维生素C常用于防治职业中毒，如铅、汞、砷、苯等的慢性中毒。

（2）其他作用：维生素C能使红细胞中的高铁血红蛋白（MHb）还原为血红蛋白（Hb），使其恢复对氧的运输。也可使食物中的Fe^{3+}还原为Fe^{2+}，提高铁的吸收率。维生素C还能保护维生素A、E及B免遭氧化，促使叶酸转变成有活性的四氢叶酸。

3. 抗病毒作用　维生素C能增加淋巴细胞的生成，提高吞噬细胞的吞噬能力，促进免疫球蛋白的合成，因此能提高机体免疫力。临床上用于心血管疾病、病毒性疾病等的支持性治疗。

维生素C缺乏时可患坏血病，主要为胶原蛋白合成障碍所致，表现为毛细血管脆性增加，牙龈肿胀与出血，牙齿松动、脱落、皮肤出现瘀血点与瘀斑，关节出血可形成血肿、鼻出血、便血等症状。还能影响骨骼正常钙化，出现伤口愈合不良、抵抗力低下、肿瘤扩散等。

水溶性维生素生化功能及缺乏症见表4-2。

表4-2　水溶性维生素生化功能及缺乏症

名称	主要生理功能	典型缺乏症
维生素B_1（硫胺素，抗脚气病维生素）	1. 是α-酮酸氧化脱羧酶的辅酶，参与氧化脱羧反应	脚气病
	2. 促进胃肠消化吸收	胃肠功能障碍
维生素B_2（核黄素）	是黄素酶的辅基（FMN、FAD），在生物氧化中起递氢作用	口角炎、舌炎、唇炎、阴囊炎等
维生素PP（抗癞皮病维生素）	是不需氧脱氢酶的辅酶（NAD^+、$NADP^+$），在生物氧化中起递氢作用	癞皮病
维生素B_6	是转氨酶和氨基酸脱羧酶的辅酶，参与氨基酸的分解代谢	人类未发现典型缺乏症
泛酸（遍多酸）	构成HSCoA，是酰基转移酶的辅酶，可转移酰基	人类未发现典型缺乏症
生物素	构成羧化酶的辅酶，参与物质代谢的羧化反应	人类未发现典型缺乏症

续表

名称	主要生理功能	典型缺乏症
叶酸	构成一碳单位转移酶的辅酶，转运一碳单位	巨幼红细胞性贫血
维生素 B_{12}（钴胺素）	1. 以 CH_3-B_{12} 形式作为转甲基酶的辅酶 2. 构成甲基丙二酰 CoA 变位酶的辅酶	巨幼红细胞性贫血
维生素 C（抗坏血病维生素）	1. 参与体内的羟化反应 2. 参与体内的氧化还原反应 3. 抗病毒作用	维生素 C 缺乏病（坏血病）

本章小结

维生素是维持机体正常功能所必需的一类低分子有机化合物。一般机体不能合成或合成量极少，必须从食物中摄取。维生素主要按其发现的先后顺序以拉丁字母命名，可根据其溶解性质不同分为脂溶性维生素和水溶性维生素两大类。脂溶性维生素中，维生素 A 参与视杆细胞感光物质的合成，并对维持上皮组织的健全至关重要；维生素 D 参与钙、磷代谢；维生素 E 有抗氧化作用；维生素 K 参与血液凝固。水溶性维生素中，B 族维生素主要构成辅酶的成分参与物质代谢和能量代谢；维生素 C 则参与羟化反应和氧化还原反应。

（薛刚霞）

目标测试

（单项选择题）

1. 下列关于维生素的叙述错误的是
   A. 在体内不能合成或合成量很少
   B. 是一类小分子有机化合物
   C. 每天需要大量进食
   D. 某些药物会引起维生素缺乏
   E. 摄入过量维生素可引起中毒
2. 夜盲症是缺乏
   A. 维生素 A
   B. 维生素 B_1
   C. 维生素 C
   D. 维生素 K
   E. 叶酸
3. 维生素 B_2 常见的辅基形式是
   A. NAD^+
   B. $NADP^+$
   C. 吡哆醛
   D. TPP
   E. FAD
4. 维生素 D 缺乏儿童易患
   A. 佝偻病
   B. 骨质软化症
   C. 坏血病
   D. 恶性贫血
   E. 癞皮病

5. 脚气病是由于缺乏哪种维生素引起的

A. 维生素D
B. 维生素K
C. 维生素B_1
D. 维生素E
E. 维生素B_{12}

6. 下列哪种维生素是一种重要的天然抗氧化剂

A. 硫胺素
B. 维生素B_2
C. 维生素E
D. 维生素K
E. 维生素PP

7. 临床上常用辅助治疗婴儿惊厥和妊娠呕吐的维生素是

A. 维生素B_1
B. 维生素B_2
C. 维生素B_6
D. 维生素D
E. 维生素E

8. 长期服用广谱抗生素可导致缺乏的维生素

A. 维生素K
B. 维生素D
C. 维生素A
D. 维生素E
E. 维生素PP

9. 长期食用生鸡蛋清会引起哪种维生素缺乏

A. 叶酸
B. 泛酸
C. 生物素
D. 维生素C
E. 维生素E

10. 维生素K缺乏时发生

A. 凝血因子合成障碍症
B. 血友病
C. 贫血
D. 溶血
E. 红细胞增多症

第五章　糖　代　谢

学习目标

1. 掌握：糖的生理功能；糖无氧氧化和糖有氧氧化的概念、主要反应过程、关键酶及生理意义；血糖的概念，高血糖和低血糖。
2. 熟悉：糖原合成与分解的主要反应过程及生理意义；糖异生的概念及生理意义；血糖的来源与去路，血糖浓度的调节。
3. 了解：糖的消化吸收；磷酸戊糖途径的主要反应过程及生理意义；糖异生的反应过程。

糖是自然界中广泛分布的一大类有机化合物，其化学本质为多羟基醛、多羟基酮及其衍生物或多聚物。几乎所有生物体内都有糖的存在，其主要的生理功能是提供生命活动必需的能源和碳源。人体含糖量约占其干重的2%，糖原和葡萄糖是糖在人体内的主要存在形式，其中，糖原是机体能量的重要储存形式，葡萄糖则是机体内糖的主要运输形式，也是糖代谢的核心，故本章重点讨论葡萄糖的代谢。

第一节　概　　述

一、糖的生理功能

考点链接

糖的生理功能

1. 氧化供能　糖类是人类日常食品的主要成分。1g葡萄糖在体内彻底氧化成二氧化碳和水可释放16.4kJ的能量，其中约40%用于合成ATP，机体正常生命活动所需能量的50%～70%就是由糖氧化提供的。当机体缺乏糖时，会动用脂肪，甚至动用蛋白质氧化供能。

2. 构成机体组织细胞　糖是组成人体组织结构的重要成分。糖与脂类结合形成的糖脂是神经组织和细胞膜的组成成分；与蛋白质结合形成的蛋白聚糖、糖蛋白参与构成结缔组织、软骨和骨的基质，具有支持和保护作用。

3. 参与构成生物活性物质　体内多种重要的生物活性物质均含有糖，如NAD^+、FAD等辅助因子及ATP、cGMP等各种核苷酸均为糖的磷酸衍生物；各种血浆蛋白质、抗体和某些酶及激素中也含有糖。

二、糖的消化吸收

1. 食物中的糖　糖按照分子组成可分为单糖、寡糖和多糖三大类。人类食物中的多糖一般以淀粉为主，此外还包括纤维素和动物组织中的糖原等；寡糖主要包括乳糖、麦芽糖和蔗糖等双糖；单糖主要包括葡萄糖、果糖和半乳糖等。

2. 糖的消化　淀粉的消化始于口腔，完成于小肠。唾液中的唾液淀粉酶可催化淀粉分子内部的 α-1，4- 糖苷键水解。但由于食物在口腔中停留时间一般都不长，而胃中又缺乏水解糖类的酶，故食物淀粉的消化主要是在小肠中进行。在小肠中，淀粉经胰淀粉酶等多种糖类水解酶水解生成糊精、麦芽糖等中间产物，最终水解生成葡萄糖。此外，食物中的蔗糖和乳糖等双糖进入小肠后，可在蔗糖酶和乳糖酶的分别作用下水解生成葡萄糖、果糖及半乳糖。

3. 糖的吸收　糖以单糖（主要是葡萄糖）的形式经肠黏膜吸收入血。小肠黏膜细胞主要通过主动运输的方式吸收葡萄糖，此过程需消耗能量。葡萄糖吸收入血后经门静脉入肝，其中有一小部分在肝内合成糖原或转变成其他物质，大部分则通过血液循环运送到全身各组织细胞进行代谢。

三、糖的代谢概况

糖代谢主要是指葡萄糖在体内进行的代谢反应（图 5-1）。其主要途径包括无氧氧化（糖酵解）、有氧氧化和磷酸戊糖途径等分解代谢途径，以及糖原的合成与分解、糖异生作用等。

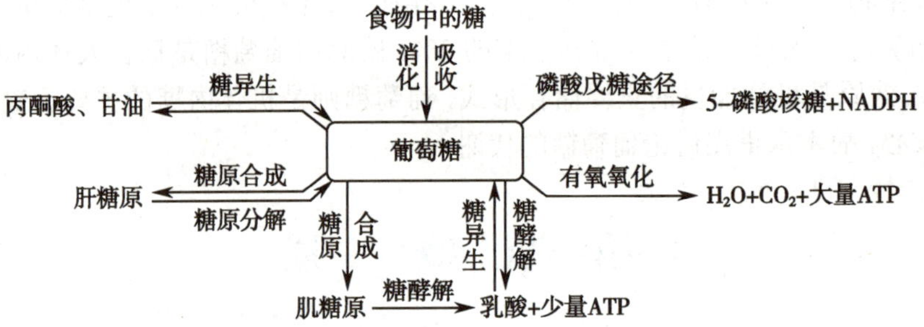

图 5-1　糖的代谢概况

第二节　糖的分解代谢

案例

机体在做完剧烈运动后常会出现肌肉酸痛的现象。在未出现肌肉微细结构被破坏的前提下，对酸痛部位进行热敷和按摩，可有效地缓解相关症状。

请问：1. 机体在做完剧烈运动后为何会出现肌肉酸痛的现象？

2. 对酸痛部位进行热敷和按摩，为何能缓解症状？

糖的分解代谢主要有无氧氧化（糖酵解）、有氧氧化和磷酸戊糖途径三条代谢途径，其具体方式在很大程度上受细胞供氧状况的影响。

一、糖的无氧氧化

在无氧或缺氧条件下，机体内的葡萄糖或糖原分解生成丙酮酸，再还原生成乳酸，并产生少量ATP的过程，称为糖的无氧氧化。因该过程与酵母菌的生醇发酵过程相似，故又称糖酵解。有关糖酵解的催化酶存在于细胞质中，故糖酵解在细胞质中进行。人体全身各组织细胞均可进行糖酵解，尤以红细胞、肌肉组织、皮肤和肿瘤组织最为旺盛。

考点链接

糖酵解的基本途径、关键酶和生理意义

（一）糖酵解的反应过程

糖酵解途径的反应过程可分为两个阶段：第一阶段是由葡萄糖（或糖原）分解生成3-磷酸甘油醛的过程，需消耗ATP，为耗能阶段；第二阶段为3-磷酸甘油醛转变为乳酸的过程，可生成ATP，为产能阶段。

1. 由葡萄糖（或糖原）分解生成3-磷酸甘油醛

（1）葡萄糖（或糖原）磷酸化生成6-磷酸葡萄糖：葡萄糖在己糖激酶（肝内为葡萄糖激酶）的催化下磷酸化生成6-磷酸葡萄糖，此反应为不可逆的耗能反应，所需能量来自ATP的分解，消耗1分子ATP。糖酵解的第一个关键酶是己糖激酶（肝内为葡萄糖激酶）。若从糖原开始糖酵解反应，则糖原先在磷酸化酶催化下磷酸解为1-磷酸葡萄糖，1-磷酸葡萄糖再由变位酶催化转变为6-磷酸葡萄糖，此过程不需要消耗ATP。

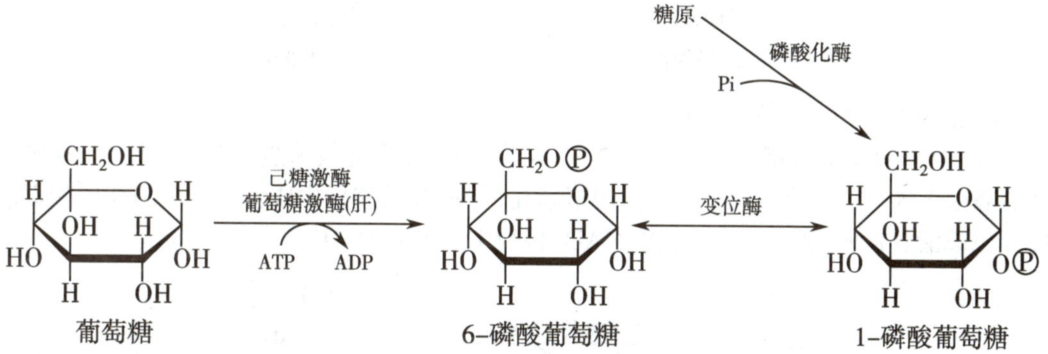

（2）6-磷酸葡萄糖异构化转变为6-磷酸果糖：经磷酸己糖异构酶催化，6-磷酸葡萄糖异构化生成6-磷酸果糖。

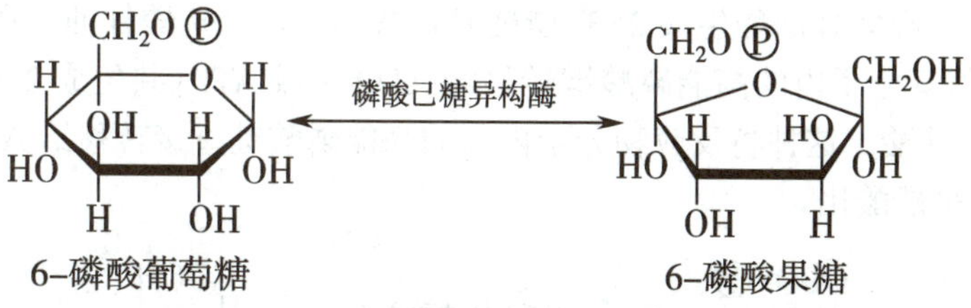

（3）6-磷酸果糖磷酸化生成1，6-二磷酸果糖：6-磷酸果糖在6-磷酸果糖激酶-1的催化下，由ATP提供能量和磷酸基团，不可逆地进一步磷酸化生成1，6-二磷酸果糖。此反应消耗1分子ATP，糖酵解的第二个关键酶是6-磷酸果糖激酶-1。

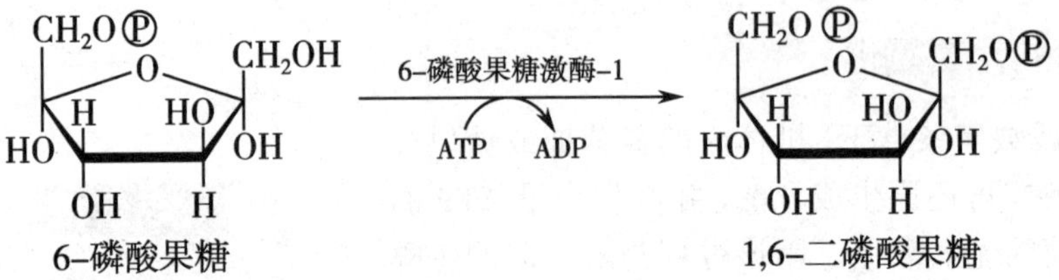

（4）1，6- 二磷酸果糖裂解成 2 分子磷酸丙糖：在醛缩酶的催化下，1，6- 二磷酸果糖裂解为磷酸二羟丙酮和 3- 磷酸甘油醛。

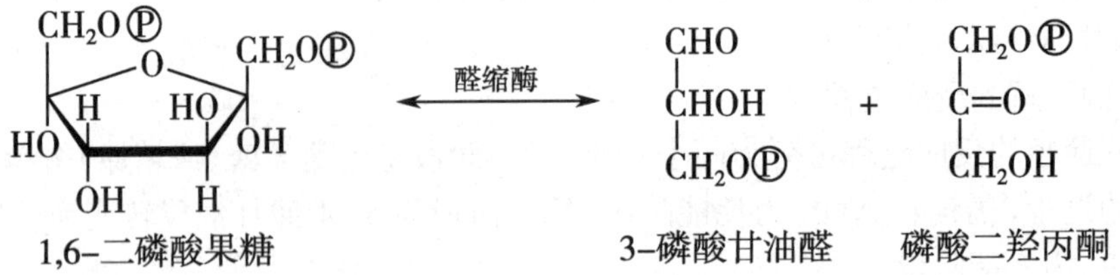

磷酸二羟丙酮和 3- 磷酸甘油醛为同分异构体，可在磷酸丙糖异构酶的催化下互相转变。由于 3- 磷酸甘油醛可经糖酵解的后续反应不断地被消耗，故此处生成的磷酸二羟丙酮最终也可全部转变为 3- 磷酸甘油醛而沿糖酵解途径继续代谢，故 1 分子 1，6- 二磷酸果糖在此相当于生成 2 分子的 3- 磷酸甘油醛。

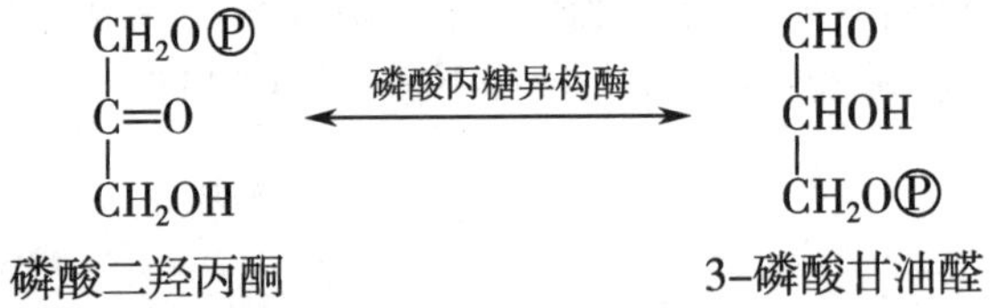

2．由 3- 磷酸甘油醛生成乳酸

（1）2×3- 磷酸甘油醛氧化为 2×1，3- 二磷酸甘油酸：在无机磷酸存在的条件下，3- 磷酸甘油醛由 3- 磷酸甘油醛脱氢酶作用，脱氢氧化，同时被磷酸化生成含有一个高能磷酸键的 1，3- 二磷酸甘油酸，脱下的氢由辅酶 NAD^+ 接受生成 $NADH+H^+$。

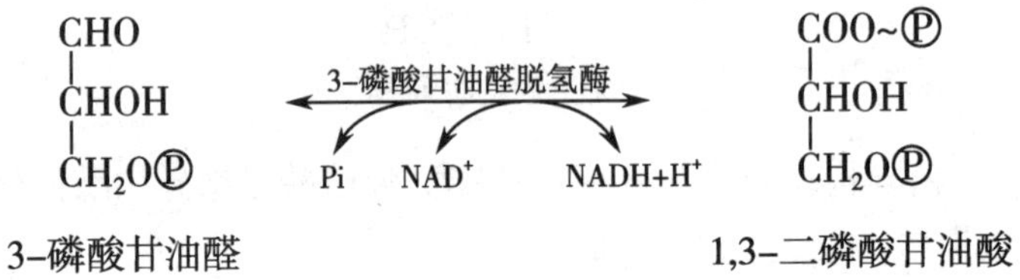

（2）2×1，3- 二磷酸甘油酸生成 2×3- 磷酸甘油酸：1，3- 二磷酸甘油酸在 3- 磷酸甘油酸激酶的催化下，将其分子内的高能磷酸键转移给 ADP 生成 ATP（共生成 2 分子 ATP），自身转变为 3- 磷酸甘油酸。这种将反应物分子内部的高能磷酸键直接转移给 ADP 生成 ATP 的方式称为底物水平磷酸化。

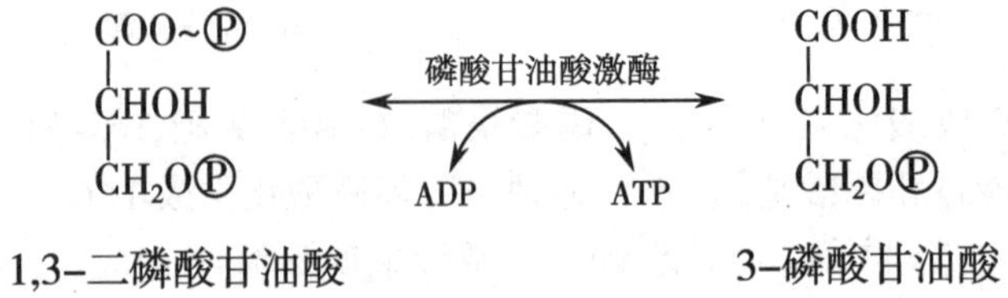

（3）2×3- 磷酸甘油酸转变为 2×2- 磷酸甘油酸：在磷酸甘油酸变位酶的催化下，3- 磷酸甘油酸分子内的磷酸基团从 C_3 转移至 C_2，生成 2- 磷酸甘油酸。

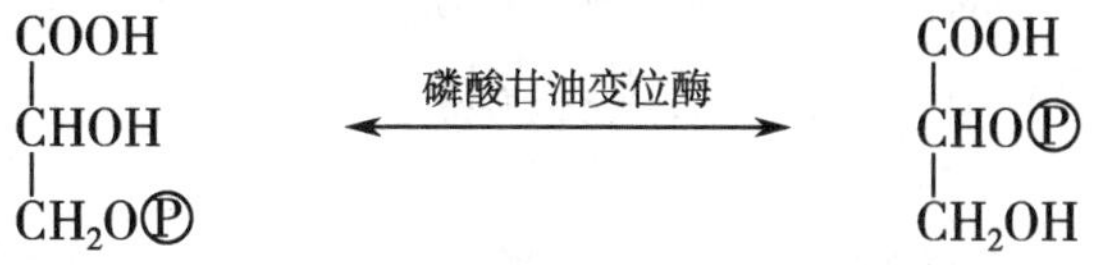

3–磷酸甘油酸　　　　2–磷酸甘油酸

（4）2×2- 磷酸甘油酸脱水生成 2× 磷酸烯醇式丙酮酸：2- 磷酸甘油酸在烯醇化酶的催化下，脱水生成含有一个高能磷酸键的磷酸烯醇式丙酮酸。

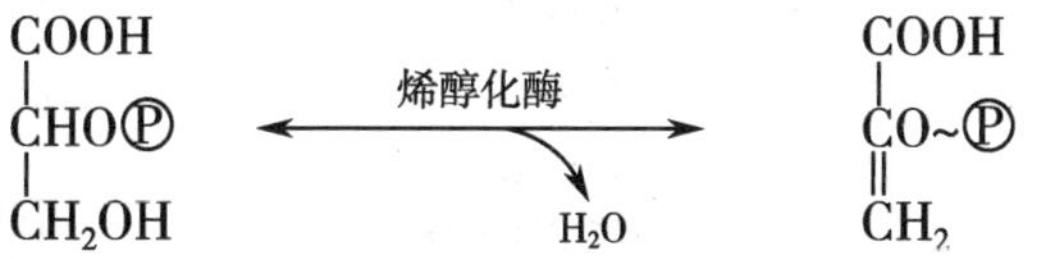

2–磷酸甘油酸　　　　磷酸烯醇式丙酮酸

（5）2× 磷酸烯醇式丙酮酸转变为 2× 丙酮酸：在丙酮酸激酶的催化下，磷酸烯醇式丙酮酸将其分子内部的高能磷酸键转给 ADP，以底物水平磷酸化的方式生成 ATP（共生成 2 分子 ATP），自身转变为丙酮酸，此反应为不可逆反应。糖酵解第三个关键酶是丙酮酸激酶。

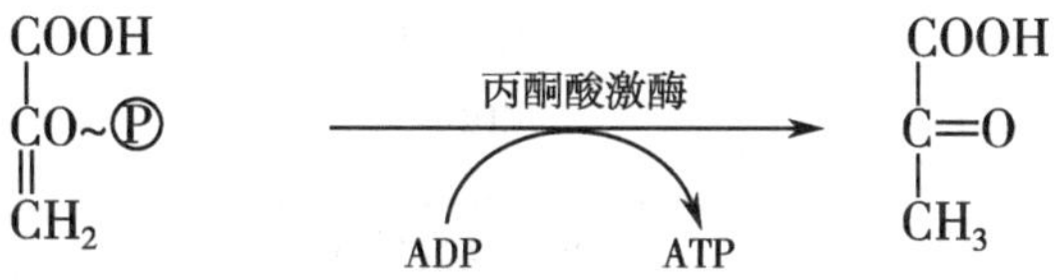

磷酸烯醇式丙酮酸　　　　丙酮酸

（6）2× 丙酮酸还原生成 2× 乳酸：在缺氧情况下，丙酮酸在乳酸脱氢酶的催化下，以 $NADH+H^+$ 为供氢体，还原生成乳酸。反应所需的 $NADH+H^+$ 可来自糖酵解途径中 3- 磷酸甘油醛脱氢生成 1，3- 二磷酸甘油酸的反应。

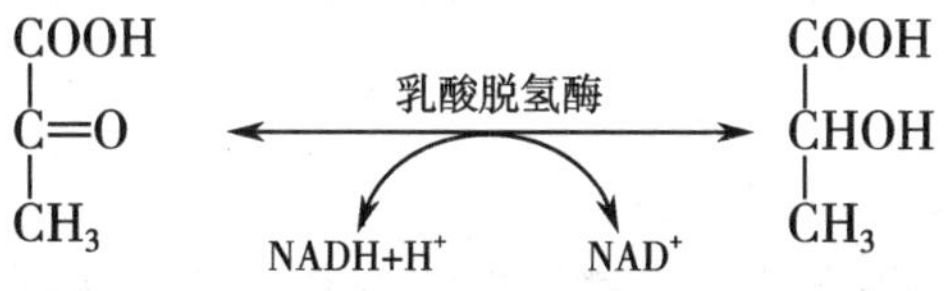

丙酮酸　　　　乳酸

糖酵解途径的反应全过程可归纳如图 5-2。

（二）糖酵解的能量变化

如果从葡萄糖开始糖酵解反应，其第一阶段为耗能阶段，有两步磷酸化耗能反应，共消耗 2 分子 ATP；第二阶段为产能阶段，有两步底物水平磷酸化的产能反应，由于 1 分子 1，6- 二磷酸果糖裂解相当于生成 2 分子的 3- 磷酸甘油醛，故这两步产能反应可各生成 2 分子 ATP，因此 1 分子葡萄糖经糖酵解生成 2 分子乳酸可净得 2 分子 ATP。如果从糖原开始糖酵解反应则少消耗 1 分子 ATP，可净得 3 分子 ATP。

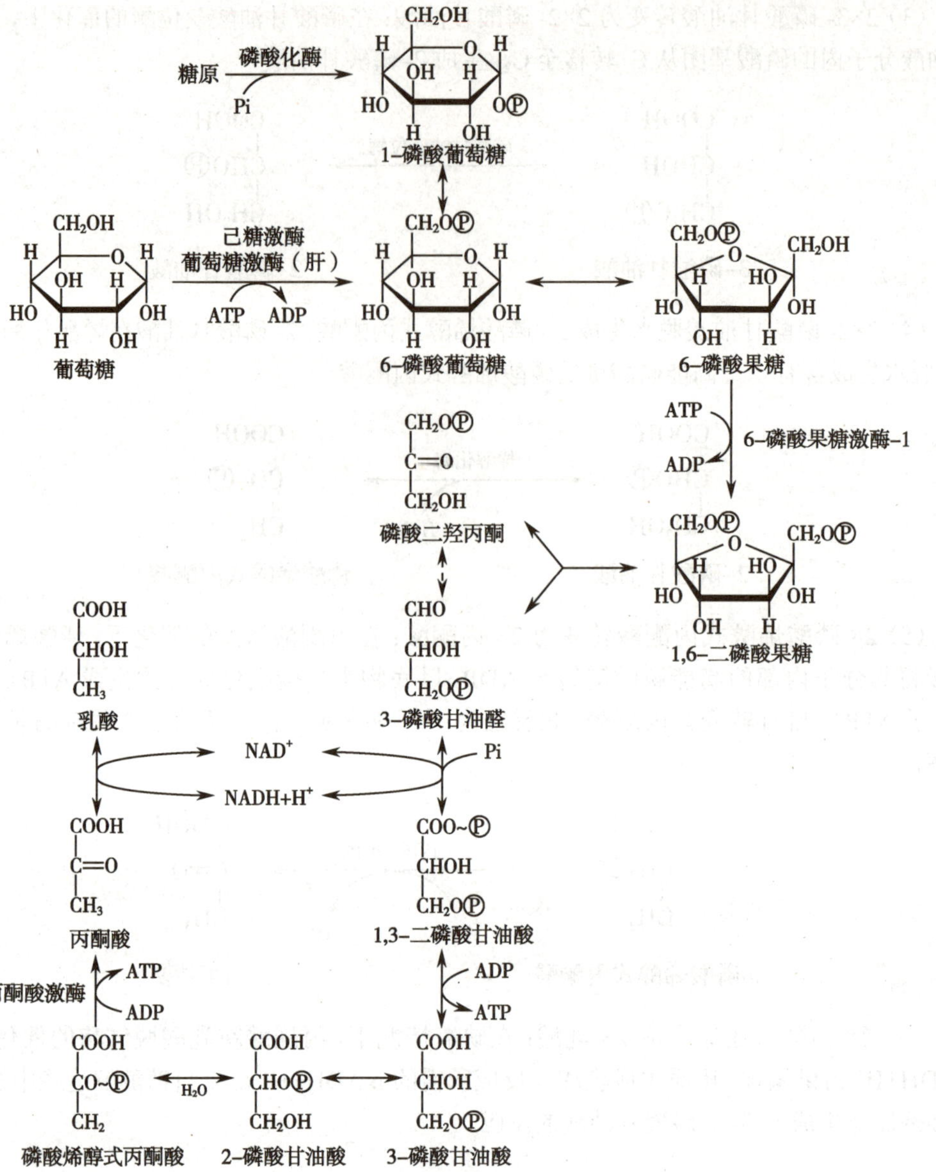

图 5-2 糖酵解途径的反应过程

（三）糖酵解的关键酶

己糖激酶（肝内为葡萄糖激酶）、6- 磷酸果糖激酶 -1 和丙酮酸激酶是糖酵解途径的关键酶，其中 6- 磷酸果糖激酶 -1 为限速酶。这三个酶所催化的反应是不可逆的，调节它们的活性即可改变糖酵解的反应速度和方向。

（四）糖酵解的生理意义

1. 机体迅速获取能量的有效方式　糖酵解最重要的生理意义在于其可为机体迅速提供能量，该生理意义对肌肉组织尤为重要。每克肌肉组织中 ATP 的含量仅为 5～7μmol，只要肌肉收缩几秒钟即全部耗尽。因糖的有氧氧化反应过程较长，产能速度比糖酵解要慢很多，故即使此时不缺乏氧气，肌肉组织仍难于通过有氧氧化来及时满足其能量需求，而通过糖酵解则可迅速获得所需的 ATP。

2. 少数组织的主要能量来源　成熟红细胞因缺乏线粒体，其能量完全依赖于糖酵解提供。少数组织如肾髓质、睾丸、皮肤、视网膜等，即便在有氧条件下，也主要依靠糖酵解供能。此外，神经、白细胞、骨髓等组织细胞代谢极为活跃，即使不缺氧，也常由糖酵解提供部分能量。肿瘤细胞也以糖酵解作为主要的供能途径。

3. 机体在缺氧等特殊情况下的主要供能方式　一般情况下，人体大部分能量来源于糖的有氧氧化，但当机体相对缺氧或因剧烈运动肌肉供血相对不足时，则主要来源于糖酵解。人们从平原初到高原时，机体即可通过加强糖酵解来适应高原缺氧的环境。此外，在呼吸障碍、大量失血、严重贫血、循环衰竭等病理情况下，机体因长期供氧不足而导致糖酵解代偿性增强，甚至可因糖酵解过度使体内乳酸堆积而导致乳酸酸中毒。

知识链接

糖酵解途径的发现历史

1857 年法国科学家巴斯德（L.Pasteur）发现葡萄糖在无氧条件下被酵母菌分解生成乙醇的现象；1897 年德国的巴克纳兄弟（Hans Buchner 和 Edward Buchner）发现酵母汁可将蔗糖变为乙醇，证明了发酵可在活细胞外进行；1905 年哈登（Arthur Harden）和扬（William Young）证明了无机磷酸盐在发酵中的作用；1940 年德国的生物化学家恩伯顿（Gustar Embden）、迈耶霍夫（Otto Meyerhof）和帕那斯（J.K. Parnas）等经过约 20 年的努力，终于阐明了糖酵解的整个代谢途径，并揭示了生物化学过程的普遍性。因此糖酵解途径又称 Embden-Meyerhof-Parnas Pathway（简称 EMP 途径）。

二、糖的有氧氧化

在有氧条件下，机体内的葡萄糖或糖原彻底氧化生成 CO_2 和 H_2O，并逐步释放能量的过程，称为糖的有氧氧化。糖有氧氧化的产能效率比糖酵解要高十几倍，故有氧氧化是糖氧化供能的主要方式，体内绝大多数组织细胞都可通过糖的有氧氧化获得能量。

考点链接

糖有氧氧化的基本途径、关键酶和生理意义

（一）糖有氧氧化的反应过程

糖有氧氧化的反应过程分为三个阶段：第一阶段：葡萄糖在细胞质中分解为丙酮酸；第二阶段：丙酮酸进入线粒体内氧化脱羧生成乙酰 CoA；第三阶段：乙酰 CoA 经三羧酸循环及氧化磷酸化彻底氧化为水和二氧化碳。其中，氧化磷酸化将在第六章《生物氧化》中进行详细阐述，此处主要介绍三羧酸循环。

1. 葡萄糖分解生成丙酮酸　这一阶段反应过程与糖酵解基本相似，区别在于有氧条件下，葡萄糖在细胞质中分解生成 2 分子丙酮酸后，不再受氢还原生成乳酸，而是进入线粒体内继续氧化。

2. 丙酮酸氧化脱羧生成乙酰 CoA　丙酮酸进入线粒体后，在丙酮酸脱氢酶复合体催化下不可逆地氧化脱氢、脱羧，并与 HSCoA 结合生成乙酰 CoA。反应中，丙酮酸氧化所释放的能量以高能硫酯键的形式储存于乙酰 CoA 分子中。

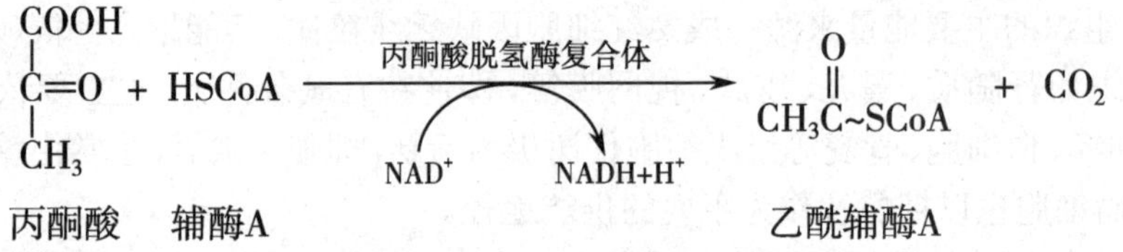

丙酮酸脱氢酶复合体为糖有氧氧化的关键酶之一。该酶位于线粒体内膜上，由丙酮酸脱氢酶（以 TPP 为辅助因子）、二氢硫辛酰胺转乙酰酶（以硫辛酸和 HSCoA 为辅助因子）及二氢硫辛酰胺脱氢酶（以 FAD 和 NAD^+ 为辅助因子）三种酶按一定数量比例组合成酶复合体，使酶的催化效率和调节能力显著提高。由于丙酮酸脱氢酶复合体的辅助因子需要多种维生素参与构成，故当有关的维生素缺乏时，可引起糖代谢障碍而导致某些疾病。

3. 三羧酸循环 三羧酸循环是乙酰 CoA 彻底氧化的代谢途径。该途径从乙酰 CoA 与草酰乙酸缩合生成柠檬酸开始，经一系列的酶促反应，使 1 分子乙酰基彻底氧化，最终重新生成草酰乙酸，形成一个循环反应过程。由于循环反应的第一个中间产物是含有 3 个羧基的柠檬酸，故被称为三羧酸循环，又称柠檬酸循环。该循环是在 1937 年由德国科学家克雷布斯（Krebs）提出的，故亦称 Krebs 循环。

三羧酸循环在线粒体中进行，共由 8 步反应组成。

（1）柠檬酸的生成：乙酰 CoA 在柠檬酸合酶的催化下，与草酰乙酸缩合，不可逆地生成柠檬酸。缩合反应所需能量由乙酰 CoA 分子中的高能硫酯键水解提供。柠檬酸合酶是三羧酸循环的第一个关键酶。

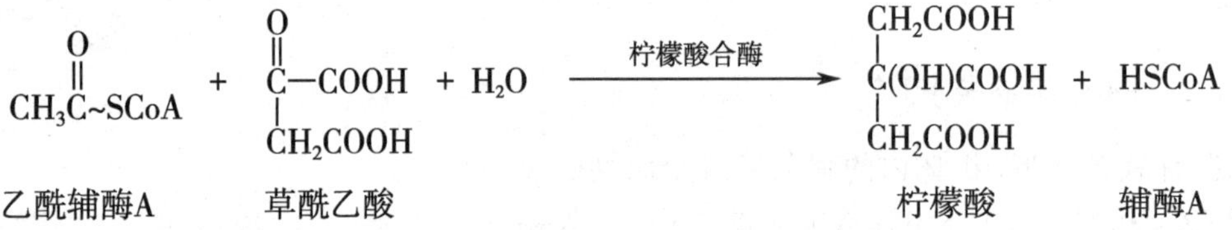

（2）柠檬酸的异构化：在顺乌头酸酶的催化下，柠檬酸先脱水生成顺乌头酸，再加水转变为异柠檬酸，使原本位于柠檬酸 C_3 上的羟基转移到异柠檬酸 C_2 上。

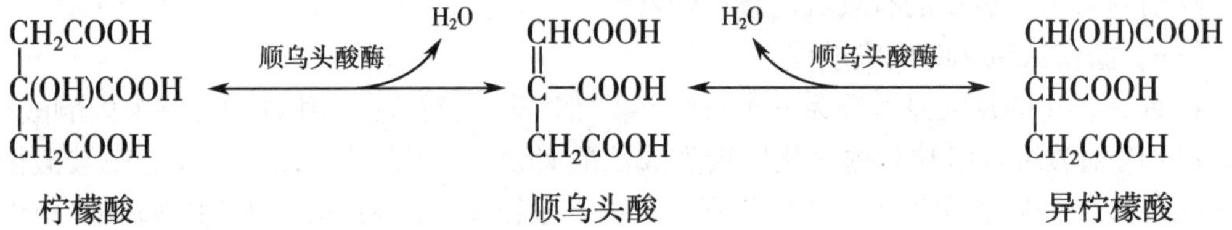

（3）异柠檬酸的氧化脱羧：异柠檬酸在异柠檬酸脱氢酶的作用下，不可逆地脱氢、脱羧生成 α- 酮戊二酸，脱下的氢由 NAD^+ 接受生成 $NADH+H^+$。异柠檬酸脱氢酶是三羧酸循环的第二个关键酶。

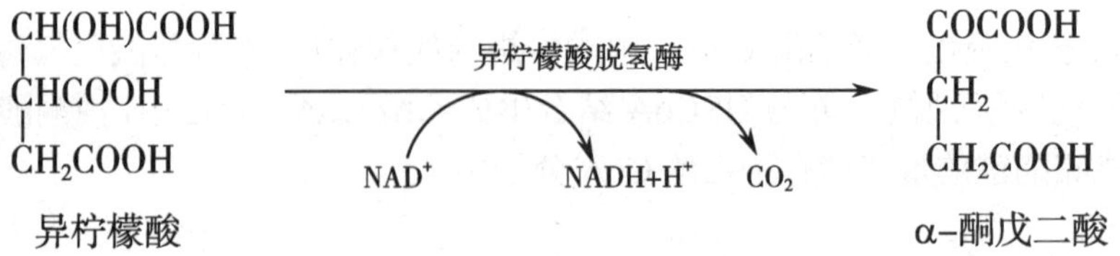

（4）α- 酮戊二酸的氧化脱羧：在 α- 酮戊二酸脱氢酶复合体的催化下，α- 酮戊二酸不可逆地脱羧、脱氢，并与 HSCoA 结合生成琥珀酰 CoA，脱下的氢由 NAD^+ 接受生成 $NADH+H^+$。琥珀酰 CoA 是一种分子中含有高能硫酯键的高能化合物。α- 酮戊二酸脱氢酶复合体是三羧酸循环的第三个关键酶。

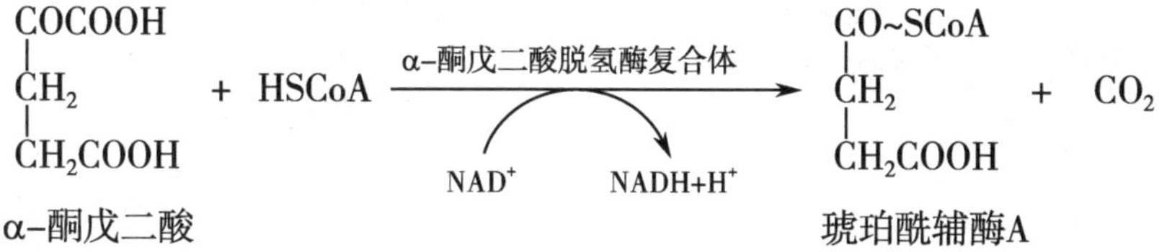

（5）琥珀酰 CoA 偶联的底物水平磷酸化：琥珀酰 CoA 经由琥珀酰 CoA 合成酶催化，分子中的高能硫酯键水解，生成琥珀酸，释放的能量使 GDP 磷酸化生成 GTP。GTP 可将其高能磷酸键转移给 ADP 生成 ATP，这是三羧酸循环中唯一一步以底物水平磷酸化方式生成 ATP 的反应。

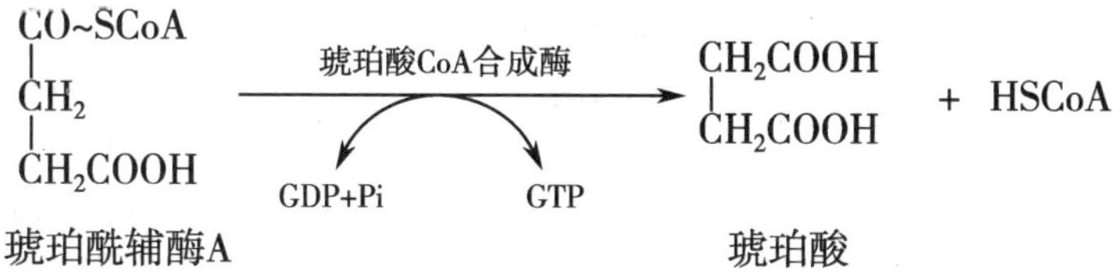

（6）琥珀酸的氧化脱氢：在琥珀酸脱氢酶的作用下，琥珀酸脱氢氧化生成延胡索酸。脱下的氢传递给琥珀酸脱氢酶的辅基 FAD，使之还原为 $FADH_2$。

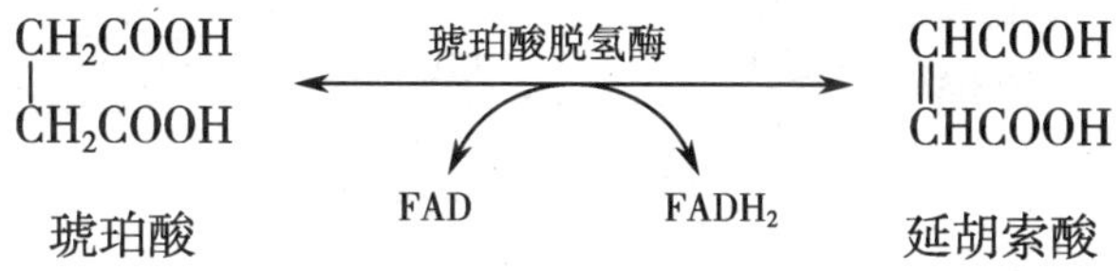

（7）延胡索酸的水化：延胡索酸经延胡索酸酶催化，加水生成苹果酸。

（8）草酰乙酸的再生：在苹果酸脱氢酶的催化下，苹果酸氧化脱氢生成草酰乙酸，脱下的氢由 NAD^+ 接受生成 $NADH+H^+$。草酰乙酸生成后可进入新一轮的三羧酸循环。

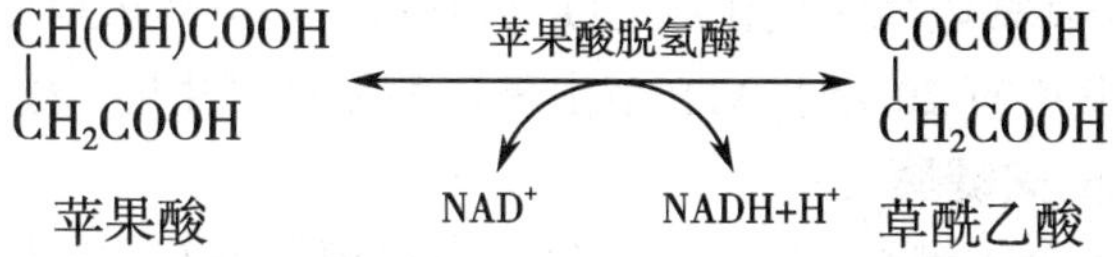

三羧酸循环的反应全过程可归纳如图 5-3。

在三羧酸循环过程中，草酰乙酸等中间产物可视为循环的载体，理论上可重复利用而不被消耗。但实际上因这些中间产物亦可参与其他代谢途径，导致数量减少，故必须不断通过各种途径加以更新和补充，才能保证三羧酸循环的正常运转。如草酰乙酸可由丙酮酸羧化生成，亦可由天冬氨酸转氨提供。

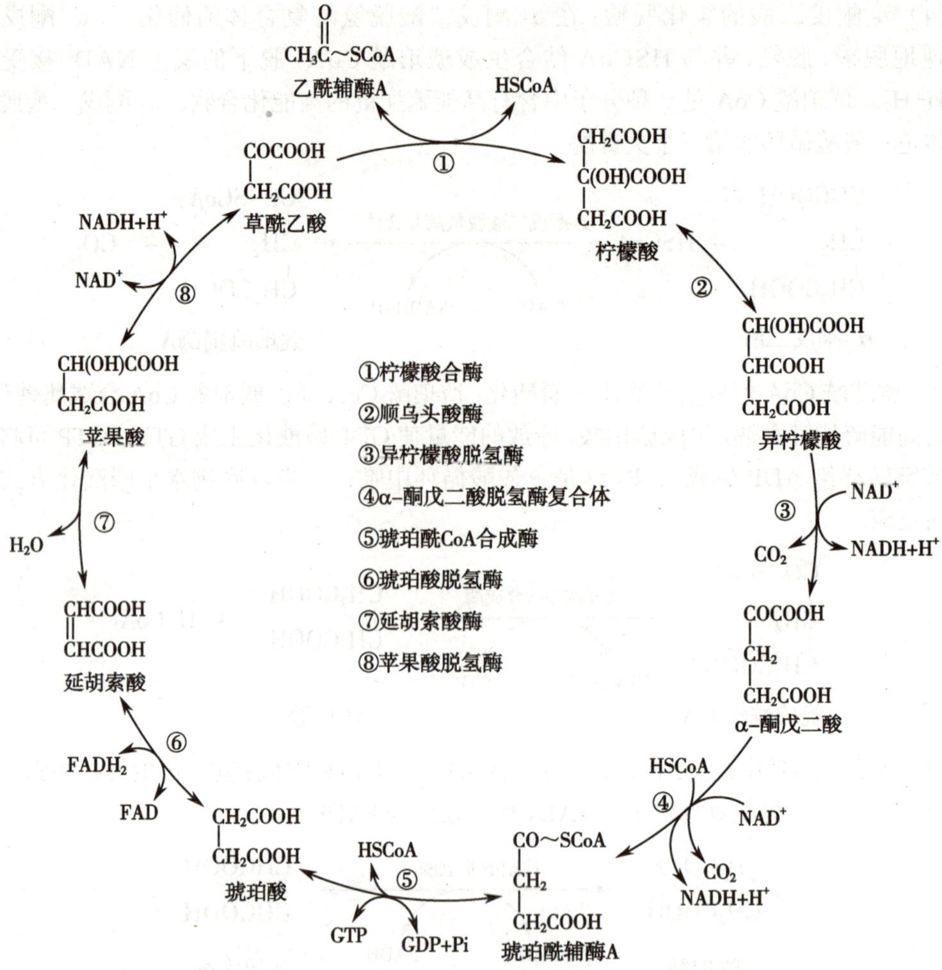

图 5-3 三羧酸循环的反应过程

三羧酸循环 1 次可生成 10 分子 ATP。每次三羧酸循环有 2 步脱羧反应，可生成 2 分子 CO_2，这是机体 CO_2 的主要来源；另有 4 步脱氢反应，脱下的 H 以 NAD^+ 或 FAD 为受氢体，再经线粒体内膜上的呼吸链传递氧化生成水，所释放的能量可分别生成 2.5 或 1.5 分子 ATP（详见第六章）。

（二）糖有氧氧化的能量变化

1 分子葡萄糖经有氧氧化彻底氧化成 CO_2 和 H_2O，可净生成 32（或 30）分子 ATP，是糖酵解的 16（或 15）倍，其中有 20 分子 ATP 是由三羧酸循环产生的（表 5-1）。

（三）糖有氧氧化的关键酶

糖的有氧氧化有多个关键酶，其中第一阶段有己糖激酶（肝内为葡萄糖激酶）、6- 磷酸果糖激酶 -1 和丙酮酸激酶三个关键酶；第二阶段的关键酶为丙酮酸脱氢酶复合体；第三阶段则以柠檬酸合酶、异柠檬酸脱氢酶（主要的限速酶）、α- 酮戊二酸脱氢酶复合体为关键酶。上述关键酶催化的反应均为不可逆反应，是糖有氧氧化的调节位点，调节其活性可改变代谢的速度和方向。

表 5-1 葡萄糖有氧氧化生成的 ATP 数

反应阶段	基本反应过程	ATP 生成数
第一阶段	葡萄糖→6-磷酸葡萄糖	−1
	6-磷酸果糖→1,6-二磷酸果糖	−1
	2×3-磷酸甘油醛→2×1,3-二磷酸甘油酸	2×2.5(或 2×1.5)*
	2×1,3-二磷酸甘油酸→2×3-磷酸甘油酸	2×1
	2×磷酸烯醇式丙酮酸→2×丙酮酸	2×1
第二阶段	2×丙酮酸→2×乙酰辅酶 A	2×2.5
第三阶段	2×异柠檬酸→2×α-酮戊二酸	2×2.5
	2×α-酮戊二酸→2×琥珀酰辅酶 A	2×2.5
	2×琥珀酰辅酶 A→2×琥珀酸	2×1
	2×琥珀酸→2×延胡索酸	2×1.5
	2×苹果酸→2×草酰乙酸	2×2.5
	净生成	32(或 30)

*:细胞质中生成的 $NADH+H^+$ 进入线粒体的方式不同,产生 ATP 分子数亦不同(详见第六章)

(四)糖有氧氧化的生理意义

1. 糖有氧氧化是机体供能的主要途径 糖有氧氧化的产能效率很高,在一般生理情况下,人体内大多数组织细胞均通过糖的有氧氧化获取能量。

2. 三羧酸循环是糖、脂肪、蛋白质彻底氧化的共同通路 三大营养物质进行生物氧化时,均须先通过各自不同的代谢途径分解生成乙酰 CoA,再进入三羧酸循环才能被彻底氧化。

3. 三羧酸循环是三大营养物质代谢联系的枢纽 三大营养物质在体内可相互转化,三羧酸循环的许多中间产物是它们相互转化、相互联系的中枢。

知识链接

巴斯德效应

1861 年巴斯德(L. Pasteur)在研究酵母的乙醇发酵时发现,在厌氧条件下,向高速发酵的培养基中通入氧气,则葡萄糖消耗大为减少,发酵产物的积累受到抑制,该现象称为巴斯德效应。其原理在于细胞从糖有氧氧化获得的能量,远多于等量糖酵解获得的能量。故为了获得维持生命活动所需的能量,酵母在氧气充足时消耗的葡萄糖比缺氧时要少得多,生物细胞和组织中的糖发酵为氧所抑制。巴斯德效应表明,糖酵解是一条能帮助很多生物度过恶劣环境的代谢途径,但它并不经济。

三、磷酸戊糖途径

磷酸戊糖途径是糖酵解途径的一条旁路。该途径主要在肝、脂肪组织、泌乳期乳腺、红细胞、肾上腺皮质、性腺等组织细胞的细胞质中进行,主要特点是生成磷酸戊糖、$NADPH+H^+$ 和 CO_2,不能直接生成 ATP。

(一)磷酸戊糖途径的反应过程

磷酸戊糖途径以 6-磷酸葡萄糖为起始物,整个反应过程可分为两个阶段(图 5-4)。

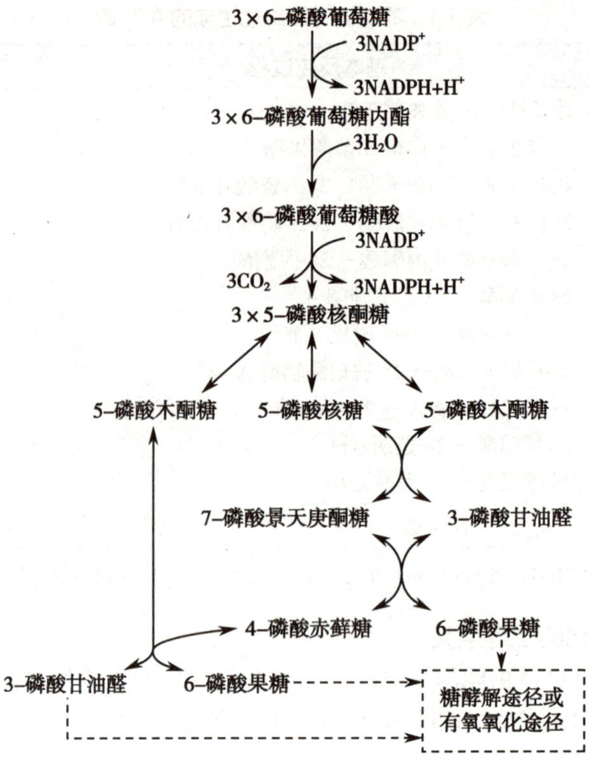

图 5-4 磷酸戊糖途径的反应过程

1. 磷酸戊糖的生成 6- 磷酸葡萄糖经由 6- 磷酸葡萄糖脱氢酶及 6- 磷酸葡萄糖酸脱氢酶（均以 $NADP^+$ 为辅酶）依次催化，脱氢脱羧转变为 5- 磷酸核酮糖，并生成 2 分子 $NADPH+H^+$ 及 1 分子 CO_2，6- 磷酸葡萄糖脱氢酶为磷酸戊糖途径的限速酶。5- 磷酸核酮糖在磷酸戊糖异构酶和磷酸戊糖差向异构酶的作用下，分别生成 5- 磷酸核糖和 5- 磷酸木酮糖。

2. 基团转移反应 5- 磷酸核糖及 5- 磷酸木酮糖在转酮醇酶和转醛醇酶的催化下，经过一系列基团转移反应，转变为 6- 磷酸果糖和 3- 磷酸甘油醛。6- 磷酸果糖和 3- 磷酸甘油醛作为磷酸戊糖途径的终产物，可转入糖酵解途径继续代谢。

（二）磷酸戊糖途径的生理意义

与其他糖分解代谢途径不同，磷酸戊糖途径的主要生理意义是生成 5- 磷酸核糖和 $NADPH+H^+$，而不在于氧化供能。

> **考点链接**
> 磷酸戊糖途径的生理意义

1. 为核苷酸及核酸的生物合成提供原料 5- 磷酸核糖是核苷酸和核酸生物合成的重要原料，而磷酸戊糖途径则是机体生成 5- 磷酸核糖的主要途径。

2. 提供 NADPH 作为供氢体参与多种代谢反应 ①参与机体多种合成代谢。体内脂肪酸、胆固醇及类固醇激素等物质的生物合成均需要 NADPH 作为供氢体。② NADPH 是谷胱甘肽还原酶的辅酶。这对维持细胞中还原型谷胱甘肽（GSH）的正常含量起重要作用。GSH 具有抗氧化作用，可保护血红蛋白、酶和膜蛋白上的巯基免受氧化剂的破坏，对维持红细胞等的正常功能与寿命有重要意义。③参与肝内的生物转化作用。与体内多种类固醇化合物的代谢，以及药物、毒物的生物转化作用有关（详见第九章《肝的生物化学》）。

知识链接

蚕豆病

蚕豆病是遗传性6-磷酸葡萄糖脱氢酶缺乏症的一种常见类型，因患者常在进食蚕豆后发病而得名。该病是一种X连锁遗传性酶缺乏病，全世界约2亿人罹患此病。我国是此病的高发区之一，主要分布在长江以南各省，尤以海南、广东、广西、云南、贵州、四川等省为高。该病的发病原因是患者体内缺乏6-磷酸葡萄糖脱氢酶，无法通过磷酸戊糖途径获得充足的NADPH来维持谷胱甘肽的还原状态，致使红细胞难以抵抗氧化损伤，易遭受破坏，引发溶血性黄疸。

第三节 糖原的合成和分解

糖原是由葡萄糖缩合而成的大分子多分支多糖，分子中的葡萄糖残基通过α-1，4-糖苷键相连构成直链，支链以α-1，6-糖苷键与直链相连。作为糖在体内的储存形式，糖原可被迅速分解利用，以供机体急需，具有特殊的生理意义。体内许多组织细胞都含有糖原，其中以肝糖原和肌糖原含量最高，且两者的生理意义有很大不同。肝糖原总量约为70～100g，是血糖的重要来源，对维持血糖浓度的恒定具有重要意义；肌糖原总量约为180～300g，主要功能是分解提供肌肉收缩所需的能量，不能直接补充血糖。

一、糖原的合成

由单糖（主要是葡萄糖）合成糖原的过程称为糖原合成。肝脏和肌肉是合成糖原的主要组织，其主要过程如下：

考点链接

糖原合成概念及基本途径

1. 葡萄糖磷酸化生成6-磷酸葡萄糖

$$\text{葡萄糖}+\text{ATP}\xrightarrow[\text{葡萄糖激酶（肝）}]{\text{己糖激酶}}\text{6-磷酸葡萄糖}+\text{ADP}$$

2. 6-磷酸葡萄糖转变为1-磷酸葡萄糖

$$\text{6-磷酸葡萄糖}\xleftrightarrow{\text{磷酸葡萄糖变位酶}}\text{1-磷酸葡萄糖}$$

3. 1-磷酸葡萄糖生成尿苷二磷酸葡萄糖（UDPG）

$$\text{1-磷酸葡萄糖}+\text{UTP}\xrightarrow{\text{UDPG焦磷酸化酶}}\text{UDPG}+\text{PPi（焦磷酸）}$$

UDPG为尿苷二磷酸葡萄糖，性质较为活泼，可看作“活性葡萄糖”，是糖原合成中葡萄糖基的直接供体，其结构如下所示：

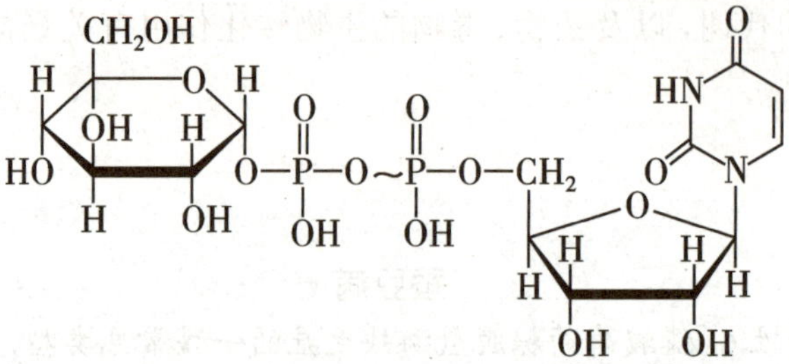

4. UDPG 合成糖原

$$\text{UDPG} + \text{糖原(Gn)} \xrightarrow{\text{糖原合酶}} \text{UDP} + \text{糖原(Gn+1)}$$

在糖原合酶的催化下，UDPG 将其分子中的葡萄糖基转移给糖原引物（G_n）以 α-1，4 糖苷键连接，使其增加 1 个葡萄糖单位（G_{n+1}）。此步反应不可逆，糖原合酶为糖原合成的关键酶，糖原引物是指细胞内原有的小分子糖原。上述反应反复进行，可使糖原分子的直链不断延长。

前沿知识

糖原合成过程中，作为引物的第一个糖原分子从何而来，过去一直不大清楚。近年来，科学家们在糖原分子的核心发现一种特殊的蛋白质称为 glycogenin，该蛋白质可作为葡萄糖基的受体，在糖原起始合成酶的催化下，将 UDPG 提供的葡萄糖基结合到其酪氨酸残基上，进而合成一寡糖链作为引物，再由糖原合酶继续催化合成糖原。

5. 分支的形成　糖原合酶只能催化糖链不断延长，而不能形成新的分支。故当糖链长度达到 12～18 个葡萄糖残基时，需由分支酶催化，将一段长约 6～7 个葡萄糖残基的糖链转移到邻近的糖链上，以 α-1，6- 糖苷键相连，形成新的分支（图 5-5）。不断重复上述过程，糖原分子即可由小变大，分支由少变多。多分支不仅可增加糖原的水溶性，有利于其储存；还可增加非还原端的数目，有利于糖原的磷酸化分解。

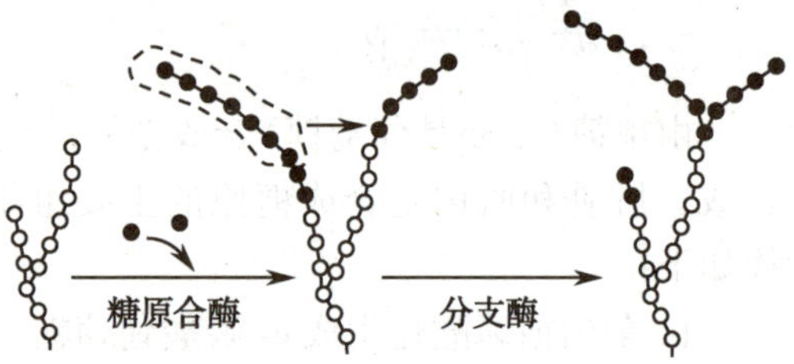

图 5-5　糖原的合成

二、糖原的分解

糖原分解一般是指糖原分解为葡萄糖的过程。因其所需的酶与糖原合成不完全相同，故糖原分解并非是糖原合成的逆过程。其反应过程如下：

考点链接

糖原分解的概念及基本途径

1. 糖原磷酸解为 1- 磷酸葡萄糖

$$\text{糖原(Gn)} + H_3PO_4 \xrightarrow{\text{糖原磷酸化酶}} \text{糖原(Gn–1)} + \text{1–磷酸葡萄糖}$$

在糖原磷酸化酶作用下，糖原从非还原端开始逐个分解出葡萄糖基，后者磷酸化生成 1- 磷酸葡萄糖。糖原磷酸化酶为糖原分解的关键酶，该酶只能分解 α-1，4- 糖苷键，对 α-1，

6- 糖苷键无作用。故当糖原分支上的糖链在该酶作用下，磷酸解到只剩 4 个葡萄糖残基时，需由脱支酶催化，先将该分支近末端侧的 3 个葡萄糖残基转移到邻近的糖链末端，仍以 α-1，4- 糖苷键连接。分支上剩下的最后一个以 α-1，6- 糖苷键与主链相连接的葡萄糖残基，则在脱支酶的进一步作用下，水解生成游离的葡萄糖，从而使糖原分子脱去分支。

2．1- 磷酸葡萄糖转变为 6- 磷酸葡萄糖

$$1\text{–磷酸葡萄糖} \xrightleftharpoons{\text{磷酸葡萄糖变位酶}} 6\text{–磷酸葡萄糖}$$

3．6- 磷酸葡萄糖水解生成葡萄糖

$$6\text{–磷酸葡萄糖} + H_2O \xrightarrow{\text{葡萄糖–6–磷酸酶}} \text{葡萄糖} + H_3PO_4$$

在葡萄糖 -6- 磷酸酶催化下，6- 磷酸葡萄糖水解生成葡萄糖。由于葡萄糖 -6- 磷酸酶主要存在于肝和肾中，肌肉中缺乏此酶，故肝、肾的糖原可直接分解为葡萄糖以补充血糖，肌糖原则不能直接分解为葡萄糖，其分解生成的 6- 磷酸葡萄糖须通过糖酵解生成乳酸，再由血液循环运输到肝、肾，经糖异生作用方可转变为葡萄糖以补充血糖。

上述糖原合成与分解的反应全过程可归纳如图 5-6。

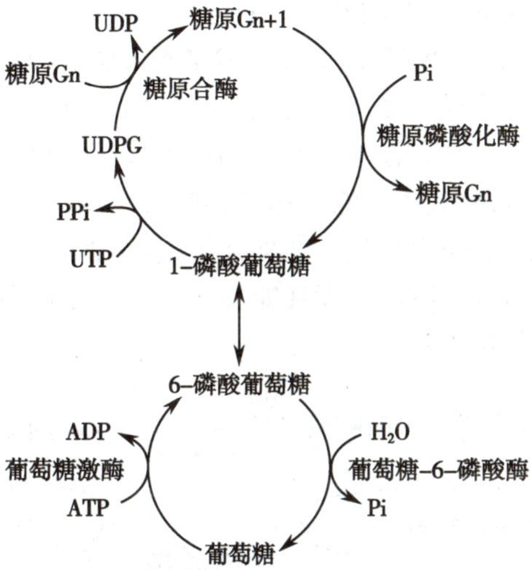

图 5-6　肝糖原合成与分解过程示意图

知识链接

糖原贮积症

糖原贮积症（GSD）是一类常染色体相关的遗传性代谢病。主要病因为先天性糖代谢酶缺陷而引发糖原代谢障碍，大量糖原沉积于肝脏、肌肉、肾脏等器官组织中而致病。根据临床表现和生化特征，糖原贮积症可分为多种类型。不同的类型因所缺乏的酶种类不同，其受累器官和临床表现各异。其中Ⅰ、Ⅲ、Ⅳ、Ⅵ和Ⅸ型以肝脏病变为主，Ⅱ、Ⅴ和Ⅶ型以肌肉组织受损为主。重症患者在新生儿期即可出现严重的低血糖、酸中毒、呼吸困难和肝大等症状，而轻症病例则常在婴幼儿期因生长迟缓、腹部膨胀等就诊而被发现。

第四节 糖异生作用

糖异生作用是指非糖物质转变为葡萄糖或糖原的过程。能转变为糖的非糖物质主要有乳酸、丙酮酸、甘油和生糖氨基酸等。肝是糖异生最主要的器官，其次是肾。正常情况下肾的糖异生能力仅为肝的 1/10，而在长期饥饿时，肾的糖异生能力可大大增强。

> **考点链接**
>
> 糖异生作用的概念及部位

一、糖异生反应途径

体内的多种非糖物质均可生成葡萄糖，但糖异生途径一般特指由丙酮酸生成葡萄糖的反应过程。其他非糖物质可先转变为丙酮酸或上述糖异生途径的中间产物，再异生为葡萄糖。

> **考点链接**
>
> 糖异生的关键酶及相关反应

糖异生途径基本上是糖酵解途径的逆过程，其多数反应是可逆共有的。但在糖酵解途径中，己糖激酶、6- 磷酸果糖激酶 -1 和丙酮酸激酶催化的三步反应是不可逆的，通常称之为“能障”反应。故在糖异生途径中，这些“能障”反应必须通过其他酶的催化方能逆转，使非糖物质顺利转变成葡萄糖。这些克服“能障”反应的酶为糖异生的关键酶，其具体作用过程如下：

1．丙酮酸转变为磷酸烯醇式丙酮酸　糖酵解的第一步“能障”反应是在丙酮酸激酶的催化下，磷酸烯醇式丙酮酸生成丙酮酸。在糖异生中，丙酮酸必需在丙酮酸羧化酶和磷酸烯醇式丙酮酸羧激酶的催化下，经过两步耗能反应才能跨过该“能障”，生成磷酸烯醇式丙酮酸。此过程亦称丙酮酸羧化支路。

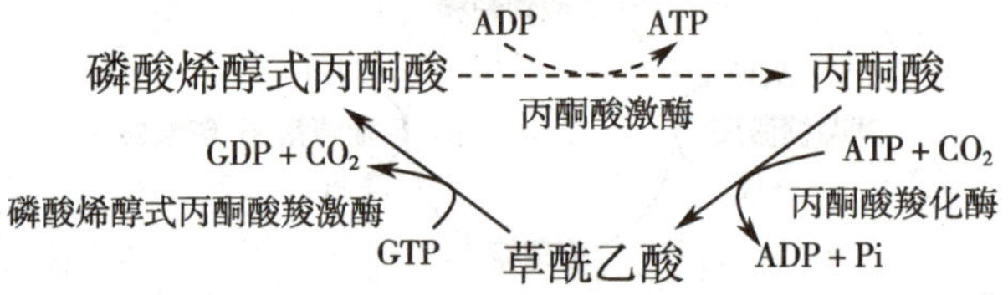

2．1，6- 二磷酸果糖生成 6- 磷酸果糖　6- 磷酸果糖在 6- 磷酸果糖激酶 -1 的催化下磷酸化生成 1，6- 二磷酸果糖是糖酵解的第二步“能障”反应。在糖异生中，1，6- 二磷酸果糖可在果糖二磷酸酶的作用下水解生成 6- 磷酸果糖，克服该“能障”。

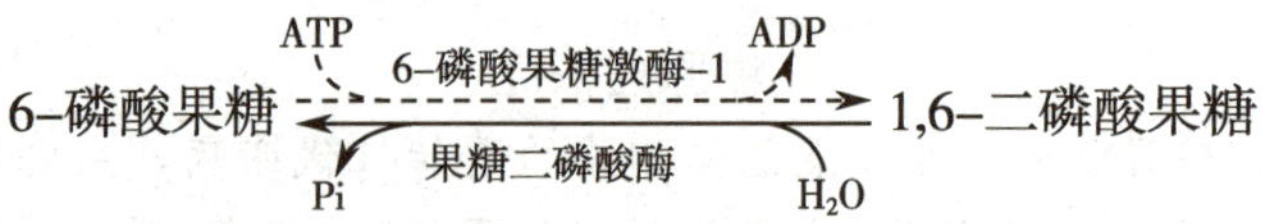

3．6- 磷酸葡萄糖生成葡萄糖　葡萄糖经己糖激酶催化生成 6- 磷酸葡萄糖是糖酵解的最后一步“能障”反应。在糖异生中，6- 磷酸葡萄糖可在葡萄糖 -6- 磷酸酶的催化下越过该“能障”，水解生成葡萄糖。

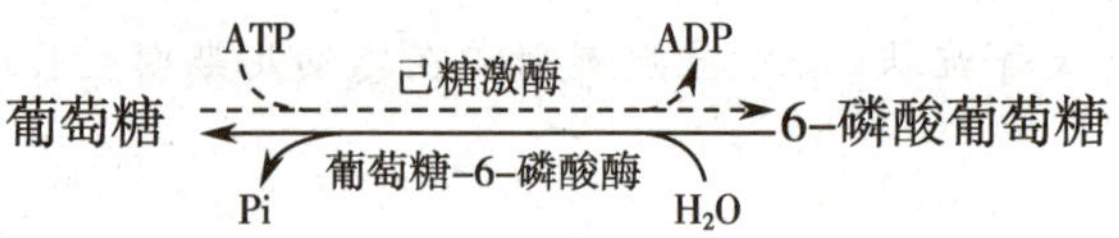

糖异生与糖酵解的关系如图 5-7。

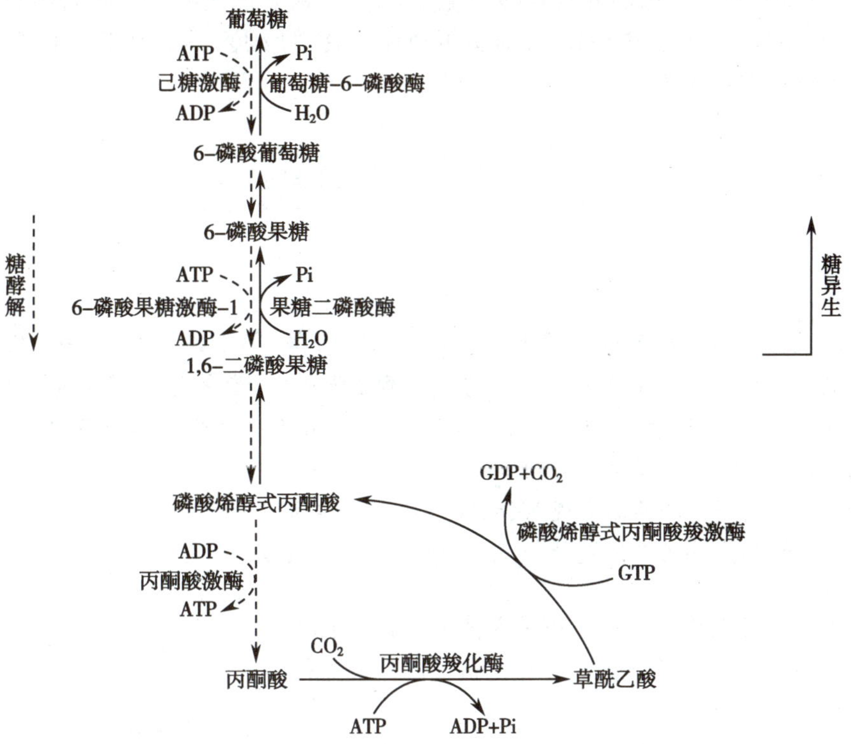

图 5-7　糖异生与糖酵解的关系简图

二、糖异生作用的生理意义

> **考点链接**
> 糖异生作用的生理意义

1. 维持血糖浓度恒定　糖异生最重要的生理意义是在空腹或饥饿状态下维持血糖浓度的相对恒定。因体内储存的肝糖原数量有限，在禁食时，如仅靠肝糖原分解维持血糖浓度，一般不到 12 小时即被全部耗尽，此后机体主要就是依靠糖异生作用来维持血糖浓度，以保证脑组织等重要器官的能量供应。

2. 有利于乳酸的利用　机体剧烈运动时，肌细胞糖酵解作用增强，生成大量乳酸，经血液循环运至肝内，通过糖异生转变成糖原或葡萄糖，葡萄糖释放入血后又可被肌肉摄取利用，此过程称为乳酸循环（图 5-8）。该循环有利于乳酸的再利用，并可防止因乳酸堆积而导致酸中毒。

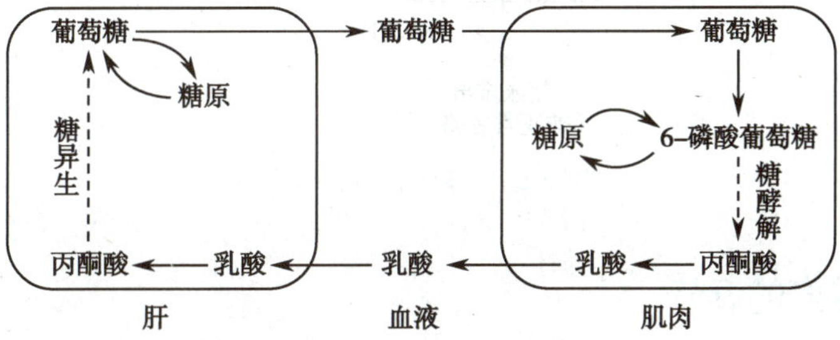

图 5-8　乳酸循环

3. 调节酸碱平衡　长期饥饿时，肾的糖异生作用加强，使得肾中 α- 酮戊二酸因异生成糖而减少，从而促进谷氨酰胺和谷氨酸的脱氨基作用，脱下的 NH_3 由肾小管细胞分泌入管腔中，与原尿中 H^+ 结合生成 NH_4^+，从而降低原尿中 H^+ 的浓度，这有利于肾小管排氢保钠，对防止酸中毒有重要意义。

第五节　血糖及其调节

案例

消渴症是中国传统医学的病名，是指以多饮、多尿、多食及消瘦、疲乏、尿甜为主要特征的综合症状。成书于两千多年前的中医经典文献《黄帝内经•奇病论》中即从行为方式上对消渴症进行了阐述："此肥美之所发也，此人必数食甘美而多肥也。肥者，令人内热，甘者令人中满，故其气上溢，转为消渴。"

请问：1. 消渴症的临床表现是什么，与现代医学的何种疾病基本一致？

2. 该疾病的病因是什么，应如何进行科学预防？

血液中的葡萄糖称为血糖。正常人体空腹血糖浓度相对恒定，一般为 3.9～6.1mmol/L，这是机体血糖来源和去路保持动态平衡的结果。

考点链接

血糖的概念及参考范围

一、血糖的来源和去路

1. 血糖的来源　①食物中淀粉等糖类物质消化后吸收入血的葡萄糖；②肝糖原分解后释放入血的葡萄糖；③糖异生作用生成并释放入血的葡萄糖。上述三条血糖来源中，前者为一般情况下血糖的主要来源，后两者为空腹时血糖的主要来源。

考点链接

血糖的来源和去路

2. 血糖的去路　①氧化分解供应能量，这是血糖的主要去路；②在组织中合成糖原进行储存；③转化为脂肪、氨基酸等其他非糖物质。以上为血糖的三条正常去路。当血糖浓度超过肾糖阈（8.9mmol/L）时，葡萄糖可随尿排出，这是血糖的非正常去路。血糖的来源和去路如图 5-9。

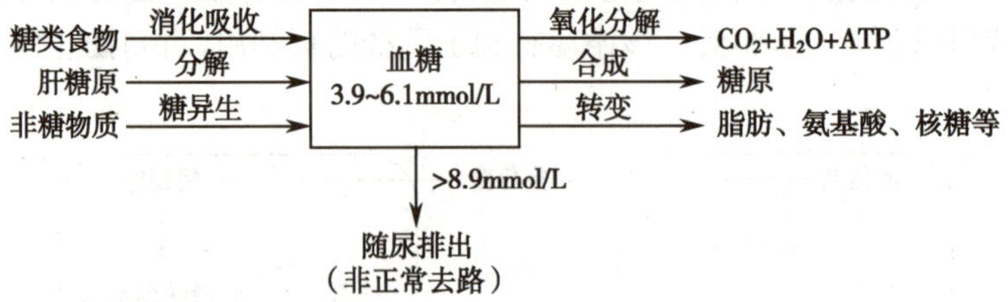

图 5-9　血糖的来源和去路

二、血糖浓度的调节

血糖的来源与去路能够保持动态平衡，是机体神经系统、激素及器官共同调节的结果。

(一)器官调节

体内有多个器官可以调节血糖浓度，其中以肝脏最为重要。肝脏主要是通过糖异生作用、肝糖原的合成与分解来调节血糖，维持血糖浓度的相对恒定。

考点链接
血糖浓度的调节

(二)激素调节

根据激素对血糖浓度的作用效果，可将调节血糖的激素分为两大类(表 5-2)。其中降低血糖的激素为胰岛素，升高血糖的激素主要包括胰高血糖素、肾上腺素、糖皮质激素和生长激素等。这两类激素相互对立、互相制约，共同维持血糖浓度的恒定。

表 5-2　激素对血糖浓度的调节

降低血糖的激素	升高血糖的激素
胰岛素：1. 促进肌肉、脂肪等组织摄取葡萄糖	胰高血糖素：1. 促进肝糖原分解、抑制肝糖原合成
2. 促进糖的有氧氧化	2. 促进糖异生作用、抑制糖酵解
3. 促进糖原合成、抑制肝糖原分解	3. 促进脂肪的动员
4. 抑制糖异生作用	肾上腺素：1. 促进糖原分解
5. 促进糖转变为脂肪、抑制脂肪的分解	2. 促进糖异生作用、抑制糖酵解
	糖皮质激素：1. 促进蛋白质分解，加速糖异生
	2. 抑制肝外组织摄取利用葡萄糖
	生长激素：1. 促进糖异生和脂肪分解
	2. 抑制肝外组织摄取利用葡萄糖

(三)神经调节

神经系统主要通过下丘脑和自主神经系统控制激素的分泌，影响糖代谢途径中各种关键酶的活性而发挥其对血糖浓度的调节作用。

考点链接
血糖浓度异常

三、高血糖和低血糖

神经系统功能紊乱、内分泌失调、肝肾功能障碍以及先天性的某些酶缺陷，均可引起糖代谢紊乱，导致血糖浓度异常，出现高血糖或低血糖。

(一)高血糖与糖尿

空腹血糖浓度高于 7.2～7.8mmol/L 时称为高血糖。当血糖浓度高于 8.9mmol/L，超过肾小管对葡萄糖的重吸收能力(即肾糖阈)时，则有一部分葡萄糖随尿排出，出现糖尿。

高血糖和糖尿有生理性和病理性之分。生理性高血糖和糖尿可见于进食大量糖类食物而引起的饮食性糖尿；因情绪激动导致体内肾上腺素分泌增加，肝糖原分解加快会引起情感性糖尿。其特点是高血糖和糖尿都是暂时性的。病理性高血糖和糖尿多见于糖尿病，系由胰岛素分泌不足和(或)胰岛素作用低下引起的代谢紊乱综合征，临床表现为持续性高血糖和糖尿，其典型病例可出现“三多一少”(多饮、多食、多尿和消瘦)。某些慢性肾炎、肾病综合征等引起肾小管对糖的重吸收功能障碍时也可出现糖尿，但此类患者的空腹血糖一般都正常。

(二)低血糖

空腹血糖浓度低于 3.3～3.9mmol/L 时称为低血糖。因葡萄糖为大脑的主要能源物质，故低血糖时脑组织首先出现反应，表现为头晕、心悸、全身乏力、出冷汗等临床症状。当血糖浓度低于2.5mmol/L时可发生低血糖昏迷，如及时给患者静脉注入葡萄糖溶液可有效缓解症状。

低血糖可由长期饥饿、持续剧烈运动、胰岛素使用过量等因素引起；也可由胰岛β细胞器质性病变、腺垂体或肾上腺皮质功能减退、严重肝病等疾病引起。

本章小结

糖代谢主要指葡萄糖的代谢，包括糖酵解、有氧氧化和磷酸戊糖途径等分解途径，以及糖原的合成与分解、糖异生等。

糖酵解是糖在无氧情况下不完全氧化生成乳酸的过程，可为机体迅速获得能量。有氧氧化是糖在有氧情况下彻底氧化生成H_2O和CO_2的过程，这是机体供能的主要途径，其三羧酸循环阶段是糖、脂肪和蛋白质彻底氧化的共同通路，也是它们相互转化的枢纽。磷酸戊糖途径的生理意义是生成5-磷酸核糖和NADPH。糖原的合成与分解、糖异生对维持血糖浓度恒定具有重要作用。

血糖指血液中的葡萄糖，正常成人血糖浓度为3.9～6.1mmol/L。其来源与去路受到器官、激素和神经系统的调控。降低血糖的激素为胰岛素，升高血糖的激素主要包括胰高血糖素、肾上腺素、糖皮质激素和生长激素等。糖代谢障碍可引起血糖浓度异常，出现高血糖或低血糖。

（方国强）

目标测试

（单项选择题）

1. 正常生理情况下，机体最主要的供能物质为

A. 糖　　B. 脂肪

C. 蛋白质　　D. 核酸

E. 维生素

2. 由肠黏膜吸收入血的糖主要是

A. 蔗糖　　B. 麦芽糖

C. 果糖　　D. 葡萄糖

E. 乳糖

3. 完全依赖糖酵解提供能量的组织细胞是

A. 成熟红细胞　　B. 肾髓质

C. 视网膜　　D. 白细胞

E. 骨髓

4. 下列反应不是糖酵解和糖有氧氧化共有的是

A. 1，6-二磷酸果糖 → 磷酸二羟丙酮+3-磷酸甘油醛

B. 3-磷酸甘油醛 → 1，3-二磷酸甘油酸

C. 1，3-二磷酸甘油酸 → 3-磷酸甘油酸

D. 2- 磷酸甘油酸 → 磷酸烯醇式丙酮酸
E. 丙酮酸 → 乳酸

5. 1分子乙酰辅酶A经三羧酸循环彻底氧化可净得
A. 8分子ATP
B. 9分子ATP
C. 10分子ATP
D. 11分子ATP
E. 12分子ATP

6. 糖有氧氧化的关键酶不包括
A. 丙酮酸脱氢酶复合体
B. 柠檬酸合酶
C. 异柠檬酸脱氢酶
D. α- 酮戊二酸脱氢酶复合体
E. 琥珀酸脱氢酶

7. 三羧酸循环中，参与底物水平磷酸化反应的酶是
A. 丙酮酸激酶
B. 顺乌头酸酶
C. 琥珀酰CoA合成酶
D. 延胡索酸酶
E. 苹果酸脱氢酶

8. 磷酸戊糖途径的生理意义在于
A. 机体迅速获取能量的有效方式
B. 少数组织的主要能量来源
C. 生成5- 磷酸核糖和 $NADPH+H^+$
D. 维持血糖浓度的恒定
E. 有利于乳酸的利用

9. 关于糖原的错误论述为
A. 由葡萄糖缩合而成的大分子多分支多糖
B. 糖原分子中的葡萄糖残基通过α-1，4- 糖苷键相连构成直链
C. 正常情况下肝糖原的含量比肌糖原高
D. 肝糖原对维持血糖浓度的恒定具有重要意义
E. 肌糖原的主要功能是分解提供肌肉收缩所需的能量

10. 肌糖原不能直接补充血糖，是因为肌肉组织中缺少
A. 磷酸化酶
B. 己糖激酶
C. 6- 磷酸葡萄糖脱氢酶
D. 葡萄糖 -6- 磷酸酶
E. 醛缩酶

11. 糖异生的关键酶不包括
A. 丙酮酸羧化酶
B. 磷酸烯醇式丙酮酸羧激酶
C. 果糖二磷酸酶
D. 葡萄糖 -6- 磷酸酶
E. 6- 磷酸果糖激酶 -1

12. 糖异生的主要生理意义在于
A. 有利于乳酸的利用
B. 调节酸碱平衡
C. 维持血糖浓度恒定
D. 更新肝糖原
E. 补充肌肉中的糖

13. 糖酵解、磷酸戊糖途径、糖原的合成与分解、糖异生等代谢途径共有的中间产物为
A. 1- 磷酸葡萄糖
B. 6- 磷酸葡萄糖
C. 6- 磷酸果糖
D. 1，6- 二磷酸果糖
E. 3- 磷酸甘油醛

14. 血糖的参考范围为

A. 2.5～3.3mmol/L
B. 3.5～5.3mmol/L
C. 3.9～6.1mmol/L
D. 4.2～6.8mmol/L
E. 7.0～8.9mmol/L

15. 调节血糖浓度的主要器官是

A. 小肠
B. 肝
C. 肾
D. 胰
E. 肌肉

第六章 生物氧化

学习目标

1. 掌握：生物氧化的概念；呼吸链的概念和组成；高能化合物；ATP 生成的方式。
2. 熟悉：生物氧化的特点；影响氧化磷酸化的因素；ATP 的利用和能量的转移。
3. 了解：生物氧化过程中 CO_2 的生成；呼吸链中氢和电子的传递；非线粒体氧化体系。

第一节 生物氧化概述

一、生物氧化的概念

生物体生存所需的能量主要来自体内糖、脂肪、蛋白质等有机物的氧化。糖、脂肪和蛋白质等营养物质在生物体内彻底氧化生成二氧化碳和水，并释放能量供机体利用的过程，称为生物氧化。由于该过程伴有氧的消耗和二氧化碳的产生，故又称为细胞呼吸或组织呼吸。

> **考点链接**
>
> 生物氧化的概念和主要方式

生物氧化是在一系列氧化还原酶的作用下完成的，遵循氧化还原反应的一般规律。生物氧化的主要方式有加氧、脱氢、脱电子反应，其中以脱氢反应最为常见。

1. 加氧反应　底物分子中直接加入氧原子或氧分子。

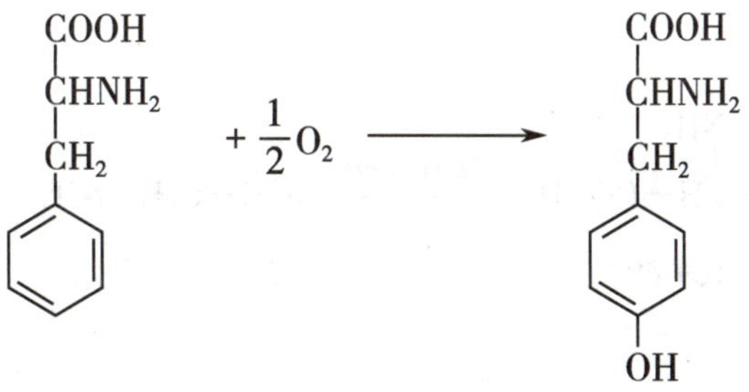

苯丙氨酸　　　　酪氨酸

2. 脱氢反应　底物分子中脱下一对氢，氢与受氢体结合。

$$CH_3CH(OH)COOH + NAD^+ \longrightarrow CH_3COCOOH + NADH + H^+$$

乳酸　　　　丙酮酸

3. 脱电子反应　底物分子上脱去一个电子，从而使其原子或离子化合价增加而被氧化。

$$Fe^{2+} \longrightarrow Fe^{3+} + e$$

二、生物氧化的特点

生物氧化是细胞内由酶催化进行的过程，与物质在生物体外氧化的过程不尽相同（表 6-1），归纳起来主要有以下特点：①反应条件温和。生物氧化在体内温和的条件下（温度为 37℃左右，pH 值为 7.4 左右）进行，是因为生物体内具有高效率的生物催化剂，可以催化反应顺利进行。②能量逐步释放。生物氧化过程将一元化反应分割为多元化反应，每一步反应都有可能释放部分能量。③物质的主要氧化形式为脱氢或脱电子。④通过有机酸脱羧反应生成二氧化碳。

表 6-1　物质的生物氧化与体外氧化的比较

比较点	生物氧化	体外氧化
反应环境	有水，水可直接参加反应	干燥无水
反应条件	温和（37℃左右，pH 值为 7.4 左右）	剧烈（高温、强酸、强碱）
氧化过程	分成多个步骤	一步完成
物质氧化方式	主要以脱氢、脱电子方式进行	直接被氧分子氧化
水的生成方式	通过物质脱氢及传递体对氢的传递，氢与氧结合成水	氢与氧直接化合
二氧化碳生成方式	通过有机酸的脱羧反应生成	碳与氧直接化合
能量的释放方式	能量逐步释放，部分能量转变成化学能，以高能磷酸键的形式储存	能量骤然释放，全部以热能形式散发

三、生物氧化过程中 CO_2 的生成

生物氧化过程中 CO_2 的生成并不是有机物中的碳原子与氧直接化合的产物，而是来源于有机酸的脱羧反应。糖、脂肪、蛋白质等物质在体内氧化过程中，产生许多不同的有机酸，某些有机酸可在酶的作用下脱去羧基，生成 CO_2。根据脱去羧基的位置不同，可将脱羧反应分为 α- 脱羧和 β- 脱羧两种。又根据脱羧反应是否伴随脱氢，分为单纯脱羧和氧化脱羧。

考点链接

CO_2 的生成方式

（一）α- 单纯脱羧

氨基酸　　　　胺

（二）α- 氧化脱羧

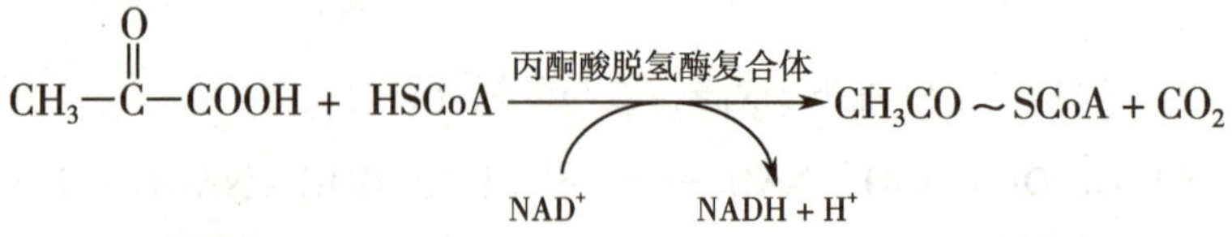

丙酮酸　　　　乙酰辅酶A

（三）β- 单纯脱羧

草酰乙酸　　　　丙酮酸

（四）β- 氧化脱羧

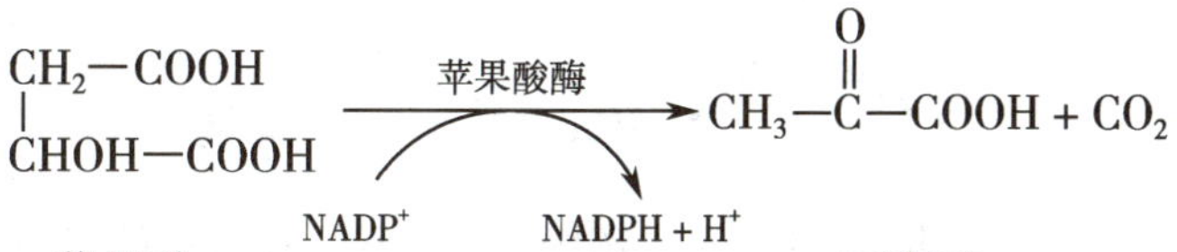

苹果酸　　　　丙酮酸

第二节　线粒体氧化体系

案例

一老年男性，半小时前家人唤其起床，呼之不应。患者所住房间内生有煤火炉，睡前一切正常，仅服用常规降压药物，无药物过敏史。医生检查发现患者陷入昏迷，口唇呈樱桃红色，皮肤黏膜无出血点。T36.8℃，P98 次 / 分，R24 次 / 分，Bp160/90mmHg。诊断为急性一氧化碳中毒。

请问：

1. 该患者急性一氧化碳中毒的主要诊断依据是什么？
2. 急性一氧化碳中毒的患者为什么会陷入昏迷？

线粒体在生物氧化过程中具有重要意义。生物氧化的许多重要过程（如三羧酸循环、β-氧化等）都在线粒体内进行；许多与递氢和递电子有关的酶和辅助因子排列在线粒体内膜上，将代谢中脱下的氢传递给氧生成水。在此过程中释放的能量约 40% 转变成高能磷酸键储存在高能化合物中，成为生命活动可利用的直接能源，其余的以热能形式散发，从而维持体温。所以，线粒体又被称为细胞的“发电厂”。

一、呼吸链的概念和组成

（一）呼吸链的概念

生物氧化过程中，代谢物脱下的氢经线粒体内膜上一系列酶或辅助因子的传递，最终与氧结合生成水。在这一过程中，传递氢的酶或辅助因子称为递氢体，传递电子的酶或辅助因子称为递电子体。这种按一定顺序排列在线粒体内膜上的递氢体或递电子体构成的连锁反应体系，称为电子传递链。该体系与细胞摄取氧密切相关，故又称为呼吸链。

（二）呼吸链的组成

1. 与呼吸链相关的氧化酶和脱氢酶

（1）氧化酶类：氧化酶直接以氧分子为氢受体，催化代谢物脱氢，氧分子接受氢生成水，抗坏血酸氧化酶，细胞色素氧化酶等属于此类酶，该类酶的辅基常含有铁，铜等金属离子。其作用方式如下：

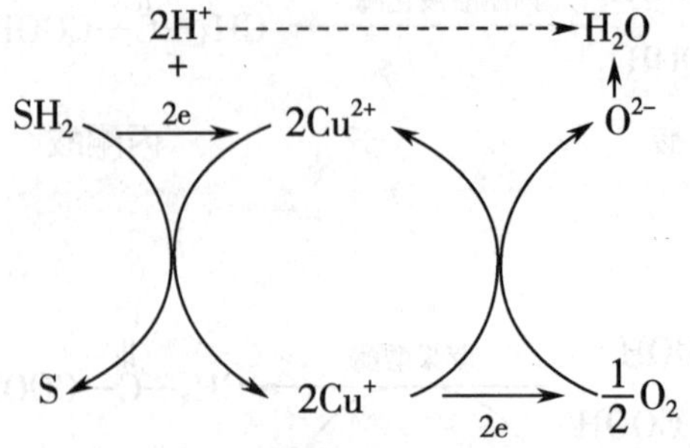

（2）不需氧脱氢酶类：是指能催化代谢物脱氢，但不以氧为直接受氢体，该类酶依据辅助因子的不同分为两类：一类是以 NAD^+，$NADP^+$ 为辅酶的，如乳酸脱氢酶，苹果酸脱氢酶等；另一类是以 FMN 或 FAD 为辅基的，如琥珀酸脱氢酶，脂酰辅酶 A 脱氢酶等。

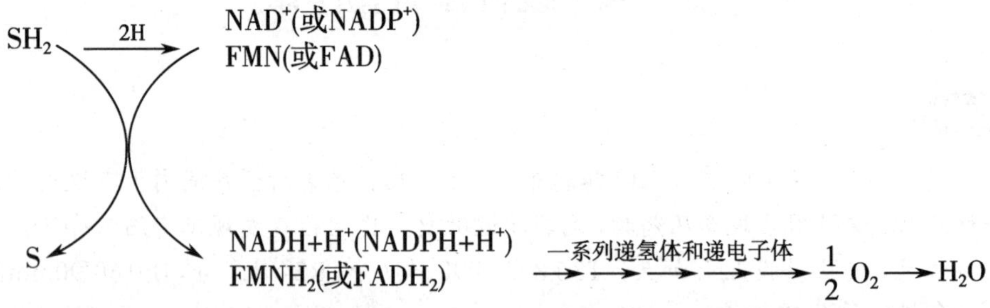

（3）需氧脱氢酶类：是以 FMN 或 FAD 为辅基的一类黄素蛋白，也称为黄素酶。该酶催化代谢物脱氢，直接将氢传递给氧生成 H_2O_2，如黄嘌呤氧化酶。

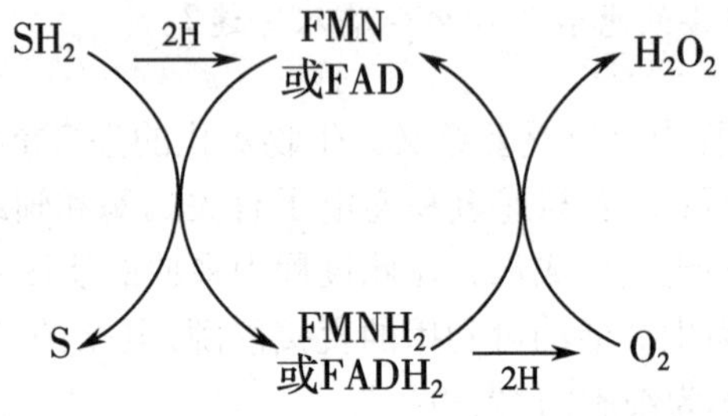

2．组成呼吸链的递氢体和递电子体　根据化学结构特点，组成呼吸链的递氢体和递电子体分为五大类。

（1）烟酰胺核苷酸：烟酰胺腺嘌呤二核苷酸（NAD^+）和烟酰胺腺嘌呤二核苷酸磷酸（$NADP^+$）是不需氧脱氢酶的辅酶，两者分子中的烟酰胺部分（维生素 PP）能可逆的加氢或脱氢而发挥递氢的作用。故 NAD^+ 或 $NADP^+$ 是递氢体，接受代谢物上脱下的氢并传递给呼吸链上的黄素蛋白，是连接代谢物和呼吸链的重要环节。代谢物发生脱氢反应总是一次性脱下两个氢原子，但在递氢过程中，烟酰胺只能接受一个氢原子和一个电子。所以在此反应中，总有一个质子游离于基质中（图 6-1）。

（2）黄素蛋白（黄素酶）：黄素蛋白的辅基包括黄素单核苷酸（FMN）和黄素腺嘌呤二核苷酸（FAD）两种，二者均含有核黄素（即维生素 B_2），黄素蛋白分子中的核黄素部分能可逆的加氢和脱氢，每次能接受两个氢原子，是递氢体（图 6-2），也是连接代谢物和呼吸链的重要环节。

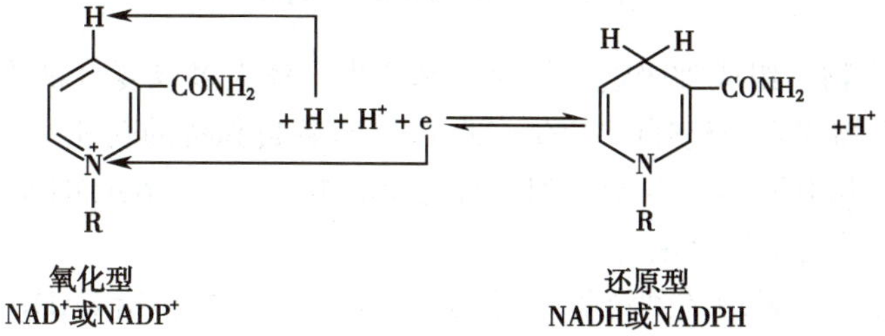

图 6-1 NAD⁺ 和 NADP⁺ 的递氢机制

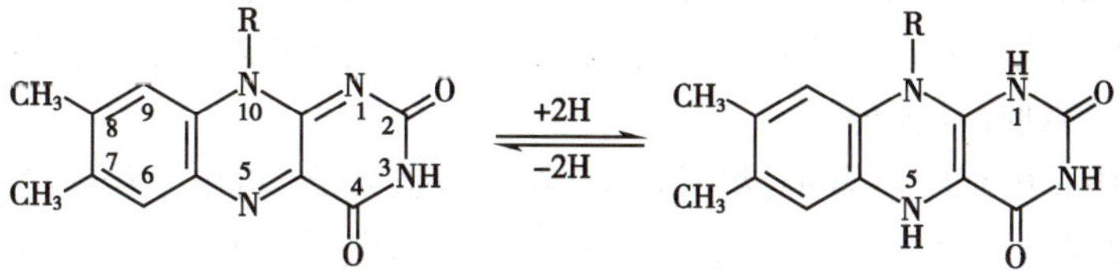

图 6-2 FMN 和 FAD 的递氢机制

（3）辅酶 Q（CoQ）：辅酶 Q 属脂溶性醌类化合物，广泛存在于生物界，故又称泛醌。辅酶 Q 分子中的苯醌结构能可逆的加氢和脱氢，也是递氢体。但辅酶 Q 接受 2 个氢原子后，将其分离成两个质子和两个电子，把电子传递给下一个传递体，而将质子留在线粒体基质中（图 6-3）。

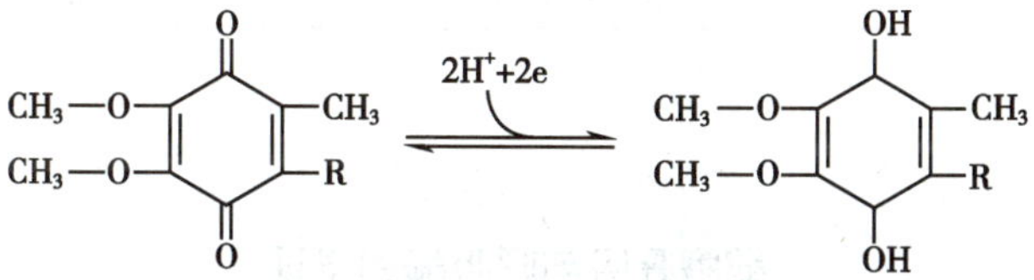

图 6-3 辅酶 Q 的结构及递氢机制

（4）铁硫蛋白：其辅基铁硫中心（Fe-S）常含有等量铁和硫（如 Fe_2S_2、Fe_4S_4），铁和硫形成铁硫键桥，并通过铁与 4 个半胱氨酸巯基的硫相连，而与铁硫蛋白的蛋白部分结合。铁硫蛋白的铁能可逆地获得和丢失电子而实现电子传递，是递电子体。在呼吸链中，铁硫蛋白常与黄素蛋白或细胞色素结合成复合物存在。

$$Fe^{3+}+e \leftrightarrow Fe^{2+}$$

氧化型　还原型

（5）细胞色素体系（Cyt）：细胞色素体系是一大类以铁卟啉为辅基的蛋白质，已发现 30 多种，广泛分布于需氧生物线粒体内膜上，参与呼吸链组成的有细胞色素 b、c_1、c、a 和 a_3。其辅基铁卟啉中的铁能可逆地获得和丢失电子而实现电子传递，是递电子体。细胞色素在呼吸链中传递电子的顺序是 Cytb → $Cytc_1$ → Cytc → $Cytaa_3$。$Cytaa_3$ 除铁卟啉外还含有铜原子，可通过 Cu^{2+} 和 Cu^{+} 的相互转变来传递电子。细胞色素 a 和 a_3 排列在呼吸链的末端，直接将电子传递给氧生成水，两者很难分开，故将其合称为细胞色素氧化酶，这是呼吸链中唯一的氧化酶。

$$\text{Cyt–Fe}^{3+} \underset{-e}{\overset{+e}{\rightleftharpoons}} \text{Cyt–Fe}^{2+}$$

3. 呼吸链复合物　组成呼吸链的递氢体和递电子体大多以复合物的形式存在，主要有四种。每一种复合物代表完整呼吸链的一部分，具有各自独特的功能。

(1) 复合物Ⅰ：指呼吸链从 NAD^+ 到泛醌之间的组成成分。NADH 脱下的氢经复合物Ⅰ中 FMN，铁硫蛋白等传递给辅酶 Q。

(2) 复合物Ⅱ：介于琥珀酸到泛醌之间，能将 2H 从琥珀酸传给 FAD，然后经铁硫蛋白传递至辅酶 Q。辅酶 Q 可以接受复合物Ⅰ和Ⅱ传递的氢，再将质子释放到线粒体基质中，将电子传递给复合物Ⅲ。

(3) 复合物Ⅲ：从辅酶 Q 到 Cytc 之间的呼吸链组成成分，包含细胞色素 b、c_1、铁硫蛋白以及其他多种蛋白质。复合物Ⅲ在辅酶 Q 和细胞色素之间传递电子，与此同时伴有质子从线粒体基质中转移到线粒体外。

(4) 复合物Ⅳ：由细胞色素 aa_3 组成，排列在呼吸链末端，将电子传递给氧生成水。

未参与呼吸链复合物组成的有递氢体辅酶 Q 和递电子体 Cytc。四种呼吸链复合物的组成见表 6-2。

表 6-2　呼吸链复合物及其组成

复合物种类	复合物名称	复合物组成
复合物Ⅰ	NADH- 辅酶 Q 还原酶	黄素蛋白 -FMN，铁硫蛋白
复合物Ⅱ	琥珀酸 - 辅酶 Q 还原酶	黄素蛋白 -FAD，铁硫蛋白
复合物Ⅲ	细胞色素 c 还原酶	Cytb，Cytc_1，铁硫蛋白
复合物Ⅳ	细胞色素 c 氧化酶	Cytaa_3

知识链接

细胞呼吸与呼吸酶的发现

20 世纪 20 年代，德国生物化学家瓦尔伯通过自创的瓦氏呼吸计测定组织的氧耗量来确定细胞的呼吸速率，发现了数种参与细胞内氧化的酶。瓦尔伯首先确定了一种含铁的呼吸酶，这种酶能加快细胞的呼吸速率，他称其为“含铁加氧酶”，并确定这种酶是一种血红素化合物，即现在所称的细胞色素氧化酶。由于瓦尔伯在呼吸酶领域的杰出贡献，他获得 1931 年诺贝尔生理学奖、医学奖。

二、呼吸链中氢和电子的传递

呼吸链中各成分的排列有严格的顺序和方向，是按氧化还原电位由低向高确定的。根据氧化还原原理，电极电位的高低反映电子得失的倾向。氧化还原电位值愈低的氧化还原电对释放电子的倾向愈大，愈容易成为还原剂，而排在呼吸链的前面，所以电子是从氧化还原电位低的传递体向氧化还原电位高的传递体传递。底物将氢或电子传递给呼吸链中的某个酶之后，由该酶将氢或电子传递给下一个与之相邻的酶，使氢或电子的传递顺利迅速的进行。呼吸链传递电子的同时，伴有质子从线粒体基质流向线粒体外，从而产生质子跨膜梯度，形成膜电位，所释放的能量可用于生成 ATP。

线粒体内重要的呼吸链有两条，即 NADH 氧化呼吸链和琥珀酸氧化呼吸链。两条呼吸链的组成和传递顺序不同，产生的 ATP 数量也不同（图 6-4）。

（一）NADH 氧化呼吸链

NADH 氧化呼吸链以 NADH 作为起始成分而得名，由 NAD^+、复合物Ⅰ、辅酶 Q、复合物Ⅲ、Cytc 和复合物Ⅳ组成，每氧化一对氢原子可生成 2.5 分子 ATP。由于物质氧化过程中的大多数脱氢酶都以 NAD^+ 为辅酶，故 NADH 氧化呼吸链是体内最主要的呼吸链，产能量也最多，体内大多数代谢物如异柠檬酸、丙酮酸、苹果酸、乳酸、谷氨酸等脱下的氢都经此链氧化。

（二）$FADH_2$ 氧化呼吸链

$FADH_2$ 氧化呼吸链以 $FADH_2$ 作为起始成分而得名，由 FAD 或复合物Ⅱ、辅酶 Q、复合物Ⅲ、Cytc 和复合物Ⅳ组成，每氧化一对氢原子可生成 1.5 分子 ATP。体内有部分代谢物脱氢是由以 FAD 为辅基的脱氢酶氧化的，故 FAD 氧化呼吸链也是体内较为重要的呼吸链，产能量较多，如琥珀酸、脂酰 CoA、α- 磷酸甘油等脱下的氢都经此链氧化。

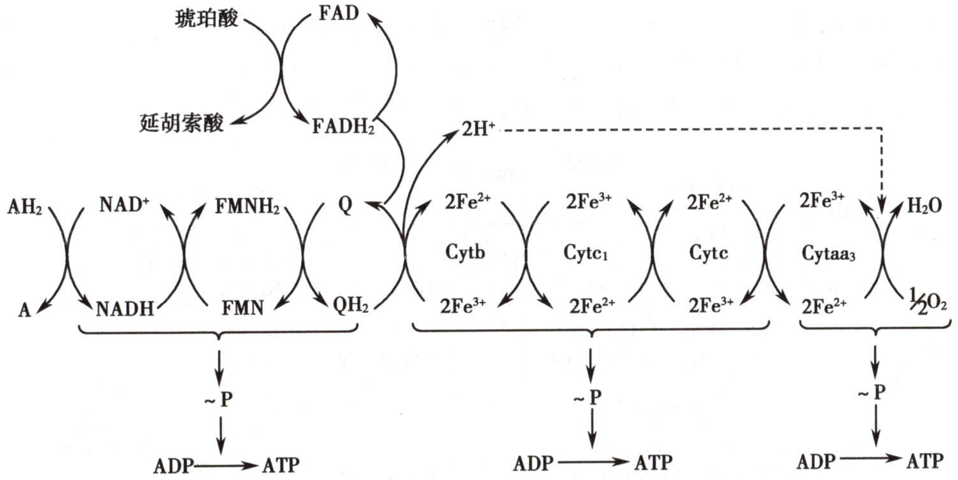

图 6-4　两条呼吸链氢或电子传递及氧化与磷酸化偶联部位

三、细胞质中 NADH 的氧化

线粒体内生成的 NADH 可直接通过呼吸链进行氧化，但胞质中生成的 NADH 不能自由通过线粒体内膜，故线粒体外 NADH 所携带的 2H 必须通过某种转运机制才能进入线粒体进行氧化，这种转运机制主要有 α- 磷酸甘油穿梭和苹果酸 - 天冬氨酸穿梭。

（一）α- 磷酸甘油穿梭

α- 磷酸甘油穿梭主要存在于脑和骨骼肌中（图 6-5）。线粒体外 $NADH+H^+$ 在胞质中的 α- 磷酸甘油脱氢酶（辅酶 NAD^+）催化下，使磷酸二羟丙酮还原成 α- 磷酸甘油，后者进入线粒体，经位于线粒体内膜近胞质侧的 α- 磷酸甘油脱氢酶（辅基 FAD）催化，氧化生成磷酸二羟丙酮，FAD 接受氢生成 $FADH_2$。磷酸二羟丙酮可穿出线粒体至胞质，继续进行穿梭作用。$FADH_2$ 则进入 $FADH_2$ 氧化呼吸链，生成 1.5 分子 ATP。

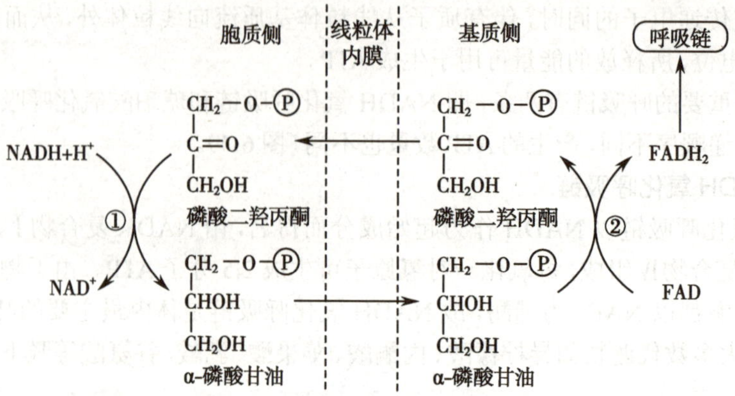

图 6-5 α-磷酸甘油穿梭

①α-磷酸甘油脱氢酶(辅酶 NAD^+);②α-磷酸甘油脱氢酶(辅基 FAD)

(二)苹果酸-天冬氨酸穿梭

苹果酸-天冬氨酸穿梭主要存在于肝和心肌中(图 6-6)。胞质中的 $NADH+H^+$ 在苹果酸脱氢酶催化下使草酰乙酸还原成苹果酸,后者通过线粒体内膜上的转运蛋白进入线粒体,又在线粒体内苹果酸脱氢酶的作用下重新生成草酰乙酸和 $NADH+H^+$。$NADH+H^+$ 进入 NADH 氧化呼吸链,生成 2.5 分子 ATP。草酰乙酸不能穿过线粒体内膜,可在天冬氨酸氨基转移酶催化下,与谷氨酸进行转氨基作用,生成天冬氨酸和 α–酮戊二酸,由转运蛋白转运至胞质再进行转氨基作用生成草酰乙酸和谷氨酸,继续进行穿梭。

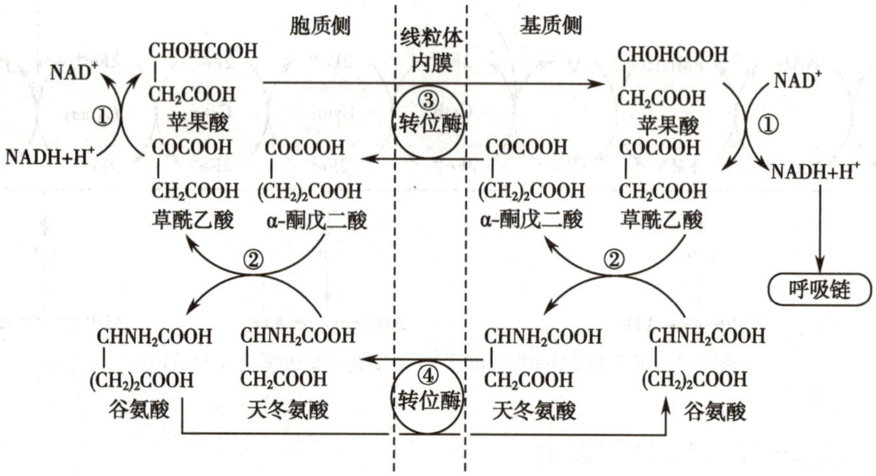

图 6-6 苹果酸-天冬氨酸穿梭

①苹果酸脱氢酶;②天冬氨酸氨基转移酶;③α 酮戊二酸转运蛋白;④天冬氨酸-谷氨酸转运蛋白

第三节 ATP 生成与能量的利用和转移

一、高能化合物

高能化合物是指含有高能键的化合物。高能键是指水解时释放能量大于 21kJ/mol 的化学键,通常用“~”表示;若高能键的构成与磷酸有关,称之为高能磷酸键,通常用“~Ⓟ”表示。含高能键的化合物称高能化合物，含高能磷酸键的化合物称为高能磷酸化合物。ATP是体内最常见的、最重要的高能化合物，是各种生理活动的直接能源。ATP缺乏将影响机体的各种生理活动。

二、ATP生成的方式

ATP是由ADP磷酸化生成的，其生成方式有底物水平磷酸化和氧化磷酸化两种。

（一）底物水平磷酸化

代谢物在氧化分解过程中，分子内部能量重新分布形成高能磷酸键，同时伴有ADP磷酸化生成ATP的过程，称为底物水平磷酸化，简称底物磷酸化。底物磷酸化与呼吸链的电子传递无关。

考点链接

ATP生成的方式

体内的底物水平磷酸化反应，例如：

$$\text{1,3-二磷酸甘油酸} + \text{ADP} \xrightleftharpoons{\text{磷酸甘油酸激酶}} \text{3-磷酸甘油酸} + \text{ATP}$$

$$\text{磷酸烯醇式丙酮酸} + \text{ADP} \xrightarrow{\text{丙酮酸激酶}} \text{丙酮酸} + \text{ATP}$$

$$\text{琥珀酰辅酶A} + \text{GDP} + H_3PO_4 \xrightleftharpoons{\text{琥珀酰辅酶A合成酶}} \text{琥珀酸} + \text{GTP} + \text{HSCoA}$$

$$\text{GTP+ADP} \rightarrow \text{ATP+GDP}$$

（二）氧化磷酸化

代谢物脱下的氢在呼吸链进行氧化的过程中释放能量，使ADP磷酸化生成ATP的过程称为氧化磷酸化。氧化磷酸化是氢的氧化过程与ADP的磷酸化过程的偶联，氧化过程的能量释放和磷酸化过程对能量的吸收形成了偶联的基础。

氧化磷酸化是机体生成ATP的主要方式。例如1分子的葡萄糖在体内彻底分解为二氧化碳和水的过程中，共产生30或者32分子ATP，其中有26或者28分子都是通过氧化磷酸化生成的，约占生成量的87%；通过底物磷酸化生成的仅4分子，约占生成量的12%。控制氧化磷酸化的速度就可以控制ATP的生成速度，从而使ATP生成量与机体的需要量协调一致，既满足机体需要量又不浪费能源物质。

知识链接

P/O比值

P/O比值是指氧化磷酸化过程中，每消耗1/2摩尔氧气所消耗的无机磷的摩尔数，即一对电子通过氧化呼吸链传递给氧所生成的ATP分子数。P/O比值测定是研究氧化磷酸化最常用的方法，通过测定几种物质氧化时的P/O比值，可大致推测出偶联部位。近年实验证实，一对电子通过NADH呼吸链传递，P/O比值约为2.5；通过琥珀酸呼吸链传递，P/O比值约为1.5。

三、影响氧化磷酸化的因素

（一）ADP浓度的影响

氧化磷酸化速度主要受ADP的调节。ADP与ATP有“此消彼长”的关系，即ATP增加的同时伴有 ADP 的减少，反之亦然。机体生理活动加强而大量消耗 ATP，体内能量水平降低，ADP 的浓度升高，刺激氧化磷酸化速度加快以补充 ATP；同时 NADH 迅速减少而 NAD^+ 增多，可促进物质氧化过程加速，有利于氧化磷酸化加快速度。反之，机体耗能减少时，体内能量水平升高，ADP 浓度降低，氧化磷酸化速度减慢，出现 NADH 堆积，物质氧化过程相应减慢。ADP 浓度是影响氧化磷酸化最基本、最重要的因素，能保证能量的生成和利用供求一致。

考点链接

影响氧化磷酸化的因素

（二）甲状腺激素的影响

甲状腺激素对氧化磷酸化并没有直接影响，但其通过激活细胞膜上的 Na^+、K^+-ATP 酶，可使 ATP 分解速度加快。由于 ATP 浓度降低，ADP 浓度升高，从而使氧化磷酸化速度加快。

知识链接

甲亢患者的高体温

甲亢患者由于甲状腺激素分泌增加，血液中甲状腺激素水平升高，细胞膜上的 Na^+、K^+-ATP 酶的活性增强，ATP 分解速度加快，ADP 浓度升高，使氧化磷酸化速度加快。氧化磷酸化的过程中释放的能量有 40% 转移给 ADP 使其转变为 ATP，其余 60% 的能量以热能的形式散发。氧化磷酸化速度的加快使甲亢患者产热量增加，散热量也增加，所以其基础体温高于正常人。

（三）抑制剂的影响

有些药物或毒物对氧化磷酸化具有特异抑制作用，根据其作用机制可分为解偶联剂、电子传递抑制剂、ATP 合酶抑制剂三类。

1. 解偶联剂　不影响呼吸链的电子传递，只抑制由 ADP 生成 ATP 的磷酸化过程。解偶联剂最常见的是 2，4- 二硝基苯酚（DNP）。DNP 可破坏内膜两侧的电化学梯度，导致氧化磷酸化解偶联，不能生成 ATP。氧化磷酸化的解偶联作用可发生于新生儿的棕色脂肪组织，其线粒体内膜上有解偶联蛋白，可使氧化磷酸化解偶联，新生儿可通过这种机制产热，维持体温。

2. 电子传递抑制剂　可分别抑制呼吸链中的不同环节，使底物氧化过程（电子传递）受阻，则偶联的磷酸化也无法进行。常见的有：异戊巴比妥、鱼藤酮、粉蝶霉素 A、抗霉素 A、异戊巴比妥、CO 等。具体抑制部位见图 6-7。

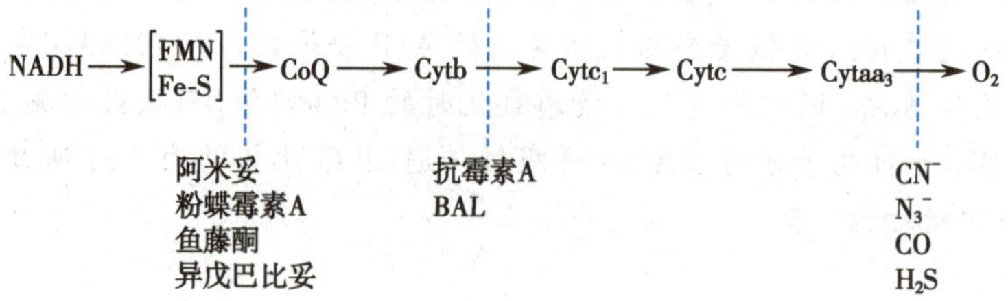

图 6-7　电子传递链抑制剂的作用部位

3. ATP 合酶抑制剂　对电子传递及 ADP 磷酸化生成 ATP 均有抑制作用。寡霉素和二环己基碳二亚胺可抑制电子传递及磷酸化过程。

知识链接

氰化物中毒

氰化物是作用最强的呼吸链抑制剂之一，它可与细胞色素 aa_3 结合，使电子不能传递给氧，导致呼吸链中断。由于呼吸链中断，能量释放减少甚至停止，ATP 合成速度减慢甚至停止，心肌细胞因 ATP 供应不足而收缩乏力，不能将足够的血液泵入动脉，致使重要器官如脑、肾和心肌缺血缺氧，严重会发生心力衰竭死亡。

四、ATP 的利用和能量的转移

生物氧化过程释放的能量使 ADP 磷酸化生成 ATP，当机体进行生理活动时，ATP 分解为 ADP 和磷酸，释放出能量供机体所利用。ADP 与 ATP 的互相转换非常迅速，是体内能量转换最基本的方式。通过 ADP 与 ATP 的转化实现了体内能量的转移和利用。

ATP 是绝大多数生理活动的直接能源，但并非唯一能源，有些代谢也利用其他的三磷酸核苷作为直接供能者。如糖原合成由 UTP 直接供能，蛋白质合成时由 GTP 直接供能，磷脂合成由 CTP 直接供能等。但其他三磷酸核苷因参与合成反应转变为二磷酸核苷后，都需要 ATP 提供高能磷酸键重新生成相应的三磷酸核苷，同时 ATP 则转变为 ADP。所以，ATP 是机体最主要的直接能源物质。

$$\text{ATP} + \text{UDP} \rightarrow \text{ADP} + \text{UTP}$$

$$\text{ATP} + \text{CDP} \rightarrow \text{ADP} + \text{CTP}$$

$$\text{ATP} + \text{GDP} \rightarrow \text{ADP} + \text{GTP}$$

由于 ATP 含有两个高能磷酸键，其分子内部能量水平较高，稳定性较差，不易大量储存。当 ATP 合成量超过需要时，在肌酸激酶的催化下，ATP 将其分子中的一个高能磷酸键转移给肌酸，以磷酸肌酸（C～P）的形式贮存。而当机体能量供应不足时，在肌酸激酶的作用下，磷酸肌酸又将贮存的高能磷酸键转移给 ADP 生成 ATP，以满足机体能量需要。磷酸肌酸不可直接利用，但其性质较稳定，可以大量储存。因此，磷酸肌酸是机体重要的能量贮存形式。

$$\text{ATP} + \text{肌酸} \xrightleftharpoons{\text{CK}} \text{磷酸肌酸} + \text{ADP}$$

ATP 的生成、利用及储存概况见图 6-8。

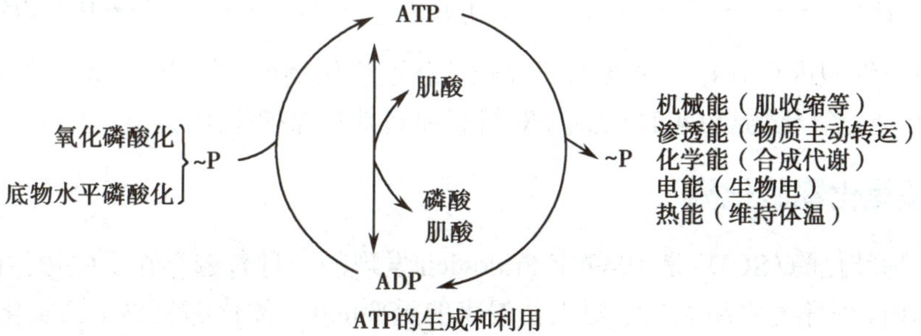

图 6-8 ATP 的生成、利用及储存

第四节 非线粒体氧化体系

除线粒体氧化体系外，还有其他一些氧化体系，如微粒体或过氧化物酶体中的氧化体系，这些氧化体系不伴有 ATP 的生成，主要参与体内代谢物，药物和毒物的生物转化。

一、微粒体氧化酶系

存在于微粒体中催化氧直接转移并结合到底物分子中的酶称为加氧酶，根据底物分子中加入氧原子数目的不同，又分为加单氧酶和加双氧酶，亦称氧转移酶。

（一）加单氧酶

反应时向底物分子中加入一个氧原子，生成的产物带有羟基也称为羟化酶。该酶系可使氧分子中的一个氧原子加到底物分子上，使 RH 生成 R-OH；而另一个氧原子从 $NADPH+H^+$ 中获得 H 被还原成水。加单氧酶催化的反应如下：

$$RH + O_2 + NADPH+H^+ \xrightarrow{\text{加单氧酶}} ROH + NADP^+ + H_2O$$

（二）加双氧酶

加双氧酶催化氧分子直接加到底物分子上，如色氨酸加双氧酶等。

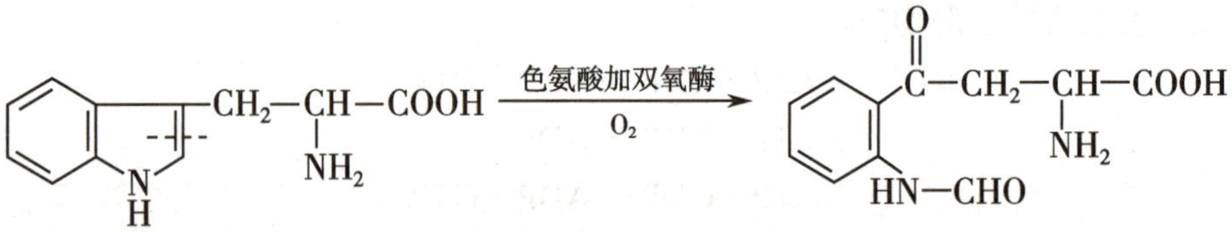

色氨酸　　　　N甲酰犬尿氨酸

二、过氧化物酶体中的酶类

（一）过氧化氢酶

过氧化氢酶可催化两分子 H_2O_2 反应生成水，并放出 O_2。

$$H_2O_2 \xrightarrow{\text{过氧化氢酶}} 2H_2O + O_2$$

（二）过氧化物酶

过氧化物酶能利用 H_2O_2 氧化酚类及胺类等有毒物质，故它对有机体有双重保护作用。

$$R + H_2O_2 \xrightarrow{\text{过氧化物酶}} RO + H_2O + O_2\text{或}RH_2 + H_2O_2 \xrightarrow{\text{过氧化物酶}} R + 2H_2O$$

某些组织细胞内还存在一种含硒的谷胱甘肽过氧化物酶，利用还原型谷胱甘肽（GSH）使 H_2O_2 或其他过氧化物（ROOH）还原，对组织细胞具有保护作用。

三、超氧化物歧化酶

超氧化物歧化酶（SOD）是 1969 年 Fridovich 发现的一种普遍存在于生物体内的酶。它是人体防御内、外环境中超氧离子对人体侵害的重要的酶，催化超氧离子的氧化还原，生成 H_2O_2 与分子氧。

本章小结

营养物质在生物体内进行氧化分解生成CO_2和H_2O，并逐步释放能量的过程称为生物氧化。ATP是生物体内能量的转化、储存和利用的中心。CO_2是有机酸脱羧基生成的。生物氧化过程中水是代谢物脱下的氢经呼吸链传递给氧而生成。呼吸链是由位于线粒体内膜上，按一定顺序排列的酶和辅酶组成的，发挥递氢体和递电子体的作用。

人体内重要的呼吸链有NADH和$FADH_2$两条氧化呼吸链，是生成ATP的主要环节。ATP生成的方式有底物水平磷酸化和氧化磷酸化两种，以后者为主。每传递1对电子，NADH氧化呼吸链生成2.5分子ATP，$FADH_2$氧化呼吸链生成1.5分子ATP。影响氧化磷酸化的因素主要有：ADP浓度、甲状腺激素、抑制剂。当ATP合成量超过需要时，ATP可将其分子中的一个高能磷酸键转移给肌酸，以磷酸肌酸（C～P）的形式贮存。

（吕荣光）

目标测试

（单项选择题）

1. 关于生物氧化的特点描述错误的是
   A. 氧化环境温和
   B. 在生物体内进行
   C. 能量逐步释放
   D. 耗氧量、终产物和释放的能量与体外氧化相同
   E. CO_2和H_2O是由碳和氢直接与氧结合生成
2. 不是呼吸链中的递氢体和递电子体的是
   A. FAD　B. 肉碱
   C. Cytb　D. 铁硫蛋白
   E. CoQ
3. 各种细胞色素在呼吸链中的排列顺序是
   A. $C \to C_1 \to b \to aa_3 \to O_2$　B. $C \to b_1 \to C_1 \to aa_3 \to O_2$
   C. $b \to C_1 \to C \to aa_3 \to O_2$　D. $b \to C \to C_1 \to aa_3 \to O_2$
   E. $C_1 \to C \to b \to aa_3 \to O_2$
4. 下列物质中不属于高能化合物的是
   A. CTP　B. AMP
   C. 磷酸肌酸　D. 乙酰CoA
   E. ATP
5. 人体内各种生命活动所需能量的直接能源是
   A. 葡萄糖　B. 脂肪酸
   C. ATP　D. 磷酸肌酸

E. 氨基酸

6. ATP的主要生成方式是

A. 肌酸磷酸化
B. 氧化磷酸化
C. 糖的磷酸化
D. 底物水平磷酸化
E. 有机酸脱羧

7. 调节氧化磷酸化速率的重要激素是

A. 胰岛素
B. 肾上腺素
C. 甲状腺素
D. 生长激素
E. 胰高血糖素

8. CO中毒是由于

A. 使体内ATP生成量增加
B. 解偶联作用
C. 使$Cytaa_3$丧失传递电子的能力，呼吸链中断
D. 使ATP水解为ADP和Pi的速度加快
E. 抑制电子传递及ADP的磷酸化

9. 能量贮存的形式是

A. 肌酸
B. 葡萄糖
C. ATP
D. GTP
E. C～P

10. 以下利用H_2O_2氧化酚类及胺类等物质的酶是

A. 加单氧酶
B. 加双氧酶
C. 过氧化氢酶
D. 过氧化物酶
E. 超氧化物歧化酶

第七章 脂类代谢

学习目标

1. 掌握：脂类的主要生理功能；三脂酰甘油的分解代谢；血脂的组成与含量。
2. 熟悉：磷脂的代谢，胆固醇的代谢；血浆脂蛋白。
3. 了解：脂类的分布与含量，脂类的消化吸收；三脂酰甘油的合成代谢；高脂蛋白血症。

第一节 概　述

一、脂类的分布与含量

脂类是脂肪和类脂的总称，是一类不溶于水而易溶于非极性有机溶剂的有机化合物。脂肪是甘油的三个羟基被脂肪酸酯化形成的酯，即甘油三酯，也称三脂酰甘油。类脂包括磷脂、糖脂、胆固醇及其酯等。

脂肪在体内的含量受营养状况和机体活动量的影响，变动较大，所以又称为可变脂。成年男性脂肪含量约占体重的10%～20%，而女性稍高。体内脂肪主要贮存于皮下组织、肾周围、大网膜和肠系膜等处，这些组织统称为脂库。脂肪是人体内含量最多的脂类，亦是机体储能的主要形式。

类脂是构成生物膜的基本成分，分布于全身各种组织中，尤以神经组织含量最高。体内类脂含量比较恒定，约占体重的5%，机体活动强度及营养状况对其影响不大，所以类脂又被称为固定脂或基本脂。

二、脂类的生理功能

（一）脂肪的生理功能

1. 储能和供能　脂肪在体内主要用于储能和氧化供能。1g脂肪在体内彻底氧化可产生38.94kJ（9.3kcal）的能量，比等量的糖或蛋白质高一倍多。另外，脂肪为疏水性物质，其体积只是同重量糖原体积的1/4，因而在单位体积内可储存更多的能量，是机体主要的储能物质。正常情况下，脂肪供能约占人体所需能量的25%左右；空腹时，体内所需能量的50%以上来自脂肪的氧化分解；禁食1～3天，约85%的能量都来自脂肪的

考点链接

脂肪的生理功能

分解。

2. 协助脂溶性维生素的吸收　在小肠内，脂溶性维生素可溶于食物脂肪中，随着脂肪的消化产物一起被肠黏膜吸收。

3. 保持体温　脂肪不易导热，皮下脂肪可防止体内的热量散失，以维持体温的恒定。

4. 保护内脏　分布在脏器周围的脂肪可缓冲外界的机械性撞击，并能减少脏器间的摩擦而保护内脏免受损伤。

5. 供给必需脂肪酸　亚油酸、α-亚麻酸、花生四烯酸等不饱和脂肪酸在体内不能合成，必须从食物中的脂类摄取，是人体不可缺少的营养素，被称为必需脂肪酸。它们既是磷脂的重要组成部分，又是合成前列腺素（PG）、血栓素（TXA）及白三烯（LT）等类二十烷酸的前体物质，还与胆固醇的代谢有关，参与动物精子的形成，维持正常视觉功能，可以保护皮肤免受射线损伤。

（二）类脂的生理功能

1. 参与生物膜的构成　磷脂和胆固醇是细胞膜、核膜、线粒体膜等生物膜的主要组成成分，其中磷脂占生物膜脂质总量的70%以上，胆固醇约占20%。它们以脂质双分子层的形式构成生物膜的基本结构，在维持细胞及细胞器的结构、形态和功能上起着重要作用。

考点链接

类脂的生理功能

2. 参与神经髓鞘的构成　神经髓鞘中含有大量的胆固醇和磷脂，它们构成了神经纤维间的绝缘体，以维持神经冲动的正常传导。

3. 转变成其他物质　胆固醇在体内可转变成胆汁酸、类固醇激素和维生素 D_3 等多种重要的生物活性物质。

三、脂类的消化吸收

小肠上段是脂类消化的主要场所，肝脏分泌的胆汁和胰腺分泌的胰液都通过导管进入十二指肠，它们在脂类的消化过程中均发挥重要作用。食物中的脂类不溶于水，不能与消化酶充分接触。胆汁中的胆汁酸盐有较强的乳化作用，能将脂类乳化成细小微团，极大增加了消化酶与脂类的接触面积，从而促进脂类的消化吸收。胰液中含有各种脂类消化酶，可催化食物中的脂类水解生成一脂酰甘油、脂肪酸、胆固醇和溶血磷脂等产物。这些产物主要在十二指肠下段和空肠上段被吸收。

第二节　三脂酰甘油的中间代谢

一、三脂酰甘油的分解代谢

（一）脂肪的动员

储存在脂肪组织中的脂肪在脂肪酶的催化下，逐步水解为游离脂肪酸和甘油，并释放入血以供其他组织氧化利用，此过程称为脂肪动员。

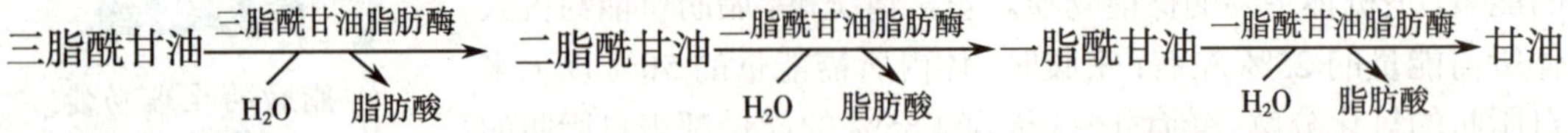

脂肪先后在三脂酰甘油脂肪酶、二脂酰甘油脂肪酶、一脂酰甘油脂肪酶的催化下逐步水解。其中三脂酰甘油脂肪酶是脂肪分解的限速酶，其活性易受多种激素的调节，又称为激素敏感性三脂酰甘油脂肪酶，简称激素敏感性脂肪酶。胰高血糖素、肾上腺素、去甲肾上腺素等能使该酶活性增强而促进脂肪动员，故这些激素称为脂解激素；胰岛素、前列腺素 E_2 等能使该酶活性降低，抑制脂肪动员，则称为抗脂解激素。

（二）甘油的代谢

脂肪动员产生的甘油可直接经血液循环被运输至肝、肾、肠等组织利用。在甘油激酶的作用下，甘油磷酸化生成 α- 磷酸甘油，再脱氢生成磷酸二羟丙酮，后者循糖分解途径代谢，也可循糖异生途径转变为葡萄糖。肝中甘油激酶活性最高，而脂肪及骨骼肌中甘油激酶活性很低，因此脂肪动员产生的甘油主要被肝摄取利用，脂肪和骨骼肌对甘油的摄取利用很少。

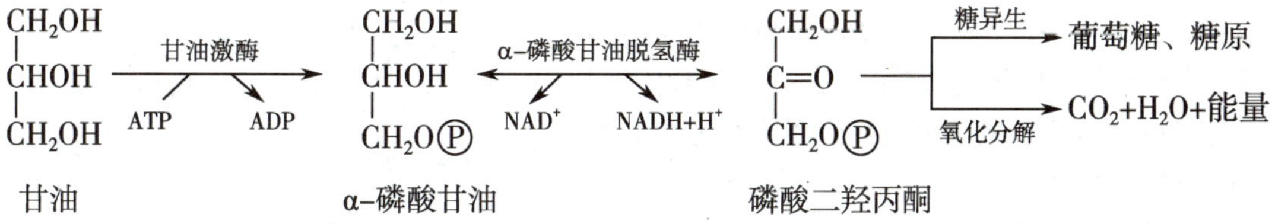

知识链接

β- 氧化学说

1904 年，努珀（F.Knoop）采用不能被机体分解的苯基标记脂肪酸 ω- 甲基饲养动物，检测被喂养的犬尿液中的代谢产物，发现无论碳链长短，如果标记的脂肪酸碳原子是偶数，尿中排出的是苯乙酸；如果标记的脂肪酸碳原子是奇数，则尿中排出的是苯甲酸。努珀在上述实验的基础上提出了“β- 氧化学说”，即脂肪酸在体内氧化分解从羧基端 β- 碳原子开始，每次断裂 2 个碳原子。脂肪酸代谢有关酶的分离纯化、辅助因子的分析以及同位素的应用进一步阐明了脂肪酸 β- 氧化机制。

（三）脂肪酸的氧化

脂肪供能部分主要是脂肪酸，脂肪酸在体内彻底氧化可释放较多的能量。机体除成熟红细胞和脑组织外，大多数组织都能经脂肪酸氧化获能，以肝、心肌、骨骼肌能力最强。线粒体是脂肪酸氧化的主要场所。

脂肪酸氧化的过程可分为四个阶段：在氧供应充足的情况下，脂肪酸活化生成脂酰 CoA，然后转移至线粒体，经 β- 氧化作用生成乙酰 CoA，最后乙酰 CoA 进入三羧酸循环彻底氧化生成 CO_2 和 H_2O，并释放出能量。

1．脂肪酸活化为脂酰 CoA　在细胞质中，脂肪酸由内质网、线粒体外膜上的脂酰 CoA 合成酶催化生成脂酰 CoA，反应需要 ATP、HSCoA 及 Mg^{2+} 参与。

$$\underset{\text{脂肪酸}}{RCOOH} + \underset{\text{辅酶A}}{HSCoA} + ATP \xrightarrow[Mg^{2+}]{\text{脂酰CoA合成酶}} \underset{\text{脂酰CoA}}{RCO\sim SCoA} + AMP + PPi$$

活化生成的脂酰 CoA 含高能硫酯键，为高能化合物，且水溶性强，从而提高了代谢活性。反应中生成的焦磷酸（PPi）很快被细胞内的焦磷酸酶水解，以阻止逆向反应的进行。故活化 1 分子脂肪酸消耗了 2 个高能磷酸键（相当于 2 分子 ATP）。

2. 脂酰 CoA 进入线粒体　催化脂肪酸氧化的酶系存在于线粒体基质内，因此，在细胞质中活化生成的脂酰 CoA 必须进入线粒体才能被氧化。但脂酰 CoA 不能直接通过线粒体内膜进入线粒体，需要肉毒碱载体协助转运。在线粒体内膜外侧的肉毒碱脂酰转移酶Ⅰ可催化脂酰 CoA 与肉毒碱结合生成脂酰肉毒碱，后者通过线粒体内膜进入线粒体基质内，在位于线粒体内膜内侧的肉毒碱脂酰转移酶Ⅱ催化，把脂酰基转运至线粒体内，再与线粒体基质内的 HSCoA 结合重新生成脂酰 CoA 并释放出肉毒碱（图 7-1）。

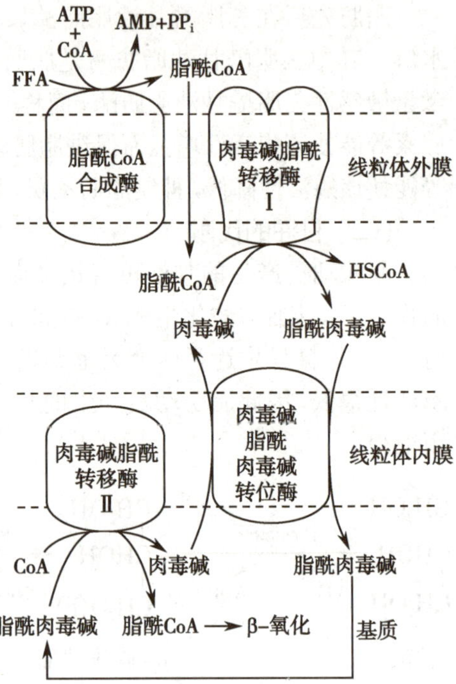

图 7-1　脂酰 CoA 通过线粒体内膜示意图

3. 脂酰 CoA 的 β- 氧化　脂酰 CoA 进入线粒体后，在一系列酶的催化下被氧化，由于氧化是在脂酰基的 β- 碳原子上进行的，故又称为 β- 氧化。β- 氧化过程经历脱氢、加水、再脱氢、硫解 4 步连续的酶促反应。

（1）脱氢：脂酰 CoA 在脂酰 CoA 脱氢酶的催化下，α 和 β 碳原子上分别脱去一个氢原子，生成 α，β- 烯脂酰 CoA，脱下的 2H 由该酶的辅基 FAD 接受生成 $FADH_2$。

> **考点链接**
>
> 脂肪酸 β- 氧化的概念、步骤

（2）加水：α，β- 烯脂酰 CoA 在 α，β- 烯脂酰 CoA 水化酶的催化下，加上 1 分子 H_2O 生成 β- 羟脂酰 CoA。

（3）再脱氢：β- 羟脂酰 CoA 在 β- 羟脂酰 CoA 脱氢酶的催化下，β 碳原子上脱去 2 个氢原子，生成 β- 酮脂酰 CoA，脱下的 2H 由辅酶 NAD^+ 接受生成 $NADH+H^+$。

（4）硫解：β- 酮脂酰 CoA 在 β- 酮脂酰 CoA 硫解酶的催化下，加上 1 分子 HSCoA 使碳链在 α、β 碳原子之间断裂，生成 1 分子乙酰 CoA 和比原来少 2 个碳原子的脂酰 CoA。

经过上述四步反应，脂酰 CoA 的碳链缩短了 2 个碳原子。新生成的脂酰 CoA 又可经脱氢、加水、再脱氢、硫解四步连续反应进行下一轮的 β- 氧化。每经过一次 β- 氧化，从脂酰 CoA 裂解出一个 2 碳的乙酰 CoA，并生成少了 2 个碳原子的脂酰 CoA，如此重复进行，直到脂酰 CoA 全部裂解成乙酰 CoA。

脂肪酸 β- 氧化的过程见图 7-2。

4. 乙酰 CoA 进入三羧酸循环　β- 氧化生成的乙酰 CoA 进入三羧酸循环，彻底氧化生成 CO_2 和 H_2O，并释放能量。

脂肪酸在体内氧化是机体产能的重要途径，氧化过程中可释放大量的能量，其中一部分以热能的形式散发，另一部分以化学能的形式贮存在 ATP 分子中。现以 1 分子软脂酸为例，计算其彻底氧化产生的 ATP 数：软脂酸为 16 碳的饱和脂肪酸，经 7 次 β- 氧化，可产生 7

分子 $FADH_2$、7 分子 $NADH+H^+$ 和 8 分子乙酰 CoA，共生成(1.5×7)+(2.5×7)+(10×8)=108 分子 ATP。由于脂肪酸活化时消耗了 2 个高能磷酸键，相当于消耗了 2 分子 ATP，故 1 分子软脂酸彻底氧化净生成 106 分子 ATP。

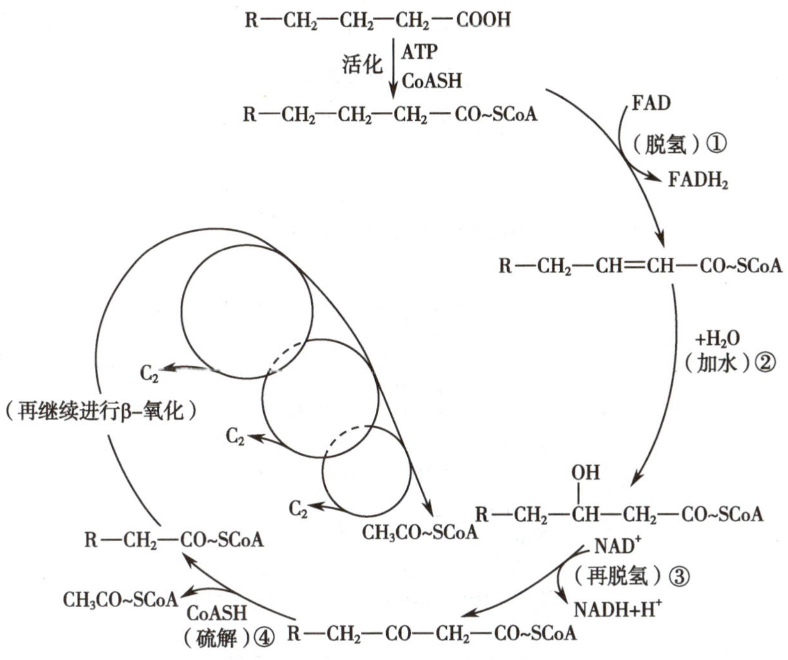

图 7-2　脂肪酸 β- 氧化过程

（四）酮体的生成和利用

酮体是脂肪酸在肝中分解氧化时所产生的正常中间产物，包括乙酰乙酸、β- 羟丁酸和丙酮。其中 β- 羟丁酸含量最多，约占酮体总量的 70%，乙酰乙酸约占总量的 30%，丙酮的含量极微。

> **考点链接**
> 酮体的概念

1. 酮体的生成　酮体合成的原料是脂肪酸 β- 氧化生成的乙酰 CoA。合成的部位主要在肝脏线粒体，合成过程如下：

(1) 2 分子乙酰 CoA 在乙酰乙酰 CoA 硫解酶的作用下缩合成乙酰乙酰 CoA，并释放 1 分子 HSCoA。

(2) 乙酰乙酰 CoA 与 1 分子乙酰 CoA 由 β- 羟 -β- 甲基戊二酸单酰 CoA 合成酶（HMG-CoA 合成酶）催化生成 β- 羟 -β- 甲基戊二酸单酰 CoA（HMG-CoA），并释放 1 分子 HSCoA。

(3) HMG-CoA 由 HMG-CoA 裂解酶催化，裂解成乙酰乙酸和乙酰 CoA。

(4) 乙酰乙酸在 β- 羟丁酸脱氢酶的催化下加氢还原成 β- 羟丁酸，少量乙酰乙酸也可自动脱羧生成丙酮（图 7-3）。

HMG-CoA 合成酶是酮体生成的关键酶。肝线粒体内含有各种酮体合成酶类，因此生成酮体是肝特有的功能。

2. 酮体的利用　肝内氧化利用酮体的酶活性很低，而肝外许多组织如心、肾、脑、骨骼肌等具有活性很强的酮体利用酶，因此，肝内生成的酮体需通过血液循环运到肝外组织氧化利用。利用过程如下：

(1) 乙酰乙酸在琥珀酰 CoA 转硫酶或乙酰乙酸硫激酶的作用下活化生成乙酰乙酰 CoA。

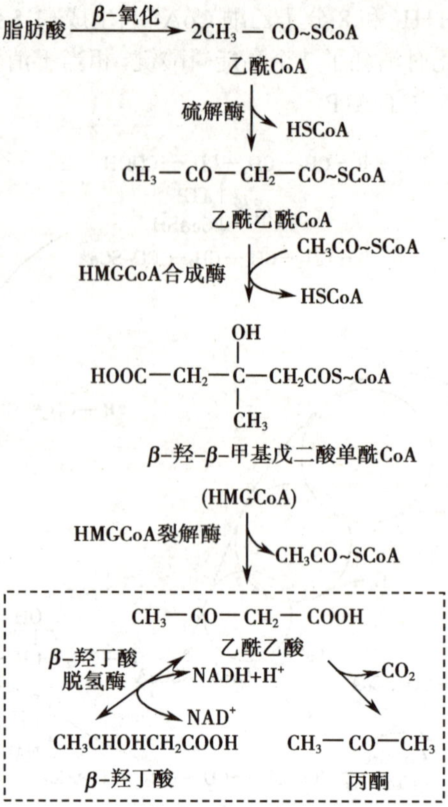

图 7-3 肝内酮体的生成过程

(2) 在乙酰乙酰 CoA 硫解酶的催化下，乙酰乙酰 CoA 硫解生成 2 分子乙酰 CoA，后者进入三羧酸循环彻底氧化生成 CO_2 和 H_2O，并生成 ATP。

酮体中的 β- 羟丁酸可在 β- 羟丁酸脱氢酶的催化下，先脱氢氧化生成乙酰乙酸，再沿上述途径代谢。丙酮在酮体中含量甚微，主要随尿或通过呼吸道排出体外。也可经一系列酶作用转变为丙酮酸或乳酸，进而氧化分解或异生为糖，这是脂肪酸的碳原子转变为糖的一个途径。

酮体的生成及利用过程见图 7-4。

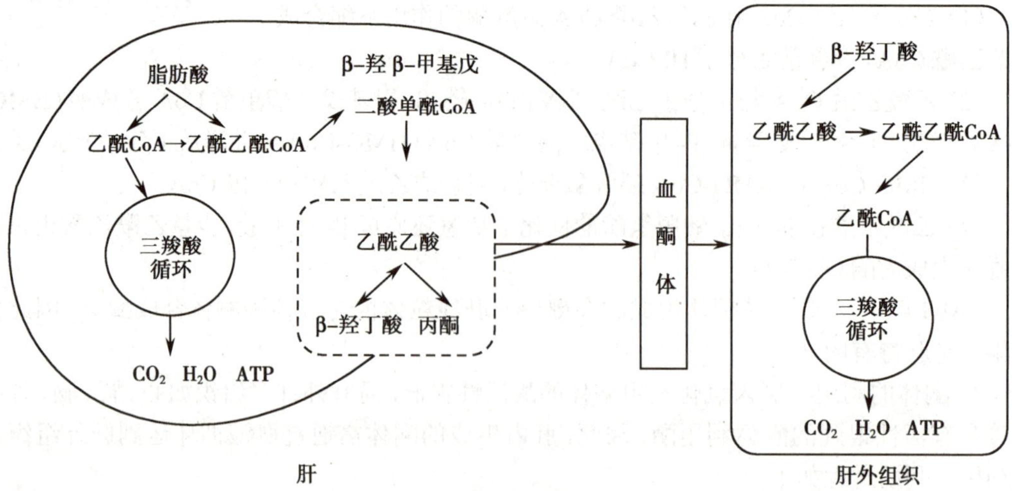

图 7-4 酮体生成及利用过程

3. 酮体生成的生理意义

（1）酮体是肝输出脂肪酸类能源物质的一种特殊形式，可以作为大脑及肌肉组织的重要能源。酮体分子小，易溶于水，易运输，能进入脑和肌肉组织氧化供能。尤其是饥饿时，更显现出酮体对脑的重要性。长期饥饿或糖供给不足时，机体脂肪动员增强，体内大多数组织可氧化脂肪酸获得能量；脑组织虽然不能利用脂肪酸，却能利用由脂肪酸转变而来的酮体，获得其所需要的能量。

（2）酮体过多时可导致代谢性酸中毒。正常情况下，血中酮体的正常值为 0.03～0.50mmol/L。而在饥饿及严重糖尿病时，脂肪动员增强，脂肪酸的氧化分解加速，肝内酮体增多并超过肝外组织的利用能力，导致血中酮体升高，称为酮血症。此时，酮体可随尿排出，称酮尿症。丙酮可从呼吸道挥发呼出，患者呼出的气体具有烂苹果气味。酮体中的乙酰乙酸和 β- 羟丁酸都是酸性物质，血中酮体升高可引起代谢性酸中毒，又称酮症酸中毒。

考点链接

血中酮体正常值、酮症酸中毒

二、三脂酰甘油的合成代谢

肝、脂肪组织和小肠是体内合成脂肪的主要部位。体内合成脂肪的原料是甘油和脂肪酸的活化形式，即 α- 磷酸甘油和脂酰 CoA。

（一）α- 磷酸甘油的来源

α- 磷酸甘油主要来自于糖，糖代谢的中间产物磷酸二羟丙酮在 α- 磷酸甘油脱氢酶的催化下，以 NADH+H$^+$ 作为供氢体，还原生成 α- 磷酸甘油。此外，甘油在甘油激酶的催化下，也可以磷酸化生成 α- 磷酸甘油。

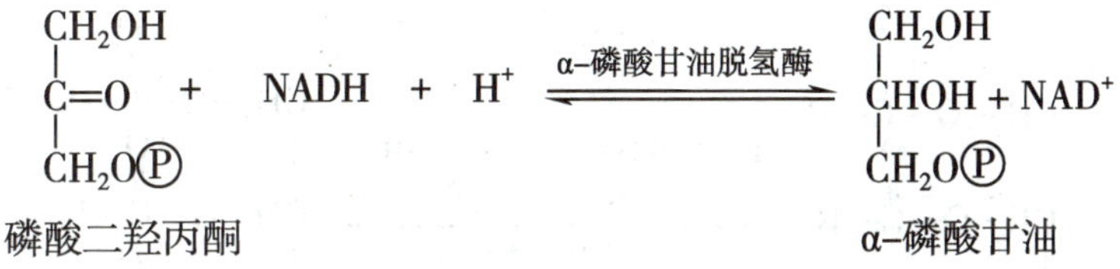

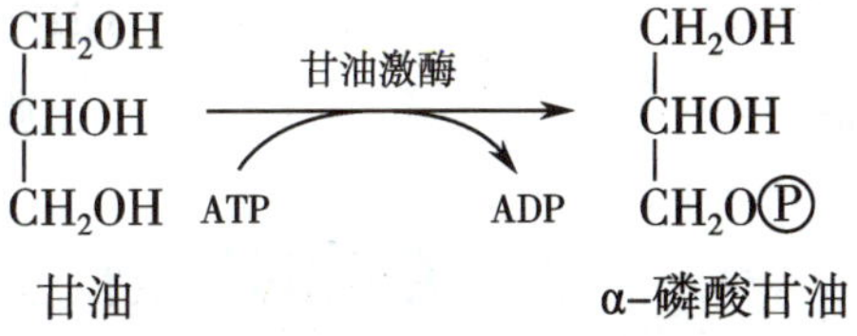

（二）脂酰 CoA 的来源

脂酰 CoA 由脂肪酸活化生成。脂肪酸可由食物提供，也可以在体内合成。体内合成脂肪酸的主要原料是乙酰 CoA，乙酰 CoA 主要来自于糖代谢。由此可见，糖在体内很容易转变为脂肪，当从食物中摄入糖类物质过多时，它们便以脂肪的形式来储存。

细胞质是脂肪酸合成的场所，而乙酰 CoA 全部在线粒体内生成。因此，线粒体内的乙酰 CoA 必须进入细胞质才能作为脂肪酸的合成原料。

脂肪酸的合成过程如下：

首先，在乙酰 CoA 羧化酶的催化下，乙酰 CoA 羧化生成丙二酸单酰 CoA；然后再由脂肪酸合成酶系催化，7 分子丙二酸单酰 CoA 与 1 分子乙酰 CoA 缩合成软脂酸，反应中由

$NADPH+H^+$ 提供氢。人体内合成的脂肪酸主要是软脂酸，对其进行加工，可得到机体所需的碳链长短不同及饱和程度不同的各种非必需脂肪酸。

$$\underset{\text{乙酰CoA}}{CH_3CO\sim SCoA} + HCO_3^- + ATP \xrightarrow[\text{生物素}Mn^{2+}]{\text{乙酰CoA羧化酶}} \underset{\text{丙二酸单酰CoA}}{\begin{matrix}CH_2CO\sim SCoA\\|\\COOH\end{matrix}} + ADP + Pi$$

$$\underset{\text{乙酰CoA}}{CH_3CO\sim SCoA} + \underset{\text{丙二酸单酰CoA}}{7HOOCCH_2CO\sim SCoA} + 14NADPH + 14H^+ \xrightarrow{\text{脂肪酸合成酶系}}$$

$$\underset{\text{软脂酸}}{CH_3(CH_2)_{14}COOH} + 14NADP^+ + 7CO_2 + 8HSCoA + 6H_2O$$

（三）三脂酰甘油的合成

以 α- 磷酸甘油为原料，在细胞内质网中的脂酰转移酶的催化下，加上 2 分子脂酰 CoA 先合成磷脂酸，后者在磷脂酸磷酸酶的催化下，脱磷酸生成二脂酰甘油，再与 1 分子脂酰 CoA 在脂酰转移酶的催化下生成三脂酰甘油。

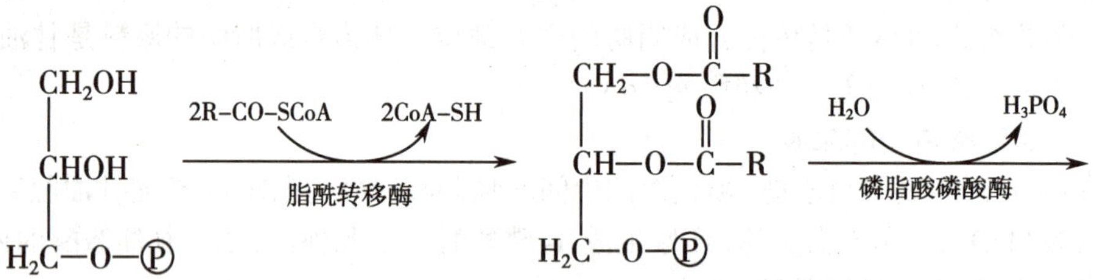

磷脂酸

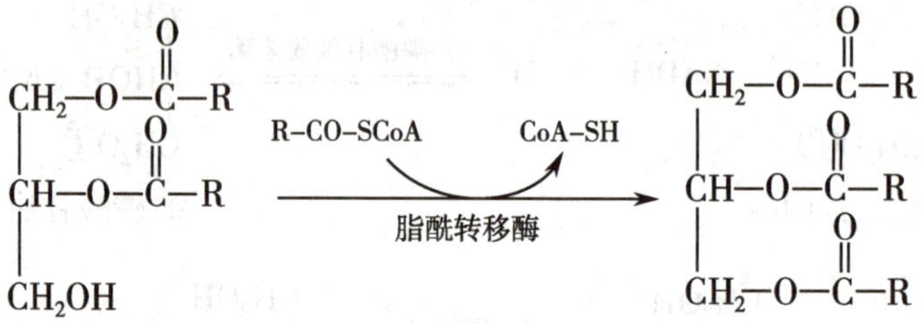

二脂酰甘油　　三脂酰甘油

第三节　类脂的代谢

案例

47 岁的吴先生，身高 1.73m，体重 85kg，在一家广告公司做文案。每天久坐（开会、计算机和电视前、开车）长达 10～12 小时，基本不运动，长期饮酒，也不控制膳食。因腹胀、乏力、食欲缺乏、恶心呕吐而入院，超声检查发现，患者肝区回声近场弥散性点状高回声，肝内管道结构显示不清，肝轻度肿大，前缘变钝，被诊断为脂肪肝。

请问：1. 脂肪肝产生的原因有哪些？有哪些危害？如何预防？

2. 吴先生应如何执行健康促进计划？

类脂包括磷脂、糖脂、胆固醇及胆固醇酯，本节主要介绍磷脂和胆固醇的代谢。

一、磷脂的代谢

含有磷酸的脂类称为磷脂，根据化学结构的特征可将其分为两大类：一类是以甘油为基本骨架的甘油磷脂，另一类是以鞘氨醇为基本骨架的鞘磷脂。

甘油磷脂是体内含量最多、分布最广的磷脂，常见的有磷脂酰胆碱（卵磷脂）、磷脂酰乙醇胺（脑磷脂）、磷脂酰丝氨酸、二磷脂酰甘油（心磷脂）和磷脂酰肌醇等。其由甘油、脂肪酸、磷酸及取代基（X）等组成，结构通式如下：

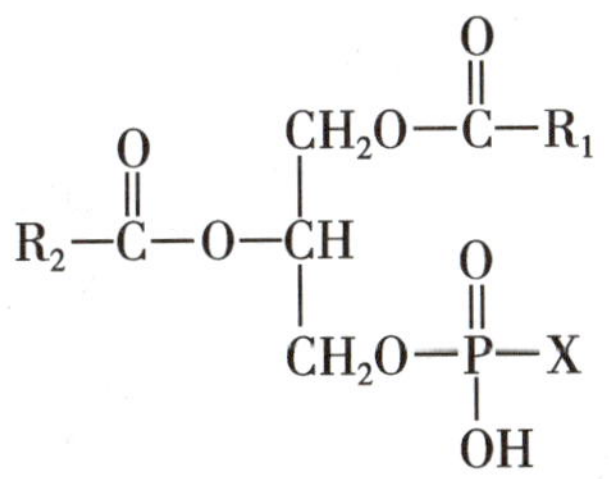

磷脂酰胆碱（卵磷脂）　　$X{=}OCH_2CH_2N^+(CH_3)_3$

磷脂酰乙醇胺（脑磷脂）　　$X{=}OCH_2CH_2NH_2$

取代基（X）一般为含氮化合物，不同的甘油磷脂具有不同的取代基（X），如磷脂酰胆碱中 X 为胆碱；磷脂酰乙醇胺中 X 为乙醇胺。

（一）甘油磷脂的合成

体内的磷脂可来自于食物，食物中磷脂消化吸收后在肠黏膜细胞内重新合成磷脂供机体利用。体内各组织细胞也能合成磷脂，其中以肝、肾及小肠等组织最为活跃。

磷脂酰胆碱和磷脂酰乙醇胺的合成原料是二脂酰甘油、胆碱、乙醇胺，合成过程中有 ATP 和 CTP 参加。其中二脂酰甘油第 2 位脂肪酸为不饱和脂肪酸，大多为人体内不能合成的必需脂肪酸。CTP 在磷脂合成中占重要地位，它既可以使胆碱和乙醇胺活化，又可以为合成反应提供能量。磷脂酰胆碱与磷脂酰乙醇胺的合成步骤相似。胆碱和乙醇胺可来自食物，也可在体内由丝氨酸转变而来。首先，丝氨酸脱羧生成乙醇胺，胆碱可由乙醇胺接受 S- 腺苷甲硫氨酸提供的三个甲基转变而成。然后胆碱和乙醇胺分别与 ATP 作用生成磷酸胆碱和磷酸乙醇胺，再与 CTP 作用生成活化的二磷酸胞苷胆碱（CDP- 胆碱）和二磷酸胞苷乙醇胺（CDP- 乙醇胺），最后两者再分别与二脂酰甘油（甘油二酯）反应，生成磷脂酰胆碱（卵磷脂）和磷脂酰乙醇胺（脑磷脂）。此外，磷脂酰胆碱可直接由磷脂酰乙醇胺接受 S- 腺苷甲硫氨酸提供的三个甲基转变而成（图 7-5）。

（二）甘油磷脂的分解

甘油磷脂的分解可由体内多种磷脂酶催化完成。磷脂酶主要有磷脂酶 A_1、A_2、B_1、C、D 等，它们特异地作用于磷脂分子内部的各个酯键，生成不同的产物如脂肪酸、甘油、磷酸和含氮碱等，这些产物可被再利用或被氧化分解。

（三）磷脂代谢与脂肪肝

正常情况下肝的脂类含量约为 4%～7%，其中半数为脂肪。如果肝的脂类含量超过 10%，且以脂肪为主，可影响肝细胞功能，结缔组织增生，严重者可导致肝硬化。这种肝细胞中脂肪过量积存的现象称为脂肪肝。

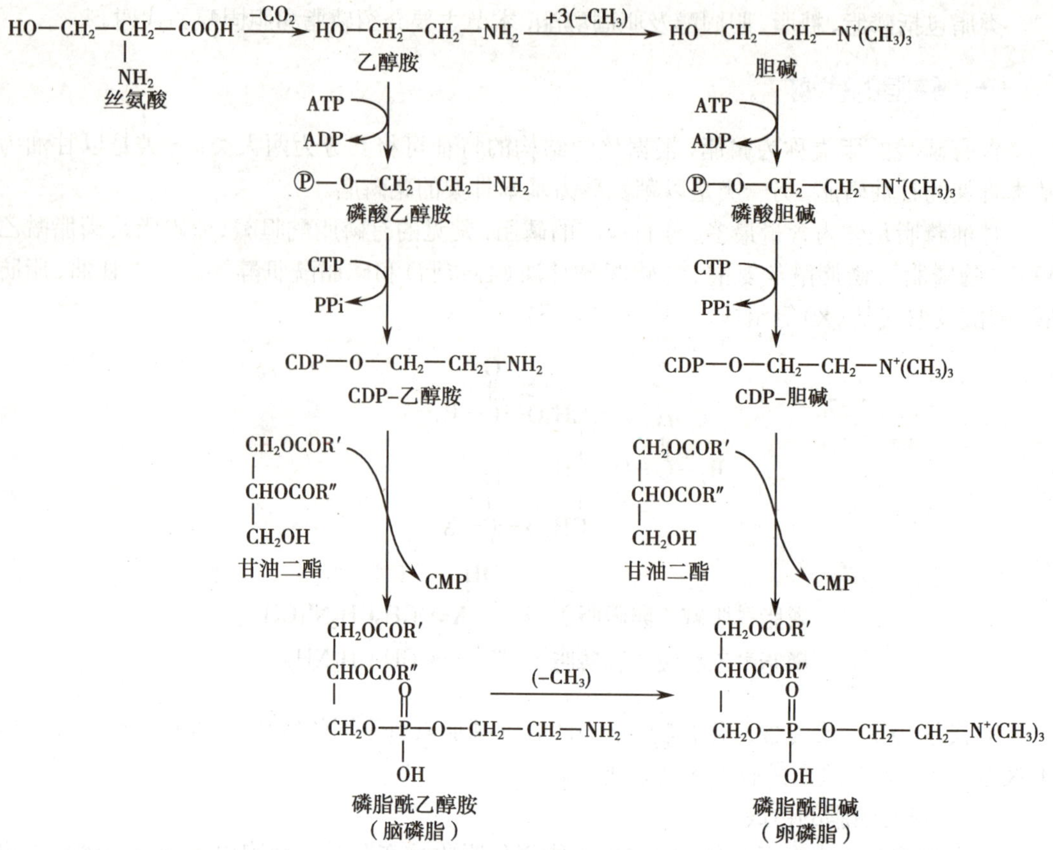

图 7-5 甘油磷脂的合成过程

当缺乏胆碱或缺乏为胆碱合成提供甲基的甲硫氨酸，以及缺乏必需脂肪酸时，磷脂生成减少。又因磷脂是肝合成 VLDL 不可缺少的原料，磷脂生成减少会导致 VLDL 的合成也减少。VLDL 的功能是转运内源性脂肪，VLDL 的减少使肝中的脂肪不能顺利运出而在肝内存积。另外，肝内磷脂合成与脂肪合成又密切相关，二脂酰甘油是磷脂合成及脂肪合成的中间产物，它既可转变成磷脂又可转变成脂肪。当合成磷脂的原料不足使磷脂合成减少时，二脂酰甘油则进入脂肪合成途径，使脂肪合成增多，进一步加重了肝内脂肪的堆积。胆碱、甲硫氨酸及参与甲基转移的维生素 B_{12} 和叶酸可促进肝中磷脂的合成，因而可作为抗脂肪肝的药物。

考点链接

磷脂代谢与脂肪肝的关系

知识拓展

磷脂酶 A_1 在自然界分布广泛，主要存在于细胞的溶酶体内，蛇毒及某些微生物中也有，可催化甘油磷脂的第 1 位酯键断裂，产物为脂肪酸和溶血磷脂Ⅱ，因此被毒蛇咬伤后会出现溶血症状。磷脂酶 A_2 普遍存在于动物各组织细胞膜及线粒体膜，能使甘油磷脂分子中第 2 位酯键水解，产物为溶血磷脂 1 及其产生的脂肪酸和甘油磷酸胆碱或甘油磷酸乙醇胺等。溶血磷脂 1 是一类具有较强表面活性的物质，能使红细胞及其他细胞膜破裂，引起溶血或细胞坏死。急性胰腺炎时，胰腺中大量磷脂酶 A_2 酶原被激活，可导致胰腺细胞膜受损坏死。当溶血磷脂 1 经磷脂酶 B_1 作用脱去脂肪酸后，转变成甘油磷酸胆碱或甘油磷酸乙醇胺，即失去溶解细胞膜的作用。

二、胆固醇的代谢

胆固醇是含有环戊烷多氢菲基本结构的固醇类化合物，最早是从动物的胆石中分离出来的，故称为胆固醇。其第 3 位碳原子上有羟基，能与脂肪酸结合成为胆固醇酯。人体内的胆固醇主要以游离胆固醇和胆固醇酯的形式存在。

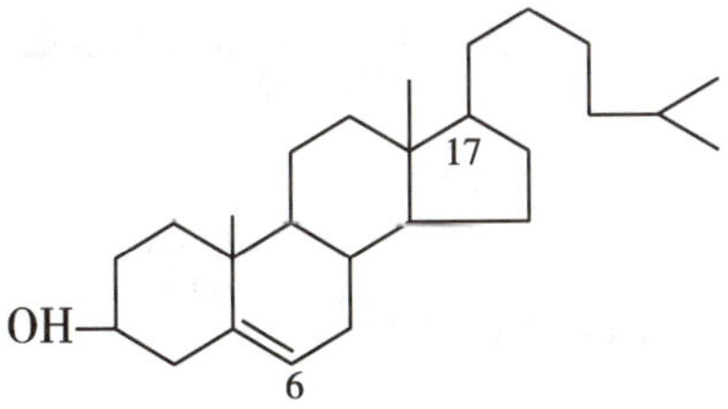

胆固醇

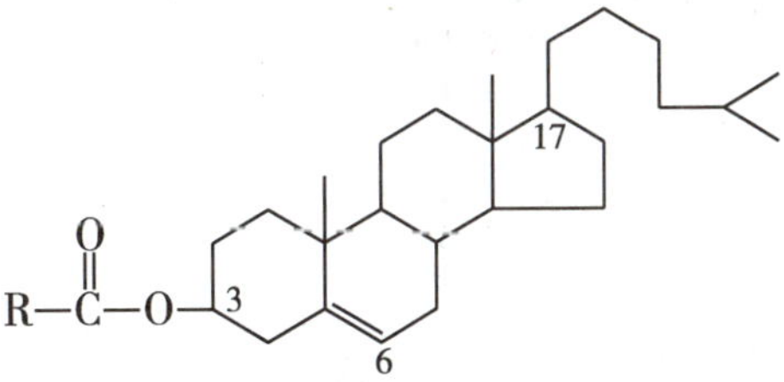

胆固醇酯

正常成人体内胆固醇总量约为 140g，其分布很不均匀，1/4 左右分布在脑及神经组织，约占脑组织的 2%；肾上腺、卵巢等合成胆固醇的内分泌腺，胆固醇含量达 1%～5%；肝、肾、肠等内脏及皮肤、脂肪组织也含有较高的胆固醇。

人体内胆固醇的来源有外源性和内源性之分，外源性胆固醇主要来自动物性食物，以蛋黄、脑及动物内脏中含量较高；内源性胆固醇是由体内各组织细胞合成的。

（一）胆固醇的合成代谢

成年人除成熟红细胞和脑组织外，其他组织都能合成胆固醇，每天可合成 1g 左右。其中以肝的合成能力最强，其合成量约占全身合成总量的 70%～80%，其次是小肠，占合成总量的 10%。胆固醇合成酶系存在于细胞质和滑面内质网中。乙酰 CoA 是合成胆固醇的基本原料，可来自于糖、脂肪、蛋白质的分解代谢。合成需由 ATP 提供能量，$NADPH+H^+$ 提供氢，其过程可概括为下列三个阶段。

1. 生成甲基二羟戊酸（MVA） 2 分子乙酰 CoA 先缩合成乙酰乙酰 CoA，再与 1 分子乙酰 CoA 缩合，生成 HMG-CoA，然后经 HMG-CoA 还原酶的作用生成 6 碳的 MVA。HMG-CoA 还原酶是胆固醇合成过程中的限速酶。

> **考点链接**
> 胆固醇合成的限速酶

2. 生成鲨烯 MVA 经脱羧、磷酸化反应，成为活泼的 5 碳焦磷酸化合物，再相互缩合，增长碳链，生成 30 碳的多烯烃——鲨烯。

3. 生成胆固醇 鲨烯由载体蛋白携带从细胞质进入内质网，在一系列酶的催化下，先环化成羊毛脂固醇，最后转变成胆固醇（图 7-6）。

HMG-CoA 还原酶是胆固醇合成的限速酶，各种因素可通过影响该酶的活性来调节胆固醇合成速度。其中，食物中胆固醇含量多、饥饿状态、胰高血糖素和皮质激素等可抑制胆固醇的合成。而高糖高脂膳食、胰岛素、甲状腺激素等能促进胆固醇的合成。因甲状腺激素还能促进胆固醇转化为胆汁酸，且转化作用大于合成作用，故甲状腺功能亢进的患者，血清中胆固醇的含量反而降低。

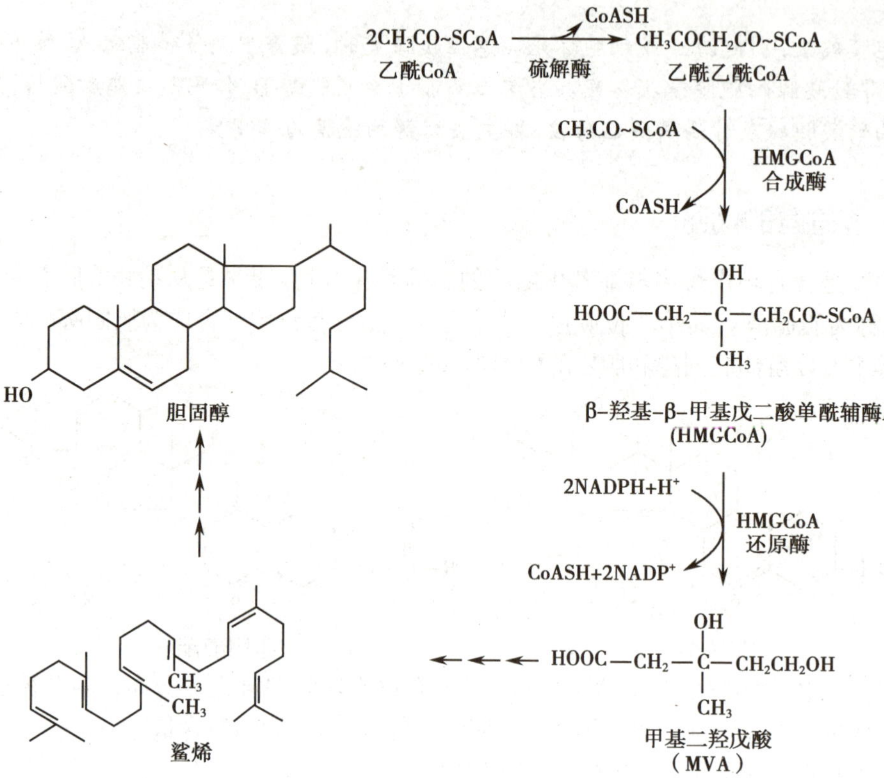

图 7-6 胆固醇的合成

（二）胆固醇的酯化

血浆和细胞内的胆固醇都可以被酯化成胆固醇酯，但不同部位催化胆固醇酯化的酶及反应过程不同。

1．血浆中胆固醇的酯化　血浆中，在卵磷脂 - 胆固醇脂酰转移酶（LCAT）的催化下，卵磷脂 C_2 位的脂酰基转移至胆固醇 C_3 的羟基上，生成胆固醇酯和溶血卵磷脂。LCAT 是由肝实质细胞合成，然后分泌入血，在血浆中发挥催化作用。肝实质细胞病变或受损时，LCAT 活性下降，可导致血浆胆固醇酯含量降低。

2．细胞内胆固醇的酯化　在组织细胞内，游离胆固醇可在脂酰 CoA- 胆固醇脂酰转移酶（ACAT）的催化下，与脂酰 CoA 的脂酰基结合生成胆固醇酯。

（三）胆固醇的转变与排泄

胆固醇在体内不能彻底氧化分解为 CO_2 和 H_2O 并释放能量。它在体内除了参与生物膜的构成和参与血浆脂蛋白合成外，还可转变成其他活性物质或直接排泄。

1．转变为胆汁酸　胆固醇在体内的主要代谢去路是在肝转变为胆汁酸，然后以胆汁酸盐的形式随胆汁排入肠道。胆汁酸的主要作用是促进脂类的乳化，有利于食物中脂类的消化吸收。

2．转变为维生素 D_3　在肝、小肠黏膜和皮肤等处，胆固醇可被氧化成 7- 脱氢胆固醇，后者由血液运至皮下，在皮肤经紫外线的照射可转变为维生素 D_3。

3．转变为类固醇激素　在肾上腺皮质，胆固醇可转变为肾上腺皮质激素和少量性激素；在性腺，胆固醇可转变为性激素。

4. 胆固醇的排泄 胆固醇可随胆汁排入肠道，再与粪便一起排至体外。

胆固醇的来源与去路归纳于图 7-7。

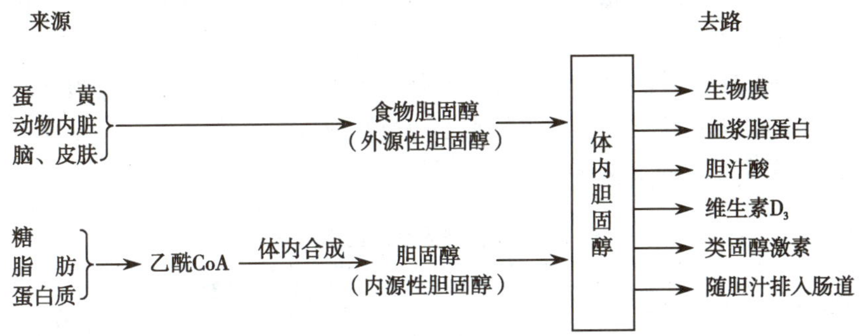

图 7-7 胆固醇的来源与去路

（四）胆固醇代谢与动脉粥样硬化

胆固醇在体内有着重要的生理功能。但是，如果血浆胆固醇浓度过高也将对机体造成不良影响。从流行病学观察结果分析，高胆固醇血症是导致冠心病的最危险因子之一。这是因为血浆胆固醇增高时，胆固醇易沉积于动脉管壁，引起动脉粥样硬化，使动脉管壁变厚、管腔狭小、弹性减弱，进而导致高血压和冠心病。因此，控制血浆胆固醇水平被列为预防冠心病的一种有效措施。

知识链接

如何降低高胆固醇血症患者的血浆胆固醇

1. 限制胆固醇的摄入 当摄入高胆固醇食物时，可使肝内胆固醇合成速度减慢，但肠黏膜细胞内胆固醇的合成可能不受此反馈调节。饮食中减少食物胆固醇的摄入量，可以适当地降低血浆胆固醇水平。

2. 多运动 多运动可使机体耗能增加，能促进大量乙酰 CoA 进入三羧酸循环氧化，乙酰 CoA 进入胆固醇合成途径便减少，使胆固醇合成量降低。

3. 多食高纤维素的食物 纤维素能促进肠蠕动，多食蔬菜、水果等含纤维素高的食物可使肠道中胆汁酸重吸收减少，减弱了对 7α- 羟化酶的反馈抑制，加速胆固醇转变为胆汁酸而降低胆固醇。

4. 服用降胆固醇的药物 某些药物如洛伐他汀和辛伐他汀，能竞争性地抑制 HMG-CoA 还原酶的活性，使体内的胆固醇合成减少；还有些药物如阴离子交换树脂考来烯胺（又称消胆胺），能促进肠道中胆汁酸的排泄，通过干扰肠道胆汁酸盐重吸收，使体内更多的胆固醇转化为胆汁酸，降低血清胆固醇的浓度。

第四节 血脂及血浆脂蛋白

一、血脂的组成与含量

血浆中的脂类称为血脂，包括三脂酰甘油（TG）、磷脂（PL）、胆固醇（Ch）、胆固醇酯

(CE)和游离脂肪酸(FFA)。

正常成人血脂含量不如血糖稳定，波动范围较大，这主要是因为血脂含量易受膳食、年龄、性别及不同生理状况的影响，因此，临床上测定血脂时，应在餐后12～14小时采血，以避免进食引起的血脂波动。

血脂有两个来源：①外源性，从食物中摄取的脂类经消化吸收进入血液；②内源性，由人体内肝、脂肪细胞以及其他组织合成和脂库动员释放入血。

正常成人空腹血脂含量见表7-1。

表7-1 正常成人空腹血脂含量

血脂种类	血浆含量	
	mmol/L	mg/dl
总脂		400～700(500)
三脂酰甘油	0.11～1.69(1.13)	10～150(100)
总磷脂	48.44～80.73(64.58)	150～250(200)
卵磷脂	16.1～64.6(32.3)	50～200(100)
脑磷脂	4.8～13.0(6.4)	15～35(20)
神经磷脂	16.1～42.0(22.6)	50～130(70)
总胆固醇	2.59～6.47(5.17)	100～250(200)
胆固醇	1.03～1.81(1.42)	40～70(55)
胆固醇酯	1.81～5.17(3.75)	70～200(145)
游离脂肪酸		5～20(15)

注：括号内为平均值

二、血浆脂蛋白

脂类不溶于水，它们在血浆中与载脂蛋白结合成溶于水的脂蛋白，以便于运输。血浆脂蛋白是脂类在血浆中的基本存在、运输和代谢形式。

(一)血浆脂蛋白的组成与结构

血浆脂蛋白由脂类和蛋白质两部分组成，脂类包括三脂酰甘油、磷脂、胆固醇及胆固醇酯，蛋白质部分称为载脂蛋白。血浆脂蛋白具有亲水性，一般呈球状颗粒，非极性的三脂酰甘油、胆固醇酯等位于颗粒的内核，载脂蛋白和磷脂、胆固醇等两性分子构成颗粒的外壳，其非极性疏水基团伸入颗粒内核中，而极性亲水基团分布在颗粒表面，从而构成可溶性的脂蛋白颗粒。游离脂肪酸不参与脂蛋白的组成，在血浆中与清蛋白结合而运输。

目前，已从人血浆中分离出的载脂蛋白(Apo)有20多种，分为ApoA、ApoB、ApoC、ApoD和ApoE五类，每一类又分成若干亚类。各种脂蛋白中所含的载脂蛋白是不相同的。载脂蛋白除了作为脂类运输的载体外，还参与脂蛋白代谢的调节。

(二)血浆脂蛋白的分类

用电泳法或超速离心法都可将血浆脂蛋白分成四类。

考点链接

血浆脂蛋白的分类

1．电泳法 各种脂蛋白所含载脂蛋白的种类、数量不同，其表面所带电荷量就不同；另外，各种脂蛋白的颗粒大小也不同，因而具有不同的电泳迁移率。在醋酸纤维薄膜电泳的图谱上可分成四条区带，参照血清蛋白质电泳的命名方法，按电泳速度的快慢依次将脂蛋白命名为：α- 脂蛋白（α-LP）、前 β- 脂蛋白（preβ-LP），β- 脂蛋白（β-LP）及停留在原点的乳糜微粒（CM）（图 7-8）。

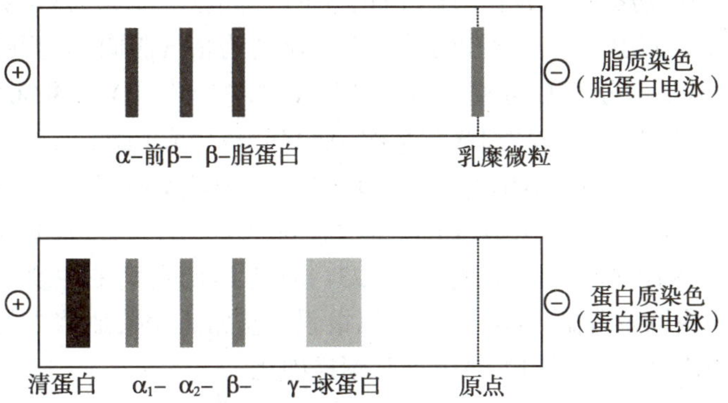

图 7-8 血浆脂蛋白和血清蛋白质电泳图谱（醋酸纤维薄膜电泳）

2. 超速离心法 由于各种脂蛋白中脂类及载脂蛋白所占比例不同，因而其密度也不同。含三脂酰甘油越多密度越低，含蛋白质越多则密度越高。在一定离心力作用下，因分子沉降速度或漂浮率不同，按密度从小到大可将脂蛋白分为四类：乳糜微粒（CM），极低密度脂蛋白（VLDL），低密度脂蛋白（LDL）及高密度脂蛋白（HDL）。分别相当于电泳分离中的乳糜微粒、前 β- 脂蛋白、β- 脂蛋白和 α- 脂蛋白。

电泳法和超速离心法命名的各类脂蛋白之间的关系及化学组成、生理功能见表 7-2。

表 7-2 血浆脂蛋白的分类、化学组成和主要功能

分类		化学组成（%）				主要生理功能
电泳法	密度法	蛋白质含量	三脂酰甘油	胆固醇及酯	磷脂	
乳糜微粒	CM	0.5～2	80～95	4～5	5～7	转运外源性脂肪
前 β- 脂蛋白	VLDL	5～10	50～70	15～19	15	转运内源性脂肪
β- 脂蛋白	LDL	20～25	10	48～50	20	转运内源性胆固醇
α- 脂蛋白	HDL	50	5	20～22	25	逆向转运胆固醇

（三）血浆脂蛋白的代谢与功能

血浆脂蛋白的功能与其组成及代谢过程密切相关。

考点链接

血浆脂蛋白的功能

1. 乳糜微粒（CM） CM 是在小肠黏膜细胞中合成的，其功能是转运外源性脂肪（将食物脂肪运到肝内）。食物中脂肪在肠道中的消化产物一脂酰甘油、脂肪酸等被吸收到小肠黏膜细胞中后，在细胞中重新合成脂肪。然后与合成及吸收的磷脂和胆固醇，连同载脂蛋白形成 CM，成为含脂肪最多的脂蛋白。CM 经淋巴管进入血液循环，受肌、心和脂肪等组织毛细血管内皮细胞表面的脂蛋白脂肪酶（LPL）作用，CM 中的三脂酰甘油和磷脂逐步水解成脂肪酸和甘油及溶血磷脂等，释放出来并被心、肌、脂肪组织及肝组织细胞摄取利用。在 LPL 的作用下，CM 不断脱脂使颗粒变小转变成为富含胆固醇酯的 CM 残余颗粒，最后被肝细胞摄取并代谢。正常人 CM 在血浆中代谢迅速，半衰期为 5～15 分钟，因此空腹 12～14 小时后血浆中不含 CM。

2. 极低密度脂蛋白（VLDL） VLDL 在肝中合成，其功能是转运内源性脂肪（将肝合成的脂肪运到肝外）。肝细胞能够以葡萄糖为原料合成三脂酰甘油，也能够利用食物和脂肪组织动员的脂肪酸合成三脂酰甘油，后者连同载脂蛋白、磷脂及胆固醇形成 VLDL。VLDL 分泌入血后，受脂蛋白脂肪酶（LPL）作用，VLDL 中的三脂酰甘油逐步水解并被肝外组织细胞摄取利用。而 VLDL 亦由原来富含脂肪的颗粒逐渐变为富含胆固醇的颗粒，最后转变为中间密度脂蛋白（IDL）。部分 IDL 可被肝细胞摄取代谢，剩余的 IDL（约 50%）在 LPL 及肝脂肪酶进一步作用下，其中三脂酰甘油继续水解，使 IDL 转变成 LDL。

3. 低密度脂蛋白（LDL） LDL 是由 VLDL 在血浆中转变而来，其功能是转运内源性胆固醇（将肝合成的胆固醇运到肝外）。LDL 是含胆固醇最多的脂蛋白，也是正常成人空腹血浆中主要的脂蛋白，约占血浆脂蛋白总量的 2/3。肝是 LDL 降解的主要器官，肾上腺皮质、卵巢和睾丸等组织摄取及降解 LDL 的能力也很强。正常人空腹血浆中的胆固醇主要存在于 LDL 中，血浆 LDL 含量增高的人易患动脉粥样硬化。

4. 高密度脂蛋白（HDL） HDL 主要在肝合成，小肠也可合成一部分。HDL 进入血液循环后，在血浆中的卵磷脂 - 胆固醇脂酰转移酶的催化下，胆固醇与卵磷脂作用生成胆固醇酯。反应所需的游离胆固醇、卵磷脂可从 CM、VLDL、衰老的细胞膜等处不断地得到补充。HDL 在血液中经过一系列代谢转变后，又被运回肝降解，释出的胆固醇被肝细胞转变为胆汁酸或直接随胆汁排至体外。因此，HDL 的功能是逆向转运胆固醇（将肝外的胆固醇运到肝内）。血浆 HDL 含量较高的人发生动脉粥样硬化的趋势较小。

三、高脂蛋白血症

血脂浓度高于参考值上限称为高脂血症。由于血脂是以脂蛋白的形式存在于血浆中，血脂浓度升高就意味着血浆脂蛋白浓度也升高，因此，高脂血症也可称为高脂蛋白血症。正常人血脂上限标准因地区、膳食、年龄、劳动状况及测定方法不同而有差异。高脂蛋白血症可按病因分为原发性和继发性两大类。原发性高脂蛋白血症是指原因不明的高脂蛋白血症，已证明有些是遗传性缺陷。已发现参与脂蛋白代谢的关键酶如 LPL 和 LCAT，载脂蛋白如 ApoCⅡ、ApoB、ApoE、ApoAI 和 ApoCⅢ，以及脂蛋白受体如 LDL 受体等遗传性缺陷，并阐明了某些高脂蛋白血症发病的分子机制。继发性高脂蛋白血症是继发于其他疾病如糖尿病、肾病和甲状腺功能减退等的高脂蛋白血症。

> **考点链接**
> 高脂蛋白血症

1970 年世界卫生组织（WHO）建议将高脂蛋白血症按照临床表型分为六型，表 7-3 列出了各型高脂蛋白血症相应的血浆脂蛋白及血脂的变化。

表 7-3 高脂蛋白血症的分型

分型	血浆脂蛋白变化	血脂变化	
Ⅰ	乳糜微粒增高	三脂酰甘油显著增高	胆固醇增高
Ⅱa	低密度脂蛋白增高	胆固醇明显增高	
Ⅱb	低密度脂蛋白和极低密度脂蛋白都增高	胆固醇明显增高	三脂酰甘油明显增高
Ⅲ	中间密度脂蛋白增高（电泳出现宽 β 带）	胆固醇明显增高	三脂酰甘油明显增高
Ⅳ	极低密度脂蛋白增高	三脂酰甘油明显增高	
Ⅴ	极低密度脂蛋白和乳糜微粒都增高	三脂酰甘油显著增高	胆固醇增高

本章小结

脂类是脂肪和类脂的总称。

脂肪是机体重要的储能和供能物质。当机体需要能量时，脂肪水解成甘油及脂肪酸，甘油可转变为磷酸二羟丙酮而进入糖代谢途径继续代谢；脂肪酸经β-氧化分解为大量乙酰CoA后，通过三羧酸循环彻底氧化。脂肪酸在肝中β-氧化所生成的乙酰CoA有一部分缩合成酮体（包括乙酰乙酸、β-羟丁酸、丙酮）后运往肝外组织氧化利用。

类脂包括磷脂、糖脂、胆固醇及其酯，是生物膜的重要组分，亦可转变为胆汁酸盐等生物活性物质。甘油磷脂是体内含量最多的磷脂，其合成原料为二脂酰甘油及胆碱、乙醇胺等含氮物质，并需ATP、CTP的参与。胆固醇主要在肝脏以乙酰CoA为原料、NADPH为供氢体进行合成。

血浆中的脂类称为血脂，以脂蛋白的形式存在。用电泳法和超速离心法均可将血浆脂蛋白分为四种，CM功能是转运外源性脂肪，VLDL功能是转运内源性脂肪，LDL功能是转运内源性胆固醇，HDL功能是逆向转运胆固醇。血脂浓度高于参考值上限称为高脂血症，高脂血症也可称为高脂蛋白血症。高脂蛋白血症可按病因分为原发性和继发性两大类。

（刘文芳）

目标测试

（单项选择题）

1. 脂肪动员的限速酶是
   A. 三脂酰甘油脂肪酶　　B. 二脂酰甘油脂肪酶
   C. 一脂酰甘油脂肪酶　　D. 甘油脂肪酶
   E. 三脂酰甘油酶
2. 极低密度脂蛋白的功能是
   A. 转运外源性脂肪　　B. 转运脂肪从肝内至肝外
   C. 转运胆固醇从肝内至肝外　　D. 转运胆固醇从肝外至肝内
   E. 转运脂肪从肝外至肝内
3. 合成胆固醇的限速酶是
   A. HMG-CoA还原酶　　B. HMG-CoA合成酶
   C. HMG-CoA裂解酶　　D. HMG-CoA脱氢酶
   E. HMG-CoA氧化酶
4. 合成酮体的原料是
   A. β-羟丁酸　　B. 糖代谢产生的乙酰CoA
   C. α-磷酸甘油　　D. 脂肪酸代谢产生的乙酰CoA
   E. 胆汁酸
5. 1分子软脂酸彻底氧化净生成（　　）分子ATP
   A. 2　　B. 32

C. 10　　D. 106

E. 108

6. 合成胆固醇时需要的供氢体是

A. $NADPH_2$　　B. $NADPH+H^+$

C. $FADH_2$　　D. FADH

E. $NADH+H^+$

7. 甘油磷脂合成时需要(　　)供能

A. GTP 和 CTP　　B. ATP 和 CTP

C. CTP 和 UTP　　D. ATP 和 UTP

E. UTP 和 GTP

8. 脂酰 CoA 的β- 氧化包括以下(　　)四步反应

A. 脱氢、脱水、再脱氢、硫解　　B. 脱氢、加水、再脱氢、硫解

C. 脱氧、脱水、再脱氧、硫解　　D. 脱氧、加水、再脱氧、硫解

E. 脱氢、加水、再脱氢、水解

9. 脂肪供能部分主要是

A. 甘油　　B. 脂肪酸

C. 胆固醇　　D. 甘油和胆固醇

E. 丙酮

10. 含脂肪最多的脂蛋白是

A. 乳糜微粒　　B. 极低密度脂蛋白

C. 低密度脂蛋白　　D. 中间密度脂蛋白

E. 高密度脂蛋白

第八章　蛋白质的分解代谢

08章

学习目标

1. 掌握：蛋白质的生理功能；蛋白质的需要量；氨基酸的脱氨基作用；氨的代谢。
2. 熟悉：蛋白质的营养价值；α-酮酸代谢；一碳单位代谢；芳香族氨基酸代谢。
3. 了解：氨基酸代谢概况；氨基酸的脱羧基作用；含硫氨基酸代谢；氨基酸、糖、脂肪在代谢上的联系。

氨基酸是蛋白质的基本组成单位。由于蛋白质在体内需先分解成为氨基酸再进一步代谢，所以氨基酸代谢是蛋白质分解代谢的中心内容。氨基酸代谢包括合成代谢和分解代谢两方面，本章重点介绍氨基酸分解代谢。体内蛋白质的更新与氨基酸的分解均需要食物蛋白质来补充。所以，在讨论氨基酸代谢之前，首先学习蛋白质的营养作用。

第一节　蛋白质的营养作用

案例

杨某，女，10个月。主诉：体重不增2个多月。患者近三个月反复腹泻，大便呈稀水或蛋花样，每日十余次，初病有呕吐，治疗后好转，食欲尚可，进食即泻，小便多，明显消瘦，无抽搐。近两个月主要以米粉喂养。母乳喂养至4个月，添加牛奶和米粉。体格检查：身高70cm，体重5kg，体温36.2℃，P108次/分。皮下脂肪少，无水肿，皮肤松弛，头发稀少，干枯。腹壁下脂肪0.2cm。

请问：1. 请问该患者得了什么病？

2. 诊断依据是什么？

蛋白质是机体必需的重要营养素，提高食物蛋白质的营养价值，对于保证机体组织细胞的正常代谢及生理功能具有重要作用。

一、蛋白质的生理功能

（一）维持组织细胞的生长、更新和修复

蛋白质是一切组织细胞的主要结构成分。机体的生长发育和组织细胞的更新都必须以蛋白质作为物质基础。膳食中必须提供足够质与量的蛋白质，才能维持机体的生长、发育、

更新和修复。尤其在生长发育旺盛和组织受创伤时，更需要大量蛋白质作为合成和修复组织的原料。

（二）参与体内各种重要的生理活动

蛋白质参与体内多种重要含氮活性物质的合成（如酶、抗体、补体、肽类激素、神经递质等），维持正常生理功能和调节物质代谢中具有重要作用。可以说，人体的一切生理活动都离不开蛋白质。如肌肉的收缩、物质的转运、血液的凝固、代谢反应的催化与调节、对致病微生物的防御、遗传与变异等生理过程，都需要蛋白质参与完成。

（三）氧化供能

体内蛋白质分解产生的氨基酸经脱氨基作用生成α-酮酸后，可以直接或间接进入三羧酸循环氧化分解，从而为机体提供能量。1g蛋白质在体内氧化分解可产生17.19kJ能量，是体内能量的来源之一。正常成人每日所需能量约有18%来自蛋白质的分解。

氧化供能并非蛋白质的主要功能，糖和脂肪才是机体主要的能量来源。蛋白质的主要功能是构建组织细胞和合成含氮活性物质。由于蛋白质在元素组成上的特点，使得糖和脂肪等其他物质都不能替代其完成这两种重要功能。

二、蛋白质的需要量

人体必须经常补充足够数量的蛋白质才能维持正常的生理活动，但蛋白质的摄入量也并非越多越好。人体对蛋白质的需要量可根据氮平衡试验来确定。

（一）氮平衡

研究人体每日摄入氮量与排出氮量之间的比例关系，从而了解人体蛋白质代谢状况的实验研究方法，称为氮平衡实验，简称氮平衡。食物中的含氮化合物主要是蛋白质，而蛋白质的含氮量又相对恒定，因此测定食物的含氮量可以反映蛋白质的摄入量；而排泄物中的含氮化合物主要是蛋白质的分解代谢产物，测定排泄物的含氮量可以反映体内蛋白质的分解量。因此，氮平衡可反映机体蛋白质代谢概况。氮平衡有三种类型：

1. 总氮平衡　人体每日摄入的氮量等于排出的氮量，称为总氮平衡；表示组织蛋白质的合成量与分解量相等而处于动态平衡。此类型常见于营养供给合理的正常成人。其摄入体内的蛋白质除用于更新组织蛋白外，多余的用于氧化供能或转变成糖和脂肪储存。

2. 正氮平衡　人体每日摄入的氮量大于排出的氮量，称为正氮平衡。表示组织蛋白质的合成量大于分解量，机体有大量新组织合成。常见于生长发育的婴幼儿、儿童、青少年、处于特殊生理时期的孕妇、乳母及恢复期的患者。其体内不断有大量新组织生成或修复，摄入体内的蛋白质除用于更新组织蛋白外，一部分转变成新的组织成分保留在体内。

3. 负氮平衡　人体每日摄入的氮量小于排出的氮量，称为负氮平衡。表示组织蛋白质的合成量小于分解量，体内有大量组织被消耗，此类型常见于长期饥饿、营养不良、慢性消耗性疾病和恶性肿瘤晚期患者等。其摄入体内的蛋白质不足以补充被消耗的组织蛋白，致使大量结构蛋白和功能蛋白被分解，机体日渐消瘦且生理功能逐渐降低，出现创伤修复缓慢，伤口不易愈合，抗病能力下降等表现。

无论何种情况都应该尽量保持总氮平衡或正氮平衡，防止负氮平衡的发生。

（二）蛋白质的生理需要量

根据氮平衡试验结果显示，正常成人每日分解的组织蛋白质至少 20g。考虑到食物蛋白质受多种因素的影响而不能全部吸收利用，故正常成人每日蛋白质最低生理需要量为 30～50g。为了维持总氮平衡，保证人体处于最佳生理状态，我国营养学会推荐正常成人每日的蛋白质摄入量为 80g。婴幼儿、儿童、青少年、孕妇、乳母及恢复期患者等特殊人群应按照具体情况适当增加。

三、蛋白质的营养价值

（一）必需氨基酸

从营养学角度，氨基酸分为必需氨基酸和非必需氨基酸。对成年人来讲，组成蛋白质的 20 种氨基酸中，有 8 种机体自身不能合成，必须由食物蛋白质提供，称为必需氨基酸，包括异亮氨酸、甲硫氨酸、缬氨酸、亮氨酸、色氨酸、苯丙氨酸、苏氨酸和赖氨酸。其余 12 种氨基酸人体可以自行合成，不必依赖食物蛋白质的供给，称为非必需氨基酸。

（二）决定蛋白质营养价值的因素

食物蛋白质营养价值的高低主要取决于所含必需氨基酸的种类、数量和比例。食物蛋白质中所含必需氨基酸的种类、数量和比例与人体组织蛋白质愈接近，其吸收利用率愈高，营养价值也就愈高；反之，其营养价值就低。以此为标准，动物蛋白质的营养价值一般高于植物蛋白质。此外，合成组织蛋白质还需要一定比例的非必需氨基酸。食物中的必需氨基酸和非必需氨基酸保持一定的比例，才能提高蛋白质的利用率。因此，临床上对实施完全胃肠道外营养的患者，除给予足够的必需氨基酸外，还应该提供适当的非必需氨基酸，才能满足其蛋白质代谢的需要。

（三）蛋白质的互补作用

把几种营养价值较低的蛋白质混合食用，可以提高蛋白质的营养价值，称为蛋白质的互补作用，其实质是不同食物蛋白质所含必需氨基酸的互相补充。例如，谷类蛋白含色氨酸较多而赖氨酸较少，豆类蛋白含赖氨酸较多而色氨酸较少，两种食物混合食用，可明显提高其营养价值。因此，为了充分发挥蛋白质的互补作用，应提倡食物品种多样化，并按照食物特点进行合理搭配。

第二节 氨基酸的一般代谢

一、氨基酸代谢概况

食物蛋白质经消化吸收后，以氨基酸的形式经门静脉入肝，再经血液循环进入全身各组织，与体内组织蛋白分解产生的氨基酸和体内合成的氨基酸一起，分布于体液中，共同组成氨基酸代谢库（或称氨基酸代谢池）。此代谢库中的氨基酸主要用于合成组织蛋白质；小部分通过分解途径进行分解代谢，并参与合成多种具有重要生理活性的含氮化合物。正常情况下，代谢库中氨基酸的来源和去路保持动态平衡，其代谢概况见图 8-1。

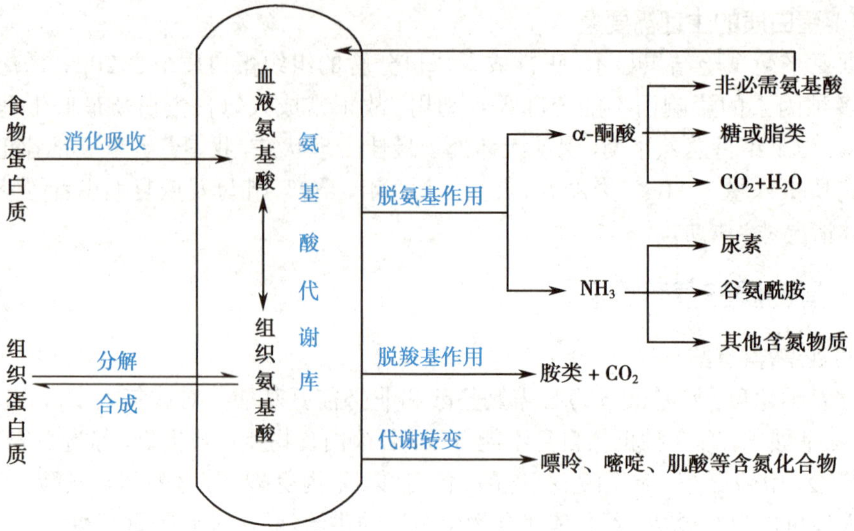

图 8-1　氨基酸代谢概况

二、氨基酸的脱氨基作用

> **考点链接**
>
> 氨基酸的脱氨基作用

氨基酸分解代谢的最主要方式是脱氨基作用。体内的脱氨基作用主要有转氨基作用、氧化脱氨基作用和联合脱氨基作用等三种形式，其中联合脱氨基作用最为重要。

（一）转氨基作用

α- 氨基酸分子中的 α- 氨基与 α- 酮酸分子中的 α- 酮基在氨基转移酶（又称转氨酶）的催化下互相交换位置，生成相应的新的 α- 酮酸和新的 α- 氨基酸，此可逆反应称为转氨基作用。反应过程如下：

在此反应中，氨基只是从一种氨基酸分子转移到另一种氨基酸分子上，并没有真正脱去，体内氨基酸的数量在反应前后没有变化，也不产生游离氨。由于该反应可逆，可使 α- 氨基酸转移出氨基生成相应的 α- 酮酸，也可使 α- 酮酸接受氨基生成相应的 α- 氨基酸。转氨基作用既是氨基酸分解代谢的重要途径，也是合成非必需氨基酸的重要途径之一，当体内需要某种氨基酸时，只要有相应的 α- 酮酸存在，就可通过该反应生成所需氨基酸。在蛋白质代谢及实现蛋白质与其他物质的相互转变中具有重要意义。

氨基转移酶在体内的分布广、特异性强、活性高，均以磷酸吡哆醛和磷酸吡哆胺为辅酶，通过两者的互变传递氨基。体内氨基转移酶种类繁多，较为重要的转氨酶有两种：①丙氨酸氨基转移酶（ALT），又称谷丙转氨酶（GPT），在肝中含量最多、活性最强；②天冬氨酸氨基转移酶（AST），又称谷草转氨酶（GOT），在心肌中含量最多、活性最强。两种酶所催化的反应如下：

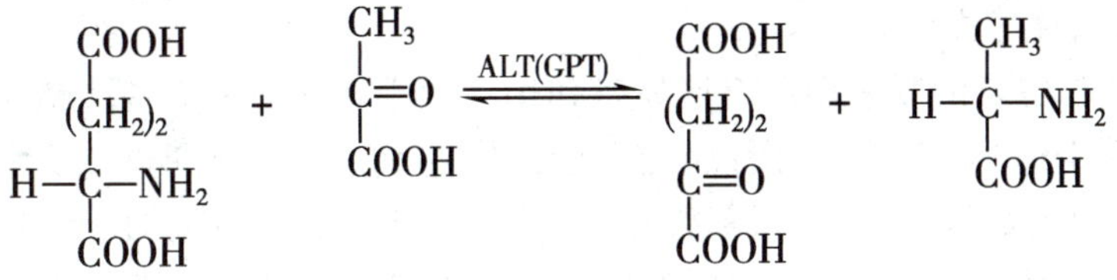

谷氨酸 丙酮酸 α–酮戊二酸 丙氨酸

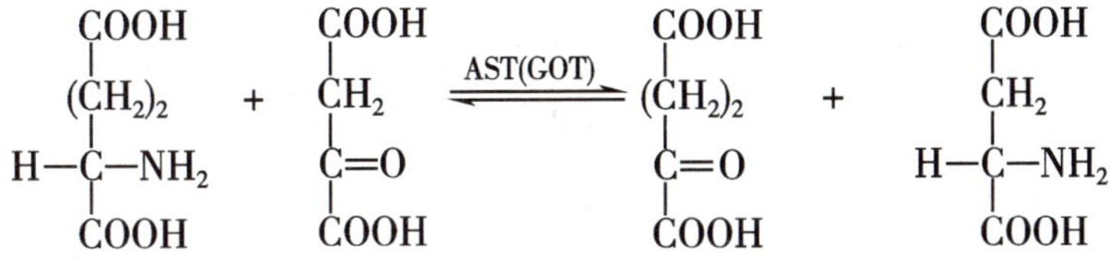

谷氨酸 草酰乙酸 α–酮戊二酸 天冬氨酸

转氨酶属于胞内酶，广泛分布于各种组织细胞中，但在不同组织细胞中的含量相差甚远（表 8-1）。正常情况下，血清中转氨酶的活性较低；当组织细胞受损，致使细胞膜通透性增加或细胞破坏时，大量转氨酶释放入血，血清中相应酶的活性则明显升高。如急性肝炎时血清 ALT 活性显著升高；心肌梗死时血清 AST 明显升高。因此，测定血清转氨酶的活性变化，可作为对某些疾病进行诊断和判断预后的重要参考指标之一。

表 8-1 正常成人组织中 ALT 及 AST 活性（单位 / 克湿组织）

组织	ALT	AST	组织	ALT	AST
心	7100	156 000	胰腺	2000	28 000
肝	44 000	142 000	脾	1200	14 000
骨骼肌	4800	99 000	肺	700	10 000
肾	19 000	91 000	血清	16	20

（二）氧化脱氨基作用

氨基酸在氨基酸氧化酶的催化下脱氢氧化生成亚氨基酸，再水解生成 α- 酮酸和游离氨的过程，称为氧化脱氨基作用。体内有多种氨基酸氧化酶，以 *L*- 谷氨酸脱氢酶最为重要。*L*- 谷氨酸脱氢酶广泛分布于肝、肾、脑等组织，活性较高，特异性强，只能催化 *L*- 谷氨酸脱氢氧化生成亚谷氨酸，继续水解生成 α- 酮戊二酸和氨；反应中脱下的氢由其辅酶 NAD^+ 接受，经呼吸链氧化生成水，同时产生 ATP。谷氨酸氧化脱氨基反应过程如下：

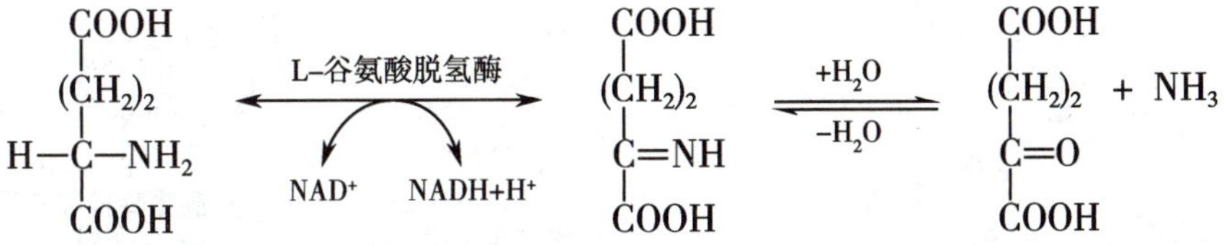

L–谷氨酸 α–酮戊二酸

（三）联合脱氨基作用

由以上的转氨酶和 L- 谷氨酸脱氢酶联合催化氨基酸脱去氨基，生成 α- 酮酸和氨的反应过程称为联合脱氨基作用。联合脱氨基作用是体内各组织中氨基酸脱氨基的主要方式，其作用过程有两种形式。

1. 转氨酶与谷氨酸脱氢酶联合脱氨基作用 由于转氨酶和 *L*- 谷氨酸脱氢酶广泛分布于肝、肾、脑等组织，活性较高，所以，这些组织中的氨基酸可以通过转氨酶和 *L*- 谷氨酸脱氢酶联合催化脱去氨基。首先，氨基酸与 α- 酮戊二酸在转氨酶的催化下进行转氨基反应生成 α- 酮酸和谷氨酸，然后由 *L*- 谷氨酸脱氢酶催化谷氨酸氧化脱氨基生成氨和 α- 酮戊二酸。此过程可逆，是体内合成非必需氨基酸的重要方式（图 8-2）。

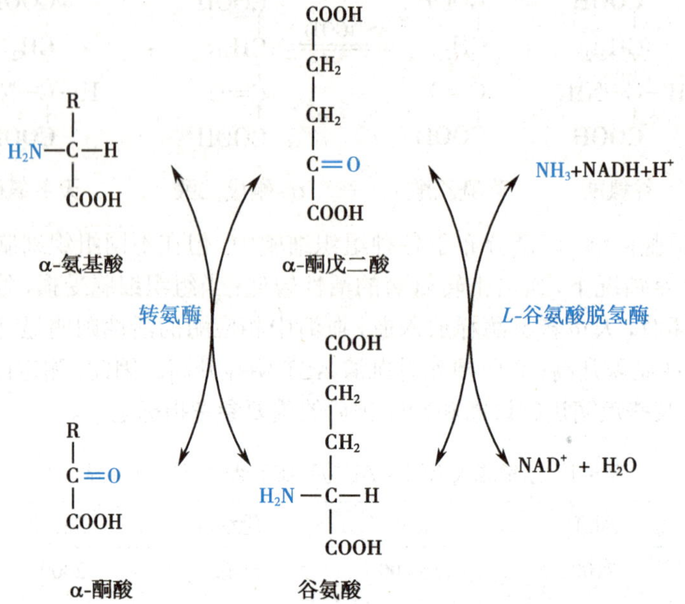

图 8-2 转氨酶和谷氨酸脱氢酶的联合脱氨基作用

2. 嘌呤核苷酸循环 在骨骼肌和心肌组织中，*L*- 谷氨酸脱氢酶的活性很弱，氨基酸主要是通过嘌呤核苷酸循环完成脱氨基作用，该反应过程不可逆（图 8-3）。

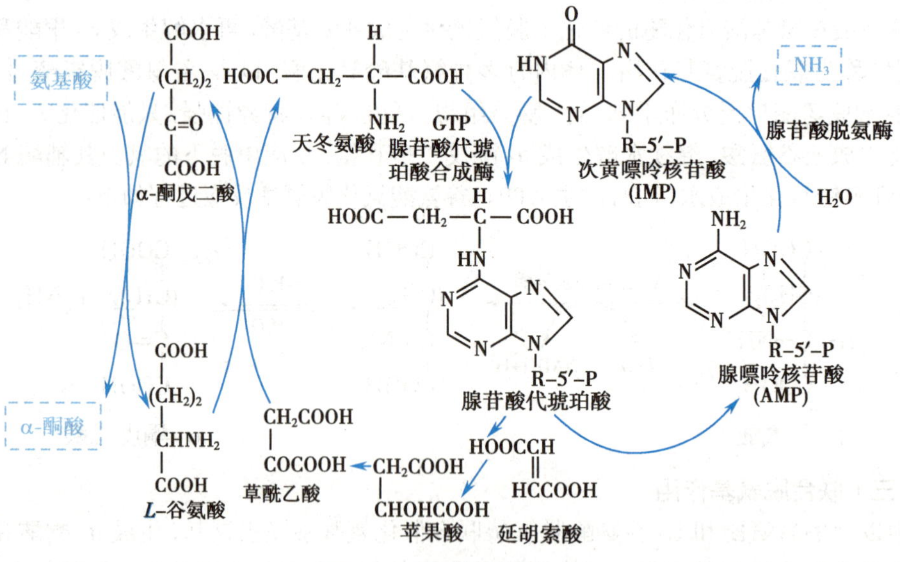

图 8-3 嘌呤核苷酸循环

三、氨的代谢

氨是有毒物质，脑组织对其尤为敏感。动物实验证明，注射氯化铵使家兔血氨浓度达2.9mmol/L即可致其死亡。在正常情况下体内氨的含量一般不超过0.06mmol/L，因为机体有清除氨的代谢机制，能迅速除去多余的氨，使氨的来源和去路保持动态平衡。

（一）体内氨的来源

体内氨有两个来源，即内源性氨和外源性氨。

> 考点链接
> 血氨的来源与去路

1. 内源性氨　内源性氨指体内代谢产生的氨，主要包括：①氨基酸脱氨基作用产生的氨。这是体内氨的主要来源。②肾小管上皮细胞中的谷氨酰胺在谷氨酰胺酶催化下水解产生的氨。这部分氨在正常情况下被分泌到肾小管管腔，与H^+结合成NH_4^+，以胺盐的形式随尿排出；但在尿液pH升高时，则会吸收入血，成为内源性氨的来源之一。故临床上对肝硬化腹水患者禁止使用碱性利尿药，以防血氨的升高。③胺类物质的分解。胺类物质主要由氨基酸脱羧基作用生成。

2. 外源性氨　外源性氨指由消化道吸收入体内的氨，包括：①氨基酸的腐败脱氨。指肠道中未被消化的蛋白质和未被吸收的氨基酸在结肠发生腐败作用所产生的氨。②尿素的肠肝循环。指血中尿素扩散进入肠腔，在肠道细菌分泌的尿素酶作用下水解产生的氨。

（二）氨的去路

体内氨的去路有：①合成尿素；②合成谷氨酰胺；③合成非必需氨基酸及其他含氮化合物；④以铵盐的形式随尿排出。

> 考点链接
> 尿素的合成

合成尿素是体内氨的主要去路，肝脏是合成尿素的最重要器官，脑、肾虽然也能合成尿素，但合成量甚微。肝合成尿素的过程称为鸟氨酸循环，是机体消除氨的主要方式。鸟氨酸循环的详细过程可分为以下四步。

1. 合成氨基甲酰磷酸　在肝细胞的线粒体中，NH_3、CO_2和H_2O在氨基甲酰磷酸合成酶Ⅰ的催化下，消耗2分子ATP，合成氨基甲酰磷酸。此反应不可逆。

$$NH_3+CO_2+H_2O+2ATP \xrightarrow[\text{N-乙酰谷氨酸}\ Mg^{2+}]{\text{氨基甲酰磷酸合成酶 I}} H_2N-\overset{\overset{\displaystyle O}{\|}}{C}-O-PO_3H_2+2ADP+H_3PO_4$$

氨基甲酰磷酸

2. 合成瓜氨酸　氨基甲酰磷酸与鸟氨酸在鸟氨酸氨基甲酰转移酶的催化下生成瓜氨酸。此反应仍在线粒体中进行，亦不可逆。

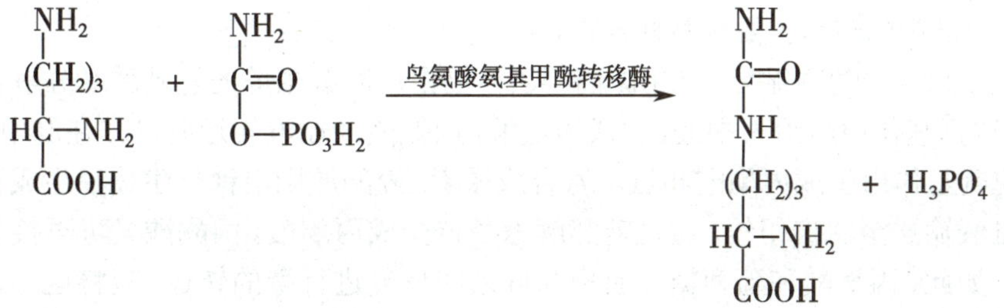

鸟氨酸　　氨基甲酰磷酸　　瓜氨酸

3．合成精氨酸　瓜氨酸通过线粒体膜进入细胞质，在精氨酸代琥珀酸合成酶的催化下，与天冬氨酸反应生成精氨酸代琥珀酸，反应消耗1分子ATP。随后由精氨酸代琥珀酸裂解酶催化裂解生成精氨酸及延胡索酸。精氨酸代琥珀酸合成酶是尿素合成的关键酶。延胡索酸可经三羧酸循环转化成草酰乙酸，受AST催化再生成天冬氨酸。

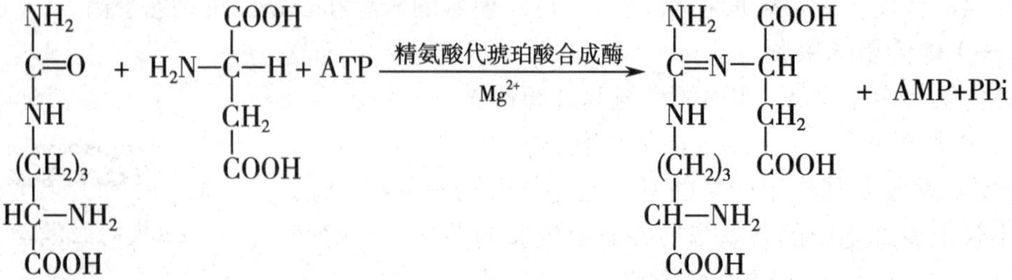

瓜氨酸　天冬氨酸　精氨酸代琥珀酸

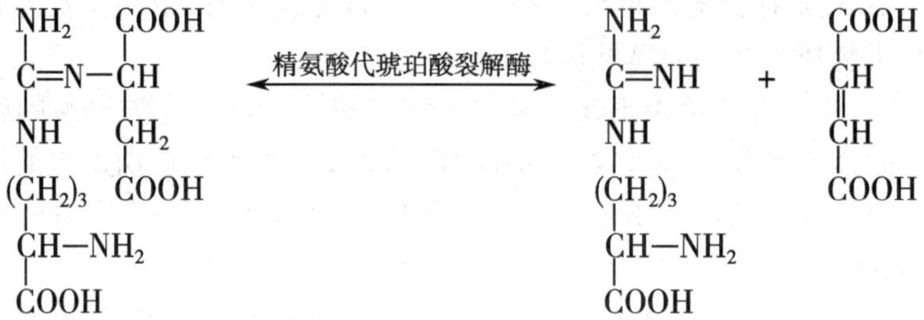

精氨酸代琥珀酸　精氨酸　延胡索酸

4．合成尿素　精氨酸在精氨酸酶的催化下，水解生成尿素和鸟氨酸。

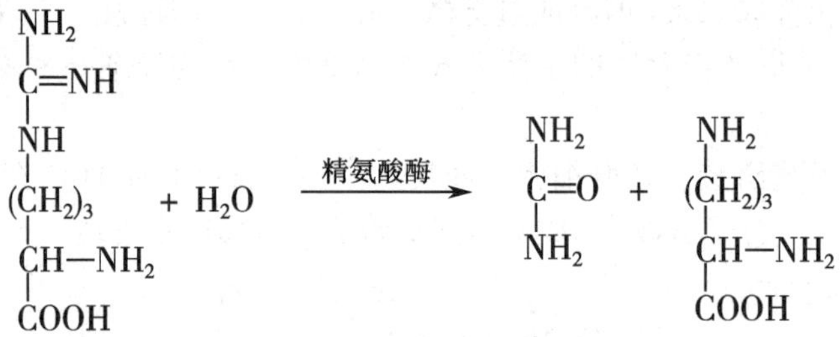

精氨酸　尿素　鸟氨酸

鸟氨酸可通过线粒体内膜上的转运载体进入线粒体，重复上述反应，构成鸟氨酸循环（图8-4）。

（三）氨的转运

体内产生的氨必须以无毒形式在血液中转运，才能避免其在转运过程中对组织造成损害。氨在血液中的转运主要有两种方式。

1．丙氨酸-葡萄糖循环　在肌肉组织中，蛋白质降解生成的氨基酸经分解代谢产生的氨，通过转氨基作用转给丙酮酸，生成丙氨酸，丙氨酸经血液转运到肝。在肝中，丙氨酸通过联合脱氨基作用生成丙酮酸和氨。氨合成尿素，丙酮酸则沿糖异生途径生成葡萄糖。葡萄糖由血液输送至肌肉组织，通过糖酵解途径转变成丙酮酸，丙酮酸又可再接受氨基生成丙氨酸。如此，丙氨酸和葡萄糖在肌肉和肝之间反复进行氨的转运，故将这一过程称为丙氨酸-葡萄糖循环（图8-5）。

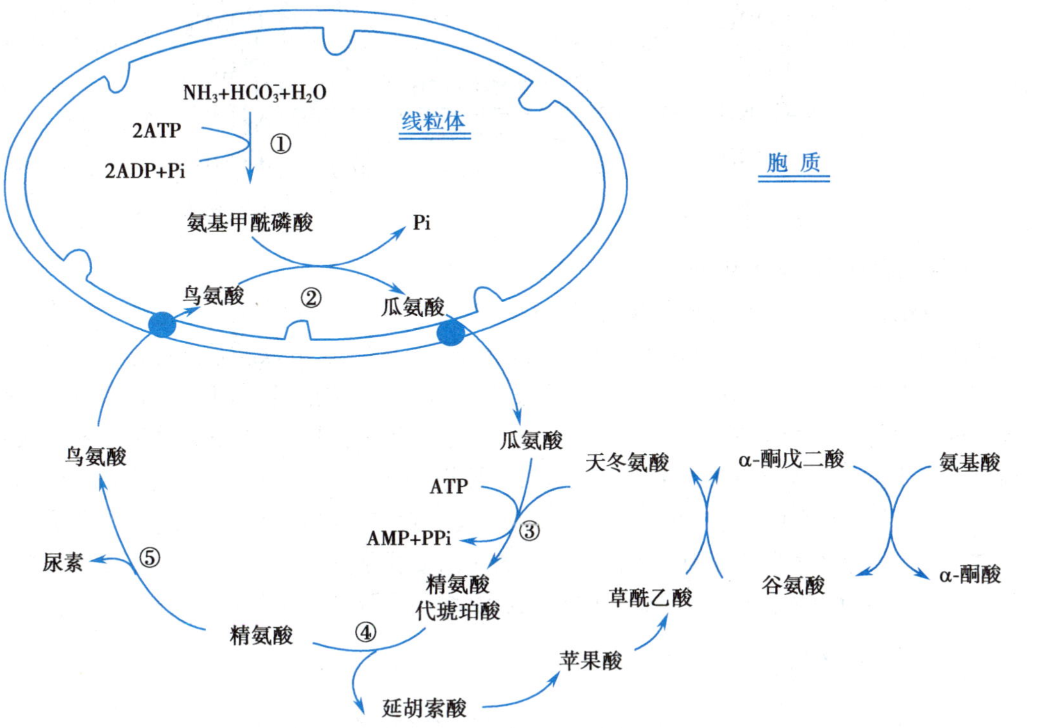

图 8-4 鸟氨酸循环中间步骤

①氨基甲酰磷酸合成酶Ⅰ；②鸟氨酸氨基甲酰转移酶；③精氨酸代琥珀酸合成酶；④精氨酸代琥珀酸裂解酶；⑤精氨酸酶

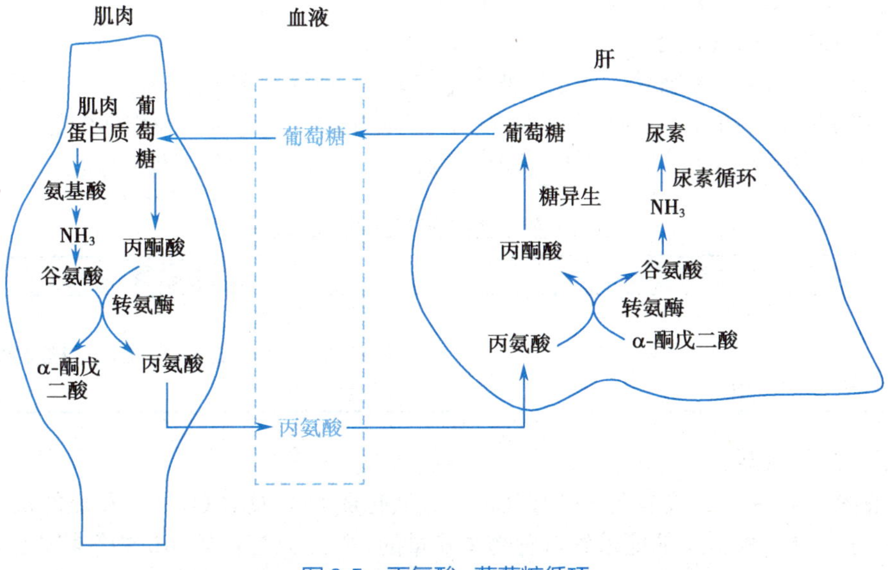

图 8-5 丙氨酸 - 葡萄糖循环

2. 谷氨酰胺的运氨作用 谷氨酰胺是安全转运氨的另一种形式。脑和肌肉等组织中存在的谷氨酰胺合成酶，可催化谷氨酸与氨生成谷氨酰胺，后者由血液运输到肝或肾。再由谷氨酰胺酶催化水解成谷氨酸和氨，氨合成尿素或以铵盐形式排出。此过程所合成的谷氨酰胺既是蛋白质的合成原料，又可为合成重要含氮物质提供氨基。因此，谷氨酰胺不仅是蛋白质的合成原料，也是体内氨的运输、储存和解毒的重要方式。

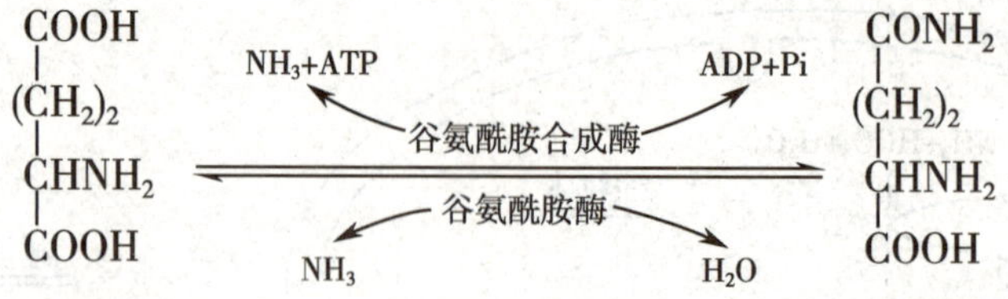

(四) 高血氨与肝性脑病

正常情况下，机体氨的来源和去路保持动态平衡，血氨浓度很低，正常人血氨浓度一般不超过 60μmol/L。由于体内 80%～90% 的氨经肝合成尿素，所以肝是维持这一平衡的重要器官。当肝功能严重受损时，尿素的合成发生障碍，血氨浓度升高，称为高血氨症。此时，大量的氨可通过血脑屏障进入脑组织，与 α- 酮戊二酸结合生成谷氨酸，并进一步生成谷氨酰胺。由于此过程消耗了脑组织中大量的 α- 酮戊二酸，致使三羧酸循环受抑，脑中 ATP 生成降低，从而引起大脑功能障碍，患者出现呕吐、厌食、间歇性共济失调、嗜睡，严重时可发生昏迷，临床称之为肝性脑病。此外，谷氨酸和谷氨酰胺浓度增加也可导致渗透压增大引起脑水肿。肝性脑病的生化机制较复杂，因血氨增高导致氨中毒是重要发病机制之一。

四、α- 酮酸的代谢

氨基酸经脱氨基作用生成的 α- 酮酸主要有三条代谢途径。

(一) 合成非必需氨基酸

α- 酮酸重新氨基化生成相应的 α- 氨基酸。例如，丙氨酸、天冬氨酸、谷氨酸可分别由丙酮酸、草酰乙酸、α- 酮戊二酸氨基化生成。

(二) 转化为糖或脂肪

体内的 α- 酮酸可经糖异生途径转变为糖，或经其他途径转变生成酮体。能转变为糖的氨基酸称为生糖氨基酸，绝大部分氨基酸均为生糖氨基酸；能转变为酮体的氨基酸称为生酮氨基酸；既能转变为糖，又能转变成酮体者则称为生糖兼生酮氨基酸（表 8-2）。

表 8-2 氨基酸生糖及生酮性质的分类

类别	氨基酸
生酮氨基酸	亮氨酸、赖氨酸
生糖兼生酮氨基酸	异亮氨酸、苯丙氨酸、酪氨酸、苏氨酸、色氨酸
生糖氨基酸	其他氨基酸

(三) 氧化供能

α- 酮酸可以通过三羧酸循环及呼吸链彻底氧化成 CO_2 及 H_2O，同时释放能量。在正常情况下，蛋白质分解提供的能量约占食物总能量的 18%；只有在长期饥饿等特殊情况下，蛋白质分解供能的比例才会增加。

第三节 个别氨基酸的代谢

组成人体蛋白质常见的 20 种氨基酸，由于化学结构上的共性表现出共同的代谢规律；但因氨基酸侧链的不同，使它们又具有特殊的代谢特点和途径，并具有重要的生理意义。本节主要介绍氨基酸的脱羧基作用、一碳单位代谢、含硫氨基酸代谢和芳香族氨基酸代谢等。

一、氨基酸的脱羧基作用

体内部分氨基酸在氨基酸脱羧酶的催化下脱羧生成CO_2和胺，此过程称为氨基酸的脱羧基作用。氨基酸脱羧基作用并非氨基酸主要的分解途径，但其产物胺具有重要的生理作用。然而，胺若在体内蓄积，会引起神经和心血管系统功能紊乱，体内广泛存在胺氧化酶，能迅速将胺氧化成为醛，醛再氧化成羧酸，从而避免胺类物质在体内蓄积中毒。

> **考点链接**
> 氨基酸的脱羧基作用

$$\underset{\text{氨基酸}}{R-CH(NH_2)-COOH} \longrightarrow \underset{\text{胺}}{R-CH_2-NH_2} + CO_2$$

$$\underset{\text{胺}}{R-CH-NH_2} + O_2 + H_2O \xrightarrow{\text{胺氧化酶}} \underset{\text{醛}}{R-CHO} + H_2O_2 + NH_3$$

$$\underset{\text{醛}}{R-CHO} \xrightarrow{\text{醛氧化酶}} \underset{\text{酸}}{R-COOH} \xrightarrow{\text{氧化分解}} CO_2 + H_2O + ATP$$

(一)组胺

组氨酸通过组氨酸脱羧酶的催化生成组胺。组胺在体内广泛分布于肺、乳腺、肝、肌肉、胃黏膜、结缔组织等部位的肥大细胞内。组胺具有强烈的血管舒张作用，可增加毛细血管通透性，诱发荨麻疹等过敏反应；组胺还可以促进胃黏膜分泌胃酸；此外，组胺也是脑内的一种神经递质，目前认为它与觉醒状态，情绪控制等有关。

组氨酸　　组胺

(二)γ-氨基丁酸

γ-氨基丁酸(GABA)是谷氨酸经谷氨酸脱羧酶催化脱羧生成。在脑中含量较高，为抑制性神经递质。当机体维生素B_6缺乏时，GABA含量减少，大脑兴奋性增高，常出现烦躁不安，失眠等症状。

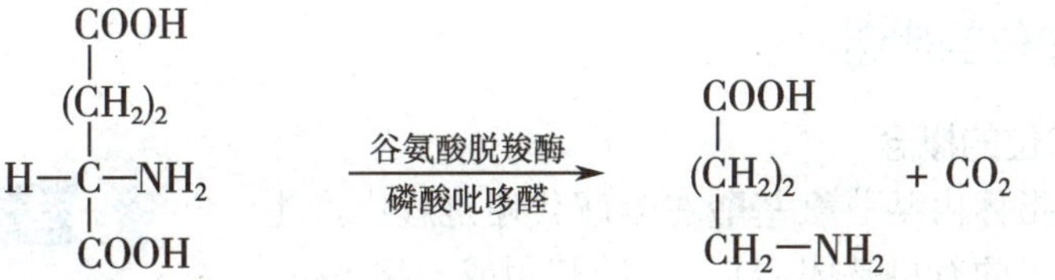

谷氨酸　　γ-氨基丁酸

（三）5-羟色胺

色氨酸在色氨酸羟化酶催化下羟化生成5-羟色氨酸，再由5-羟色氨酸脱羧酶催化脱羧生成5-羟色胺（5-HT）。5-羟色胺广泛分布于体内各组织，脑组织中的5-羟色胺是一种神经递质，具有抑制作用，其量不足影响睡眠，但过多时可升高体温，导致焦虑；外周组织的5-羟色胺具有强烈的收缩血管作用，但对骨骼肌血管则具有扩张作用。

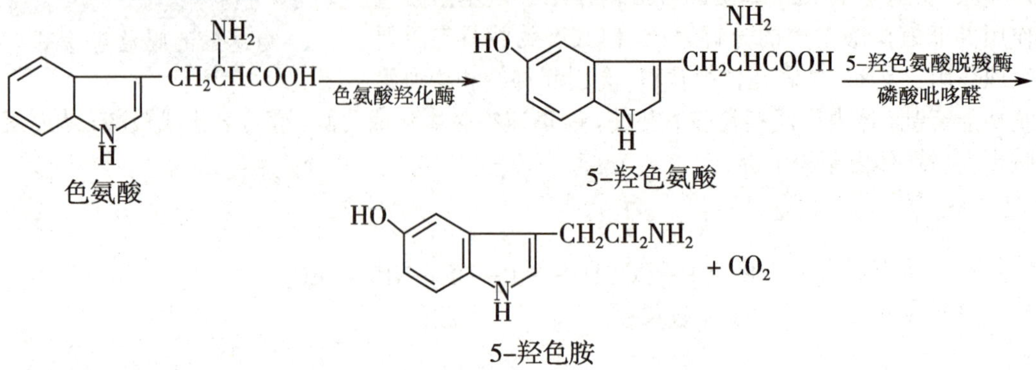

（四）牛磺酸

牛磺酸是半胱氨酸先氧化生成磺基丙氨酸，再脱羧生成牛磺酸。牛磺酸是结合胆汁酸的组成成分；脑组织牛磺酸含量较多，婴幼儿脑中含量尤其高，其对婴幼儿的生长发育具有促进作用。

（五）多胺

多胺是鸟氨酸及甲硫氨酸经脱羧基等作用产生，包括腐胺、精胺和精脒。精胺和精脒是调节细胞生长的重要物质。在生长旺盛的组织（如胚胎、再生肝、肿瘤组织）中含量较高，血或尿中多胺含量检测可作为恶性肿瘤辅助诊断和观察疗效的生化指标之一。

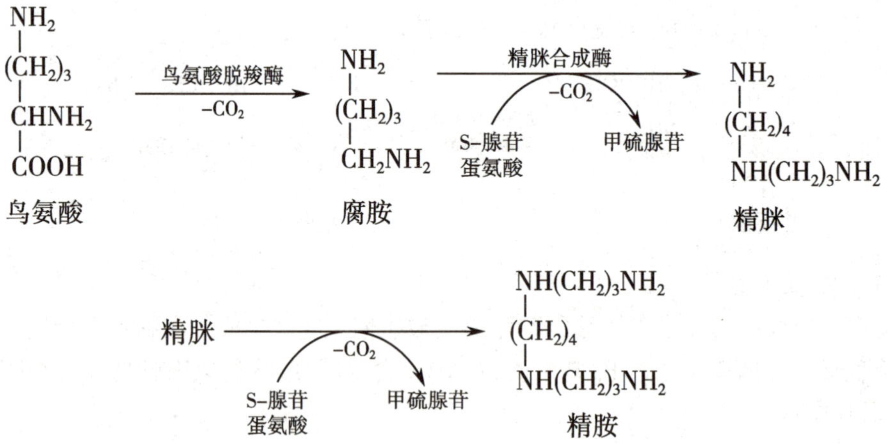

二、一碳单位的代谢

（一）一碳单位的概念

> **考点链接**
> 一碳单位概念、载体

一碳单位是指体内某些氨基酸在分解代谢过程中产生的含有一个碳原子的有机基团，称为一碳基团或一碳单位。例如：甲基（$-CH_3$）、甲烯基（$-CH_2-$）、甲炔基（$=CH-$）、甲酰基

(-CHO)及亚氨甲基(-CH=NH)等。但 CO_2、CO 不属于一碳单位。一碳单位的生成、转变、运输及参与物质合成的反应过程叫做一碳单位代谢。一碳单位不能独自游离存在，必须有载体携带和转运才能参与代谢。

(二) 一碳单位的载体

一碳单位的主要载体是四氢叶酸(FH_4)。FH_4 是由叶酸加氢还原而成。FH_4 分子上第 5 位和第 10 位氮(N^5, N^{10})是结合一碳单位的位置。

(三) 一碳单位的生成及相互转变

产生一碳单位的氨基酸主要有甘氨酸、丝氨酸、甲硫氨酸和组氨酸。色氨酸在分解代谢过程中产生的甲酸也参与一碳单位代谢(图 8-6)。

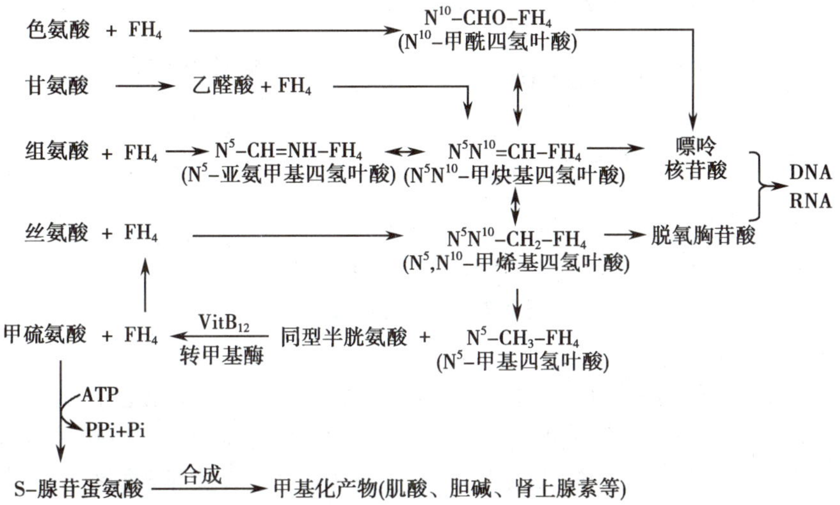

图 8-6 一碳单位的相互转变

(四) 一碳单位代谢的生理意义

1. 与细胞增殖、组织生长和机体发育等过程密切相关 一碳单位是体内合成嘌呤和嘧啶的原料。FH_4 缺乏时，一碳单位代谢障碍，嘌呤核苷酸和嘧啶核苷酸不能合成，DNA 和 RNA 的生物合成受到影响，导致细胞增殖、分化、成熟受阻。这种变化可严重阻碍红细胞发育和成熟，引起巨幼红细胞性贫血。

2. 联系氨基酸代谢、核苷酸代谢及某些重要化合物的合成代谢 在一碳单位代谢中，N^5 甲基四氢叶酸($N^5—CH_3—FH_4$)把 $-CH_3$ 转移给同型半胱氨酸生成甲硫氨酸，后者转化为 S- 腺苷甲硫氨酸(SAM，又称活性甲硫氨酸)，为合成多种重要化合物直接提供甲基。因此，一碳单位代谢实现了氨基酸代谢，核苷酸代谢之间的相互沟通。

三、含硫氨基酸的代谢

体内的含硫氨基酸包括甲硫氨酸(蛋氨酸)、半胱氨酸和胱氨酸。甲硫氨酸为必需氨基酸，半胱氨酸可由甲硫氨酸转化生成，胱氨酸由两个半胱氨酸缩合而成。半胱氨酸和胱氨酸供给充足时，可减少甲硫氨酸的消耗。

(一) 甲硫氨酸代谢

1. 甲硫氨酸循环 甲硫氨酸接受 ATP 提供的腺苷生成 S- 腺苷甲硫氨酸，后者为甲基化反应提供甲基后转化为 S- 腺苷同型半胱氨酸，随后在裂解酶的作用下脱去腺苷生成同型半胱氨酸，最后在转甲基酶的作用下接受 $N^5—CH_3—FH_4$ 提供的甲基重新生成甲硫氨酸，构成甲硫氨酸循环（图 8-7）。

转甲基酶的辅酶是维生素 B_{12}。机体缺乏维生素 B_{12} 时，转甲基酶活性下降，不能催化 $N^5—CH_3—FH_4$ 的甲基转移，影响甲硫氨酸生成和 FH_4 的再生，进而影响核酸合成和细胞分裂，从而产生巨幼红细胞性贫血。

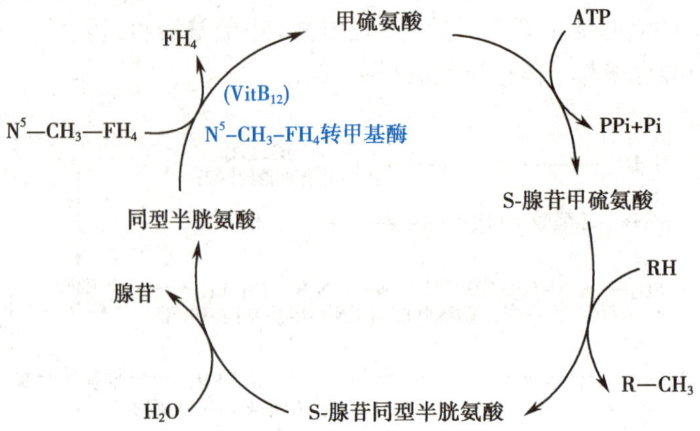

图 8-7 甲硫氨酸循环

2. 肌酸的合成 肌酸是肌肉中的重要成分，主要在肝合成。肌酸以甘氨酸为骨架，由精氨酸提供脒基，S- 腺苷甲硫氨酸提供甲基，由肌酸激酶催化生成。在肌酸激酶催化下，肌酸接受 ATP 的高能磷酸基形成磷酸肌酸。磷酸肌酸在心肌、骨骼肌及脑组织中含量丰富。肌酸和磷酸肌酸的代谢终产物是肌酐。肌酐随尿排出，当肾功能障碍时，肌酐排出受阻，血中肌酸浓度升高。血中肌酐浓度不受食物蛋白质的影响，所以血中肌酐的测定被作为临床肾功能检查的一项重要生化指标。

（二）半胱氨酸与胱氨酸的代谢

1. 谷胱甘肽 谷胱甘肽（GSH）是体内半胱氨酸与谷氨酸、甘氨酸缩合而成的三肽，其活性基团巯基具有氧化还原性质。谷胱甘肽最重要的生理功能是保护体内某些蛋白质和酶蛋白分子的巯基不被氧化，从而维持它们的生物学功能。

2. 活性硫酸 半胱氨酸等含硫氨基酸在体内氧化分解产生硫酸根，后者经 ATP 活化生成 3′- 磷酸腺苷 -5′- 磷酸硫酸（PAPS），即活性硫酸。活性硫酸化学性质活泼，可与酶类、类固醇激素、胆红素等物质结合，在肝的生物转化过程中具有重要意义。

四、芳香族氨基酸的代谢

芳香族氨基酸包括苯丙氨酸、酪氨酸和色氨酸。其中苯丙氨酸可以转化为酪氨酸，两者在体内可生成多种生物活性物质。

（一）苯丙氨酸的代谢

苯丙氨酸是必需氨基酸。正常情况下，体内绝大多数苯丙氨酸由苯丙氨酸羟化酶催化生成酪氨酸，这是其主要代谢途径；只有少数苯丙氨酸脱氨生成苯丙酮酸。若先天性缺乏苯丙氨酸羟化酶，体内苯丙氨酸不能正常羟化，将导致其脱氨基作用增强，生成大量苯丙酮酸，引起苯丙酮酸尿症。苯丙酮酸对神经系统有毒性，会导致儿童神经系统发育障碍，智力下降。

（二）酪氨酸的代谢

1．儿茶酚胺的生成　酪氨酸在体内可转化为多种生物活性物质，如多巴胺、去甲肾上腺素、肾上腺素等儿茶酚胺类神经递质和激素，在代谢中具有重要作用（图 8-8）。

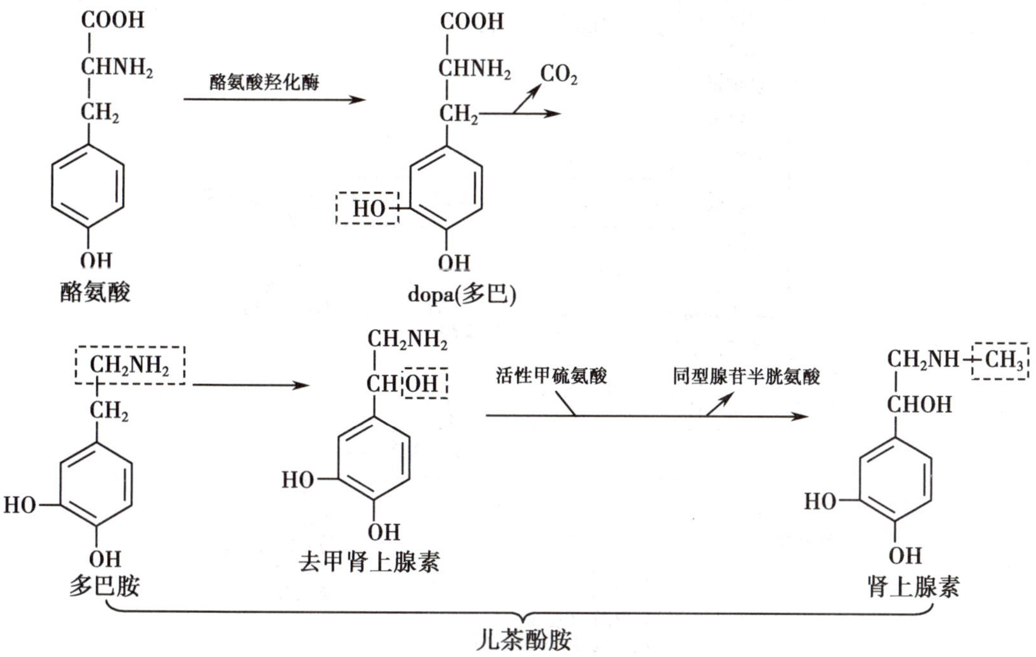

图 8-8　酪氨酸代谢

2．黑色素的生成　酪氨酸在酪氨酸羟化酶的催化下生成多巴，多巴在酪氨酸酶的催化下脱氢生成多巴醌，最终转化为黑色素，成为毛发、皮肤及眼球的色素。先天性缺乏酪氨酸酶，黑色素合成障碍，将导致白化病。

3．甲状腺素的生成　酪氨酸碘化生成甲状腺激素，包括 T_3 和 T_4。临床上通过测定血液中 T_3、T_4 的含量了解甲状腺功能状态。合成 T_3、T_4 需以碘为原料，有些地区由于食物中缺乏碘，可引起地方性甲状腺肿。

4．糖和脂肪的生成　酪氨酸脱氨生成对羟基苯丙酮酸，继而转化为尿黑酸，后者经尿黑酸氧化酶催化裂解为延胡索酸和乙酰乙酸，二者均可转变为糖和脂肪。

（三）色氨酸的代谢

色氨酸除了转变成 5- 羟色胺外，也可分解生成丙酮酸和乙酰辅酶 A，故属于生糖兼生酮氨基酸。此外，色氨酸还可以转变成维生素 PP，但合成量很少，不能满足机体的需要。

第四节　氨基酸、糖和脂肪在代谢上的联系

机体的新陈代谢是一个协调的过程，既互相联系，又彼此制约。氨基酸、糖和脂肪的代谢是通过它们的共同中间代谢产物相互联系的（图 8-9）。

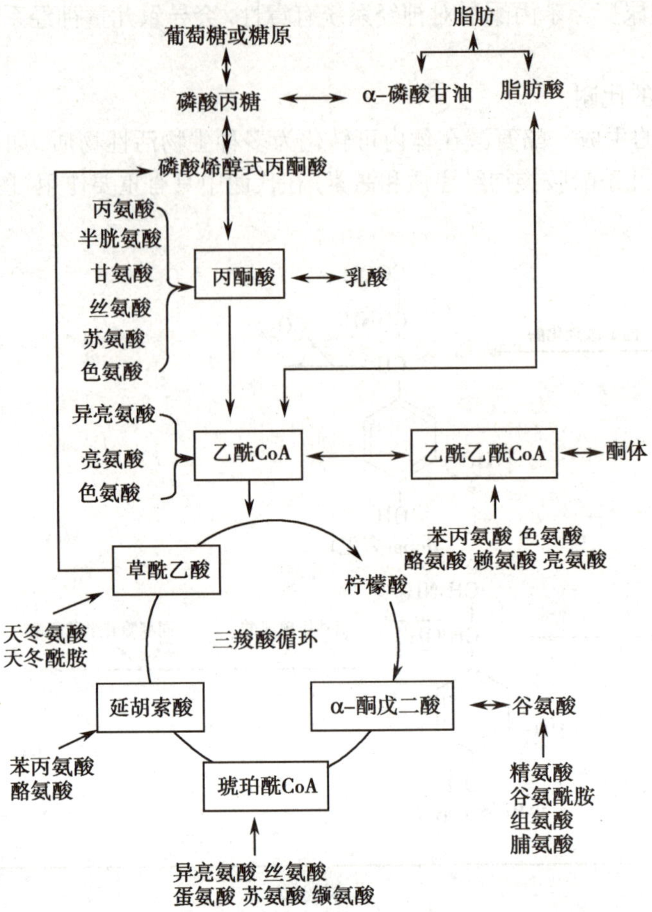

图 8-9 三大物质代谢之间的联系

一、糖与脂肪代谢的相互联系

糖在体内容易转变成脂肪。糖分解产生的磷酸二羟丙酮加氢还原成为合成脂肪的直接原料 α- 磷酸甘油；糖代谢产生的乙酰辅酶 A 既可彻底氧化供能，又可在能量供应充足时大量用于合成脂肪酸；同时，糖代谢产物也是磷脂和胆固醇等类脂物质的合成原料。所以，摄入不含脂肪的高糖膳食，且摄入超过能量需要时，也会因脂肪合成增多而导致肥胖、高甘油三酯血症和高胆固醇血症等。

相反，脂肪绝大部分不能转变成糖。脂肪的水解产物中甘油部分可进糖异生途径生成糖，而脂肪酸 β- 氧化生成的乙酰辅酶 A 难以转变成丙酮酸，故脂肪酸难以转变为糖。此外，体内脂肪动员的增强多因血糖浓度降低所致，此时机体处于低能量水平，需通过脂肪酸分解来补充能量的不足；并且，糖异生需要大量耗能，而机体的低能量状态不适宜支持糖异生过程。所以，从机体的整体需要出发，脂肪酸也不易异生成糖。

二、糖与氨基酸代谢的相互联系

大部分氨基酸脱氨基生成的 α- 酮酸都可转变成糖代谢的中间产物，能经糖异生途径转变为糖。当血糖浓度下降时，通过加快氨基酸的糖异生速度可以补充血糖，以维持大脑等重要组织的能量供应。所以，体内的氨基酸转变成糖具有重要的生理意义。

糖代谢的中间产物经氨基化可生成非必需氨基酸。但糖分子中没有氮元素，其只能提供生成非必需氨基酸的碳链骨架α-酮酸，氨基必须由其他氨基酸提供。因此，糖转变为氨基酸并不能增加体内氨基酸的数量，只能调整某些氨基酸之间的比例。必需氨基酸则因体内不能合成与其相应的α-酮酸，故不能在体内合成。所以，仅依靠糖的代谢转变并不能满足机体蛋白质合成对氨基酸的需要。

三、脂肪与氨基酸代谢的相互关系

氨基酸的碳链部分能转变为乙酰辅酶A，进而生成脂肪酸用于合成脂肪；生糖氨基酸能转变成甘油参与脂肪合成，所以氨基酸可以转变成脂肪。脂肪的甘油部分可经糖异生途径合成某些α-酮酸，再经氨基化转变为非必需氨基酸。由于甘油在脂肪分子中所占比例很小，所以生成的氨基酸数量有限。而脂肪酸氧化生成的乙酰辅酶A转变成氨基酸的可能性则极小。

本章小结

蛋白质的生理功能：维持组织细胞的生长、更新和修复；参与体内各种重要的生理活动；氧化功能。人体对蛋白质的需要量可根据氮平衡试验来确定，氮平衡有三种类型：总氮平衡、正氮平衡、负氮平衡。

氨基酸分解代谢的最主要方式是脱氨基作用。体内的脱氨基作用主要有转氨基作用、氧化脱氨基作用和联合脱氨基作用等三种形式，其中联合脱氨基作用最为重要。人体内氨的去路有：①合成尿素；②合成谷氨酰胺；③合成非必需氨基酸及其他含氮化合物；④以铵盐的形式随尿排出。合成尿素是体内氨的主要去路。

体内部分氨基酸在氨基酸脱羧酶的催化下脱羧生成CO_2和胺，此过程称为氨基酸的脱羧基作用。一碳单位是指体内某些氨基酸在分解代谢过程中产生的含有一个碳原子的基团，称为一碳基团或一碳单位。一碳单位的主要载体是四氢叶酸（FH_4）。

（再努热木·阿不都外力）

目标测试

（单项选择题）

1. 人体必需氨基酸有几种
   A. 6　　B. 8
   C. 10　　D. 12
   E. 14
2. 营养充足的生长期儿童、孕妇、恢复期患者应保持
   A. 氮平衡　　B. 正氮平衡
   C. 负氮平衡　　D. 总氮平衡
   E. 以上都不对

3. 体内脱氨基作用方式下列哪项除外
A. 氧化脱氨基作用
B. 还原脱氨基作用
C. 转氨基作用
D. 联合脱氨基作用
E. 嘌呤核苷酸循环
4. ALT在下面哪种器官中活性最强
A. 脑
B. 心
C. 肝
D. 肺
E. 肾
5. 体内氨的主要去路是
A. 合成非必需氨基酸
B. 渗入肠道
C. 在肝内合成尿素
D. 生成谷氨酰胺
E. 肾脏泌氨排出
6. 转运一碳单位的载体是
A. 生物素
B. 辅酶A
C. 叶酸
D. 四氢叶酸
E. 维生素B_{12}
7. 脑中γ-氨基丁酸是下列哪种物质代谢的产物
A. 苹果酸
B. 天冬氨酸
C. 谷氨酸
D. 草酰乙酸
E. 维生素B_{12}
8. 谷氨酸脱羧后生成
A. 组胺
B. 5-羟色胺
C. 酪胺
D. GABA
E. 多胺
9. 骨骼肌中氨基酸脱氨基的主要方式是
A. 联合脱氨基
B. 氧化脱氨基
C. 转氨基作用
D. 嘌呤核苷酸循环
E. 氧化还原作用
10. 一位患者血液生化检查发现血清ALT活性显著增高，可能为
A. 急性肝炎
B. 急性肺炎
C. 急性肾炎
D. 急性心肌炎
E. 以上都不是
11. 糖类、脂类、氨基酸氧化分解时，进入三羧酸循环的主要物质是
A. 丙酮酸
B. α-磷酸甘油
C. 乙酰CoA
D. 草酰乙酸
E. α-酮戊二酸
12. 蛋白质营养价值的高低取决于
A. 氨基酸的种类及数量
B. 必需氨基酸的种类、数量及比例
C. 必需氨基酸的种类
D. 必需氨基酸的数量
E. 以上说法均不对

13. 营养充足的恢复期患者，常维持

A. 负氮平衡
B. 氮平衡
C. 正氮平衡
D. 氮总平衡
E. 以上全错

14. 下列维生素中参与转氨基作用的是

A. 硫胺素
B. 尼克酸
C. 维生素 B_2
D. 磷酸吡哆醛
E. 泛酸

15. 体内能转化成黑色素的氨基酸是

A. 酪氨酸
B. 脯氨酸
C. 色氨酸
D. 甲硫氨酸
E. 谷氨酸

第九章　肝生物化学

学习目标

1. 掌握：肝在糖、脂类、蛋白质代谢中的作用；生物转化的概念及意义；胆色素的代谢过程。
2. 熟悉：胆汁酸的代谢与功能；血清胆红素与黄疸；常用肝功能试验及临床意义。
3. 了解：肝在维生素、激素代谢中的作用；胆汁；生物转化的反应类型和特点。

肝是体内最大的实质性腺体，也是人体代谢最活跃的器官，肝不仅能参与糖、脂类、蛋白质、维生素、激素、药物等的代谢，而且还具有分泌、排泄、储存、生物转化等功能。

肝所具有的多重功能是由其独特的形态结构和组织特点决定的。肝具有肝动脉和门静脉的双重血液供应，为代谢提供了充足的氧和丰富的营养物质；肝还通过肝静脉和胆道的双重输出系统与体循环和肠道相通，既有利于肝内的代谢产物运输到其他组织，又有利于非营养物质的代谢及排泄；肝有丰富的血窦，从而增大肝细胞与血液的接触面，使得肝内血流缓慢，利于肝细胞与血液充分进行物质交换；肝细胞具有线粒体、微粒体、内质网等丰富的亚细胞器，为肝进行物质代谢提供了场所；肝细胞内含有丰富的酶，其中很多酶是肝细胞所特有的，因而能完成一些特殊的代谢。

第一节　肝在物质代谢中的作用

一、肝在糖代谢中的作用

肝是调节血糖的主要器官。肝通过糖原的合成与分解、糖异生作用来调节、维持血糖浓度的恒定。餐后血糖浓度增高，肝可将多余的葡萄糖合成糖原储存起来，使血糖降至正常水平；空腹时血糖浓度趋于下降，肝主要通过分解肝糖原来补充血糖。长时间饥饿时，肝糖原几乎耗尽，肝还可以通过加强糖异生作用将非糖物质转变生成葡萄糖，来维持血糖浓度的相对恒定。

考点链接

肝在糖代谢中最主要的作用

肝细胞严重受损时，肝糖原合成、分解及糖异生作用降低，肝调节血糖浓度的能力下降，所以进食后易出现一过性高血糖，饥饿时又易出现低血糖。

二、肝在脂类代谢中的作用

肝在脂类的消化、吸收、分解、合成及运输等过程中均具有重要的作用。肝细胞分泌的胆汁中所含的胆汁酸盐，对食物中的脂类具有乳化作用，可促进脂类的消化吸收。当肝胆疾患时，胆汁排泄减少，可造成脂类消化不良，患者常出现脂肪泻，厌油腻等临床症状。

肝是合成脂肪酸、三脂酰甘油、磷脂和胆固醇的主要器官，也是合成血浆脂蛋白的主要场所。当肝功能障碍或磷脂合成原料缺乏时，磷脂合成减少，血浆脂蛋白合成障碍，导致肝内脂肪运出受阻，使肝细胞内脂肪堆积，形成脂肪肝。

肝也是脂肪酸分解的主要场所。脂肪酸经 β- 氧化生成乙酰 CoA，一方面进入三羧酸循环氧化供能；另一方面也可用来合成酮体，为大脑和肌肉等组织提供能量。肝也是代谢、排泄胆固醇和降解低密度脂蛋白的主要场所。

三、肝在蛋白质代谢中的作用

肝是合成蛋白质的重要器官。肝不仅能合成自身所需的蛋白质，也合成多种血浆蛋白质，如清蛋白、凝血因子、多种载脂蛋白、纤维蛋白原、转铁蛋白等，特别是清蛋白全部由肝合成，占血浆蛋白质总量一半以上，是维持血浆胶体渗透压的主要因素。慢性肝炎或肝硬化时，清蛋白合成减少，γ- 球蛋白又因免疫刺激作用合成增加，致使血清清蛋白和球蛋白比值（A/G）变小甚至倒置，故临床生化检验将 A/G 比值作为慢性肝病的诊断指标。

肝也是蛋白质分解代谢的主要场所，含有丰富的氨基酸代谢酶类，有利于氨基酸的各种代谢。其中转氨酶活性较高，特别是丙氨酸转氨酶活性明显高于其他组织。当肝受损时（如急性肝炎），肝细胞通透性增大，细胞内的 ALT 大量进入血液，导致血液中该酶活性增高。故临床生化检验中常用 ALT 的活性高低作为诊断肝疾病的重要依据。

肝是合成尿素最重要的器官，各种来源的氨都可在肝细胞中通过鸟氨酸循环过程合成尿素。当肝功能严重受损时，合成尿素的能力下降，可使血氨浓度升高，严重时可造成氨中毒甚至诱发肝性脑病（肝昏迷）。

知识链接

肝功能异常与疾病

肝功能低下时，肝糖原代谢异常或肝糖异生功能低下，空腹时无法维持血糖浓度正常，大脑功能障碍，出现昏迷。肝功能低下，脂肪酸、酮体、胆固醇和胆固醇酯合成减少，当糖供应不足时，血中酮体减少，脑细胞能源不足，引起昏迷。肝功能低下时，血浆蛋白合成减少，血浆胶体渗透压降低，出现水肿、腹水；全血容量下降导致肾血流量减少，可引发肾前性氮质血症；血容量减少刺激垂体分泌抗利尿激素增加，肾小管重吸收增加，引起水钠潴留；参与凝血的纤维蛋白原等蛋白质合成减少，凝血酶原时间出现失代偿性延长。

四、肝在维生素代谢中的作用

肝在维生素的吸收、储存、代谢和运输方面具有重要作用。肝分泌的胆汁在协助脂类物质吸收的同时，也可促进脂溶性维生素的吸收。肝是体内含维生素最多的器官，维生素

A、E、K、B_{12} 等主要在肝内储存。维生素 A 运输所需的视黄醇结合蛋白在肝内合成。另外，肝是维生素代谢转化的重要器官，如胡萝卜素转变为维生素 A，维生素 D_3 转变为 1，25- 二羟维生素 D_3，叶酸转变为四氢叶酸，维生素 B_1 转变为 TPP 等均在肝内进行。

五、肝在激素代谢中的作用

体内许多激素在发挥作用后转化、分解或失去活性，这一过程称为激素的灭活。肝是激素灭活的主要器官。胰岛素、类固醇激素等都在肝内灭活。肝对激素的灭活作用有助于人体对激素的作用时间和强度进行调控，进而维护人体的正常功能。当肝功能障碍时，可引起激素灭活功能下降，血中的雌激素、醛固醇、抗利尿激素升高，出现男性乳房女性化、蜘蛛痣、肝掌及水钠潴留等现象。

考点链接

激素灭活概念及肝激素灭活功能下降的临床表现

第二节 胆汁酸代谢

一、胆汁

胆汁是由肝细胞合成分泌的一种液体，经胆管运出肝，储存于胆囊，再经胆总管排泄至十二指肠。肝细胞初分泌的胆汁称肝胆汁，外观呈金黄色或橘黄色，清澈透明，密度较低。肝胆汁进入胆囊后逐渐浓缩，密度增高，颜色呈棕绿色或暗褐色，称胆囊胆汁。

胆汁的成分包括水和固体成分（表 9-1）。固体成分中除胆汁酸盐和一些酶类具有消化作用外，其余成分多属排泄物。进入体内的药物、毒物、色素及重金属盐也可随胆汁经肠道排泄。

表 9-1 正常人胆汁的主要成分

	肝胆汁	胆囊胆汁
密度	1.009～1.013	1.026～1.032
pH	7.1～8.5	5.5～7.7
水（%）	96～97	80～86
固体成分（%）	3～4	14～20
胆汁酸盐（%）	0.5～2	1.5～10
胆色素（%）	0.05～0.17	0.2～1.5
黏蛋白（%）	0.1～0.9	1～4
总脂类（%）	0.1～0.5	1.8～4.7
胆固醇（%）	0.05～0.17	0.2～0.9
磷脂（%）	0.05～0.08	0.2～0.5
无机盐（%）	0.2～0.9	0.5～1.1

二、胆汁酸代谢与功能

（一）初级胆汁酸的生成

胆汁酸是肝细胞以胆固醇为原料合成的，这是胆固醇的主要代谢去路。胆汁酸合成在肝细胞的微粒体和胞质内进行，由 7α- 羟化酶催化胆固醇生成 7α- 羟胆固醇，再经过一系列复杂反应，生成胆酸和鹅脱氧胆酸等初级游离胆汁酸。初级游离胆汁酸可与甘氨酸和牛磺酸结合形成初级结合胆汁酸，即甘氨胆酸、甘氨鹅脱氧胆酸、牛磺胆酸和牛磺鹅脱氧胆酸。初级结合胆汁酸以钠盐形式随胆汁排入肠道。

知识链接

7α- 羟化酶的影响因素

7α- 羟化酶是胆固醇合成胆汁酸的关键酶，胆汁酸可反馈抑制该酶的活性，糖皮质激素、生长激素提高此酶的活性；高胆固醇饮食在抑制 HMG-CoA 生成的同时，诱导 7α- 羟化酶的基因表达；甲状腺素可使 7α- 羟化酶合成增加，这是甲状腺功能亢进患者血浆胆固醇含量降低的重要原因。

（二）次级胆汁酸的生成

初级结合胆汁酸排入肠道后，在促进脂类消化吸收的同时，受肠道细菌作用，一部分结合胆汁酸水解变为初级游离胆汁酸，再经 7α- 脱羟反应，胆酸转变为脱氧胆酸，鹅脱氧胆酸转变成石胆酸。脱氧胆酸和石胆酸被称为次级游离胆汁酸。

（三）胆汁酸的肠肝循环

肠道中的各类胆汁酸除极少部分随粪便排出体外，约 95% 以上被肠黏膜重新吸收，经门静脉进入肝；肝细胞将其中的游离胆汁酸转变为结合胆汁酸，并随新合成的初级胆汁酸一起再排入小肠，形成胆汁酸的肠肝循环（图 9-1）。

正常情况下，肝胆的胆汁酸池总量约为 3～5g，而每天食物脂类乳化约需 16～32g 胆汁酸。通过胆汁酸的肝肠循环，使得有限的胆汁酸能最大限度地发挥乳化作用，满足食物中脂类消化吸收的需要，此即胆汁酸肠肝循环的生理意义。

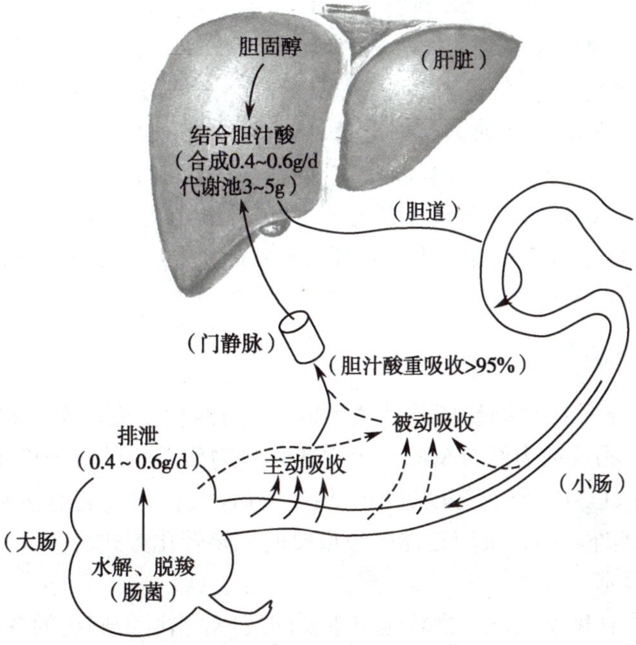

图 9-1　胆汁酸的肝肠循环

第三节 肝的生物转化作用

一、生物转化的概念及意义

非营养物质在体内代谢转变的过程称为生物转化作用。肝是体内进行生物转化最重要的器官，肠、肺、肾也有少量生物转化功能。

> **考点链接**
>
> 生物转化的概念及反应类型

人体内的非营养物质按其来源分为外源性和内源性两大类。内源性非营养物质包括体内产生的激素、神经递质、胺类等生物活性物质以及机体的代谢产物如胆红素、氨等；外源性非营养物质包括被人体摄入的药物、毒物、食品添加剂（色素、防腐剂等）、环境污染物等，以及从肠道吸收的腐败产物如腐胺、酪胺、酚、硫化氢、吲哚等。非营养物质既不能作为构成组织细胞的原料，又不能氧化供能，其中一些物质对人体还有一定的生物学活性或毒性作用。

生物转化作用的生理意义：使非营养物质的极性增强，溶解度增加，易于随胆汁或尿液排出，或使毒物的毒性减弱或消失。但有些非营养物质经生物转化后，其毒性反而增加或溶解度降低，不易排出体外；有些毒物、药物经生物转化后才出现毒性或药性。

> **知识链接**
>
> **生物转化与指导临床合理用药**
>
> 新生儿肝蛋白质合成功能不够完善，微粒体酶活性较成人低，对非营养物质代谢的能力较差，对某些药物敏感，易发生药物中毒。老年人器官老化，肝的生物转化能力下降，使药效增强，副作用增大，用药需慎重。肝细胞损伤时，微粒体中加单氧酶系尿苷二磷酸—葡糖醛酸基转移酶活性明显降低，加上肝血流量的减少，患者对许多药物及毒物的摄取、转化发生障碍，易积蓄中毒，故对肝病患者用药要特别慎重。某些药物在肝代谢的同时，对肝内的生物转化酶也存在诱导效应。因此，长期服用同种药物会出现细胞内生物转化酶含量增高，药物代谢加快，药效降低而导致耐药。又因这类酶的特异性差，如加单氧酶，对多种物质有氧化作用，导致由同一酶系催化的其他药物代谢也增强。如长期服用苯巴比妥会导致肝对氢化可的松、氯霉素等代谢的增强。

二、生物转化的反应类型

生物转化的化学反应根据反应的性质不同，分为两相反应。第一相反应包括氧化、还原、水解反应；第二相反应为结合反应。少数非营养物质只经过第一相反应即可排出体外，但多数非营养物质如药物、毒物等经过第一相反应后，其极性改变不够大，必须再进行第二相反应，才能排出体外。结合反应是体内最重要的生物转化方式。

（一）第一相反应

1. 氧化反应　氧化反应是生物转化中重要的反应，由肝细胞内的各种氧化酶系催化完成，常见的氧化酶有醇脱氢酶和醛脱氢酶、加单氧酶系和胺氧化酶系等。

（1）加单氧酶系：加单氧酶系存在肝细胞微粒体中，是肝最重要的氧化酶系统，进入人体的外来化合物一半以上都经其氧化。加单氧酶系催化分子氧中的一个氧原子加入底物，另一个氧原子与 NADPH 脱下的氢结合成水。因反应的氧化产物是羟化物，所以又称羟化酶，其反应通式如下：

$$RH + O_2 + NADPH + H^+ \xrightarrow{\text{加单氧酶系}} ROH + NADP^+ + H_2O$$

加单氧酶系参与多种药物、毒物、食品添加剂、维生素 D、类固醇激素等的代谢。经羟化反应后，毒物或药物的水溶性增加易于排泄。例如苯巴比妥的羟化反应。

（2）胺氧化酶系：该酶系存在于肝细胞的线粒体中，主要催化 5- 羟色胺、儿茶酚胺类、组胺及由肠吸收入肝的腐败物质如腐胺、酪胺等胺类氧化脱氨生成醛类化合物。其反应通式如下：

$$RCH_2NH_2 + O_2 + H_2O \xrightarrow{\text{胺氧化酶}} RCHO + NH_3 + H_2O_2$$

（3）脱氢酶系：主要有肝微粒体和胞质中存在的醇脱氢酶及醛脱氢酶，其作用是催化醇或醛氧化为相应的醛和酸。其反应通式如下。

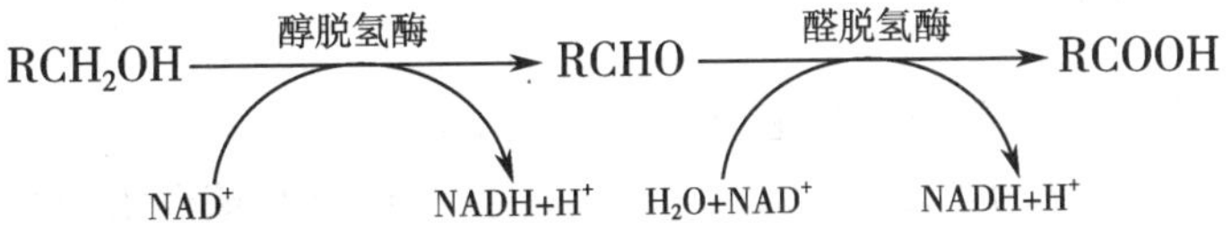

如乙醇主要就是在肝内由上述酶作用进行生物转化，因此肝疾病患者不宜饮酒，防止增加肝的负担。

2．还原反应　催化还原反应的酶系存在于肝细胞的微粒体中，主要有硝基还原酶和偶氮还原酶，分别催化硝基化合物和偶氮化合物转变为相应的胺，反应由 NADPH 供氢。例如氯霉素被还原为氨基氯霉素。

3．水解反应　肝细胞中的酯酶、酰胺酶、糖苷酶等水解酶类可催化相应的非营养物质水解，使其生物学活性减弱或丧失，但水解产物往往还需要进一步转化才能排出。例如：乙酰水杨酸在酯酶催化下水解出水杨酸和乙酸，使其极性增强并失去药效；又如麻醉药普鲁卡因在肝内迅速被水解而失去作用。

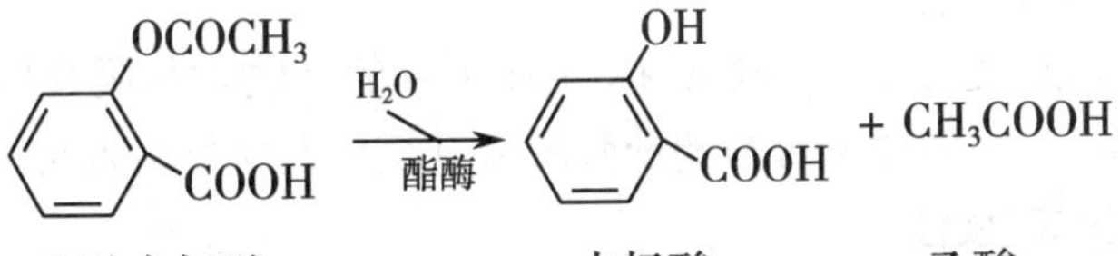

乙酰水杨酸　　水杨酸　　乙酸

（二）第二相反应——结合反应

结合反应是指含有羟基、巯基、氨基、羧基的非营养物质与肝内某些极性强、水溶性高的物质结合。能与非营养物质结合的物质主要有葡糖醛酸、活性硫酸和乙酰 CoA 等。其中以葡糖醛酸的结合反应最为重要和普遍。

1．葡糖醛酸结合反应　在肝细胞微粒体含有尿苷二磷酸–葡糖醛酸基转移酶，它可把尿苷二磷酸葡糖醛酸（UDPGA）上的葡糖醛酸基转移到含有羟基、巯基、氨基、羧基的化合物上，生成相应的葡糖醛酸苷。人体内源性代谢物胆红素的毒性就是通过与葡糖醛酸结合被消除，通过此反应进行生物转化的还有类固醇激素、氯霉素、苯巴比妥、吗啡等。

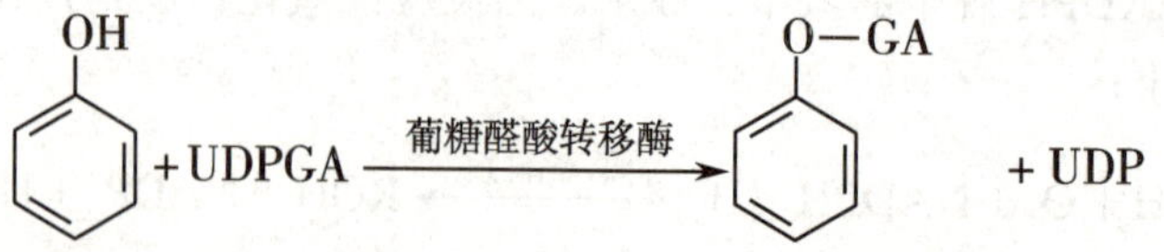

苯酚　　苯-β-葡糖醛酸苷

2. 硫酸结合反应　3′-磷酸腺苷-5′-磷酰硫酸（PAPS）又称活性硫酸，可在肝细胞胞质中的硫酸转移酶催化下，提供活性硫酸基与类固醇、醇、酚、芳香胺类等结合生成硫酸酯，雌酮即经此反应灭活。

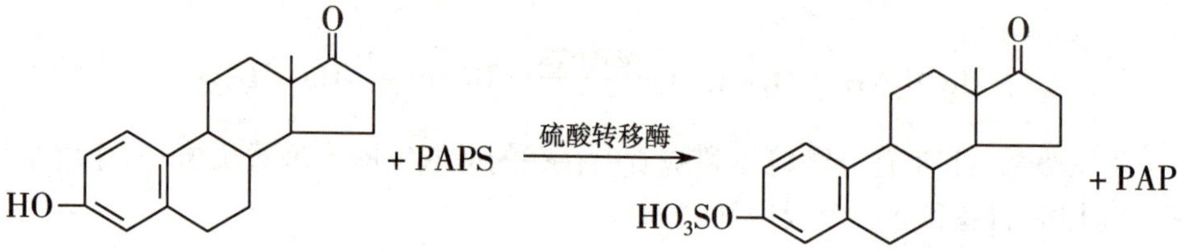

雌酮　　雌酮硫酸

3. 乙酰基结合反应　在肝细胞胞质中的乙酰基转移酶作用下，乙酰 CoA 可与各种芳香胺，氨基酸等结合转化为乙酰化合物。如磺胺类药物，抗结核药物异烟肼就是与乙酰基结合而失去药理活性的。

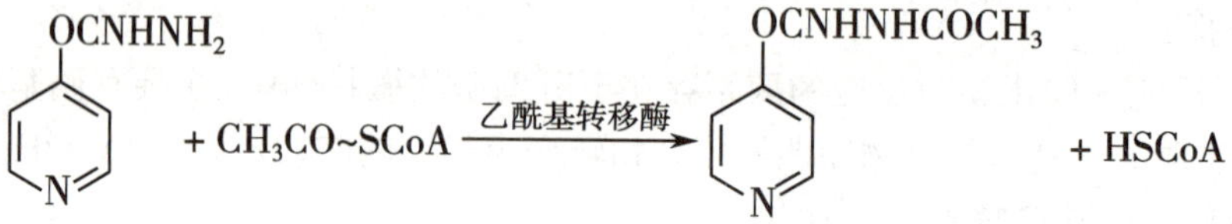

异烟肼　　乙酰异烟肼

第二相结合反应还有谷胱甘肽结合反应、甲基结合反应、甘氨酸结合反应等。

三、生物转化的特点

（一）反应类型的多样性

一种物质可经多种途径进行生物转化，生成不同的产物。如阿司匹林经水解生成水杨酸后，除少量排出体外，大多数又可与葡糖醛酸或甘氨酸发生结合反应后再排出体外。

（二）反应过程的连续性

除少数非营养物质只需一步反应即可排出，大多数非营养物质需要经过连续几步反应才能彻底排出体外。一般先进行第一相的氧化、还原，水解反应，再进行结合反应。黄曲霉素在肝内是先氧化，再与 GSH、葡糖醛酸，硫酸等结合而代谢。

（三）解毒和致毒的双重性

一般非营养物质经过生物转化后活性降低，毒性消失；但有些非营养物质通过代谢反应活性反而增高，出现毒性或毒性增强。如黄曲霉素 B_1 等致癌物本身并无直接致癌作用，但在体内代谢转变成活性中间产物后方显示出致癌和毒性作用。

生物转化作用在每个人体内都存在，但受年龄、性别、疾病、诱导物及抑制物等很多体内外因素的影响。

新生儿肝中生物转化相关酶系统发育不完善，对药物和毒物的耐受性较弱，易导致中毒现象的发生；老年人因脏器功能退化，生物转化能力下降，使某些药物在血中浓度较高。当肝功能低下时，生物转化能力下降。某些药物或毒物可诱导某种转化酶的合成，从而使机体对某种药物的转化发生变化，如苯巴比妥类催眠药产生耐药性就是此种原因。此外长期服用某些药物或同时服用几种药物使药物间对酶产生竞争性抑制，从而影响它们的生物转化作用。

第四节 胆色素代谢

案例

患儿，男，出生5天，母乳喂养。生后12小时发现皮肤轻微黄染，逐渐加深遍布全身伴反应弱、拒奶，遂住院治疗。查体：患儿精神反应弱，少哭闹，全身皮肤重度黄染，巩膜黄染，手掌及足掌见黄染，无皮疹，无出血点，无水肿；腹软不胀，肝肋下1.5cm可扪及，脾未触及；大便黄软，小便橘黄色。实验室检查：总胆红素为336.0μmol/L，结合胆红素为5.0μmol/L，未结合胆红素为311.0μmol/L。肝炎全项结果阴性。诊断为：新生儿高胆红素血症。

请问：1. 什么是高胆红素血症？

2. 患儿小便为何呈橘黄色？

3. 实验室检查各项指标的临床意义是什么？

胆色素是铁卟啉化合物在体内分解代谢的主要产物，包括胆红素、胆绿素、胆素原和胆素等。胆色素主要随胆汁排出体外，其中胆红素是胆汁的主要色素，呈橙黄色。体内含铁卟啉的化合物主要是血红蛋白，其次是肌红蛋白、细胞色素、过氧化物酶和过氧化氢酶等。

一、胆色素的代谢过程

（一）胆红素的生成

人体红细胞的寿命为120天，衰老的红细胞被肝、脾、骨髓的单核-吞噬细胞系统识别破坏，释放出的血红蛋白再分解为珠蛋白和血红素。血红素在血红素加氧酶催化下分解为胆绿素，并释放出CO和铁。胆绿素在胞质中由胆绿素还原酶催化，结合NADPH提供的两个氢原子，还原生成胆红素。胆红素的生成过程见图9-2。

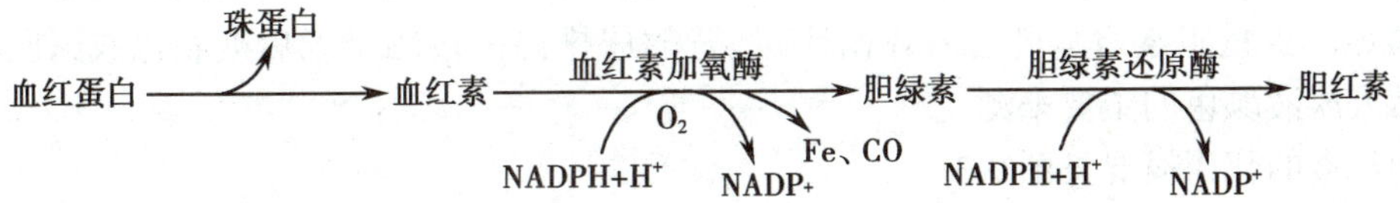

图9-2 胆红素的生成过程

胆红素分子的亲水基团隐藏于分子内部，整个分子呈脊瓦状折叠，因而胆红素是非极性的脂溶性物质，其脂溶性极强，易透过生物膜对细胞造成毒害作用。

（二）胆红素在血中的运输

胆红素生成后，迅速进入血液，在血液和清蛋白结合，形成胆红素 - 清蛋白复合物的形式运输。因未经肝细胞转化，故称为未结合胆红素（血胆红素、游离胆红素）。胆红素与清蛋白结合，一方面增高了胆红素的水溶性，有利于运输，另一方面可以限制胆红素自由透过细胞膜，避免其进入组织细胞产生毒害作用。未结合胆红素不能被肾小球滤过，故正常人尿中无未结合胆红素。

某些有机阴离子如磺胺类药物、水杨酸、脂肪酸、胆汁酸等可竞争性与清蛋白结合，将胆红素从清蛋白复合物中置换出来，使胆红素游离，后者如通过血脑屏障将影响脑组织的正常功能，引起胆红素脑病（核黄疸），因此当新生儿黄疸时，应避免使用有机阴离子药物。

（三）胆红素在肝中的转变

未结合胆红素随血液循环运输到肝后，在肝细胞表面胆红素与清蛋白分离，胆红素被肝摄取而进入肝细胞内。肝细胞内有两种转运胆红素的配体蛋白：Y 蛋白和 Z 蛋白，它们对胆红素有很高的亲和力，可与胆红素结合并将其转移至内质网。在葡糖醛酸基转移酶催化下，胆红素与 UDPGA 提供的葡糖醛酸结合，转化成胆红素 - 葡糖醛酸，称为结合胆红素（肝胆红素）。结合胆红素是极性较强的水溶性物质，不易透过生物膜，因而毒性降低。这种转化既有利于其随胆汁排泄，又起到解毒作用。结合胆红素也可被肾小球滤过，出现在尿液中。

前沿知识

苯巴比妥治疗新生儿生理性黄疸

新生儿生理性黄疸是由于红细胞过多破坏，形成大量胆红素，并且新生儿肝功能还不健全，不能将胆红素很快转化，使血液中胆红素高于正常值所致的黄疸。苯巴比妥可诱导 Y 蛋白的合成，加强胆红素的转化，降低血液中胆红素的浓度，使黄疸消退。由于新生儿出生七周后，Y 蛋白的水平才接近成人，因此，临床上可应用苯巴比妥消除新生儿生理性黄疸。对于新生儿黄疸应先查明病因。如果属于阻塞性黄疸，就不能使用这种药物治疗。

（四）胆红素在肠道的转变及胆素原的肠肝循环

结合胆红素在肝中生成后，经胆道系统随胆汁分泌到肠道，在肠道细菌的作用下，先脱去葡糖醛酸，再被还原为无色的胆素原（包括中胆素原、粪胆素原和尿胆素原）。这些胆素原大部分在肠道的下段与空气接触后，被氧化为黄褐色的粪胆素及尿胆素，随粪便排出，这是粪便颜色的主要来源。另有约 10%～20% 的胆素原可被肠黏膜细胞重吸收入血，经门静脉入肝。其中大部分再跟肝细胞新合成的结合胆红素一起随胆汁排入肠道，形成胆素原的肠肝循环。少量胆素原从肝进入体循环，经肾随尿排出。接触空气后被氧化成尿胆素，这是正常人尿液颜色的主要来源。

胆红素的代谢概况见图 9-3。

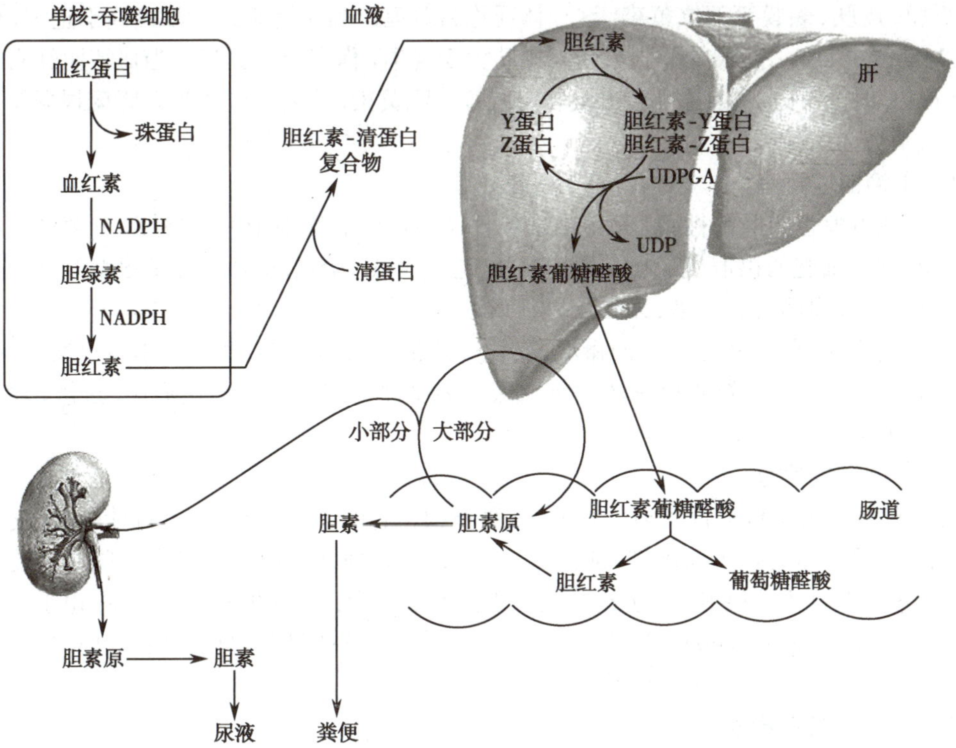

图 9-3 胆红素的代谢概况

二、血清胆红素与黄疸

正常人血清中的胆红素含量甚微，参考范围为 3.4～17.1μmol/L，其中 4/5 是未结合胆红素，其余为结合胆红素。未结合胆红素由于分子内氢键的形成，不能与重氮试剂发生反应，需要加入加速剂，氢键断裂后，才能与重氮试剂反应生成紫红色的偶氮化合物，因此未结合胆红素也称为间接胆红素。而结合胆红素不存在分子内氢键，可直接与重氮试剂反应生成紫红色的偶氮化合物，故结合胆红素也称为直接胆红素。两种胆红素比较见表 9-2。

> **考点链接**
>
> 未结合胆红素与结合胆红素的特点

表 9-2 未结合胆红素与结合胆红素比较

特点	未结合胆红素	结合胆红素
常用名	血胆红素、间接胆红素 游离胆红素	肝胆红素、直接胆红素
结构特性	胆红素-清蛋白复合物	胆红素-葡糖醛酸酯
溶解性	脂溶性	水溶性
透过细胞膜的能力	大	小
尿中排泄	无	有

凡能引起体内胆红素生成过多，或肝细胞对胆红素摄取、转化、排泄过程发生障碍均可引起血清胆红素浓度的升高，称高胆红素血症。胆红素为橙黄色物质，大量进入组织，可

造成巩膜、皮肤、黏膜等部位黄染，这一体征称为黄疸。当血清胆红素浓度高于正常，但不超过 34.2μmol/L 时，肉眼看不到巩膜和皮肤黄染现象，称为隐性黄疸。当血清胆红素超过 34.2μmol/L 时，肉眼看得到黏膜、巩膜和皮肤等组织黄染，称为显性黄疸。临床根据发病机制，将黄疸分为三种类型。

（一）溶血性黄疸

溶血性黄疸也叫肝前性黄疸，是由于各种原因造成的红细胞大量破坏，分解产生的胆红素量超过肝细胞的摄取、转化和排泄能力，造成血液中的未结合胆红素浓度升高。发生溶血性黄疸时，血清总胆红素、未结合胆红素浓度增高，结合胆红素浓度增高不多。同时由于肝的代偿作用，使其对胆红素的摄取、转化和排泄增加，肠道吸收的胆素原也增加，排出的胆素原和胆素增加，粪便和尿液颜色加深。溶血性黄疸常见于恶性疟疾、过敏、输血不当、蚕豆病等。

（二）阻塞性黄疸

阻塞性黄疸又称肝后性黄疸，是由于各种原因引起的胆管阻塞，胆汁排泄受阻，使胆小管和毛细胆管内压力增大而破裂，胆红素逆流入血，造成血清胆红素升高。临床实验室检查，血清结合胆红素浓度升高，未结合胆红素无明显改变；尿胆红素检查阳性；由于排入肠道的胆红素减少，转化生成的胆素原减少，大便颜色变浅或呈灰白色。阻塞性黄疸常见于结石、胆管炎症、肿瘤或先天性胆管闭锁等疾病。

（三）肝细胞性黄疸

肝细胞性黄疸也称肝源性黄疸，是由于肝细胞受到损伤，导致其摄取、转化和排泄胆红素的能力下降所致的高胆红素血症。一方面，肝功能障碍，肝细胞摄取胆红素减少，引起血中未结合胆红素升高；另一方面，病变导致生成的结合胆红素不能顺利排入胆道而反流入血，造成血中结合胆红素升高。结合胆红素可由肾小球滤过，故尿中出现胆红素。结合胆红素在肝内生成及排泄减少，粪便颜色变浅，尿中胆素原变化不定。肝细胞性黄疸常见于各种类型的肝炎、肝肿瘤等。三种类型黄疸的比较见表 9-3。

表 9-3 三种类型黄疸的比较

类型	血液		尿液		尿液颜色	粪便颜色
	未结合胆红素	结合胆红素	胆红素	胆素原		
正常	有	无或极微	阴性	阳性	淡黄色	黄色
溶血性黄疸	明显增加	正常或微增	阴性	显著增加	加深（浓茶色）	加深
阻塞性黄疸	不变或微增	明显增加	强阳性	减少或无	加深（金黄色）	变浅或陶土色
肝细胞性黄疸	增加	增加	阳性	不定	加深	变浅

第五节 常用肝功能试验及临床意义

肝是体内重要的组织器官，是物质代谢的中心，参与多种生物化学反应，当肝发生病变时，可造成物质代谢紊乱和化学成分的改变。肝的生物化学检验目前在临床上已成为重要的常规检验项目。肝功能试验就是指反映肝基本功能的试验，是判断肝病情严重程度、发展及预后的重要参考指标。肝功能的各种检验项目都是根据肝在某一物质代谢中的作用而设计的，因此，肝功能检查也有一定局限性，在对肝功能试验的结果进行评价时，必须结合临床症状全面考虑肝功能。临床上常用的肝功能检验有以下几个方面。

一、检测肝蛋白质代谢功能的试验

（一）血清总蛋白及清蛋白/球蛋白比值测定

由肝合成的蛋白质约占人体每天合成蛋白质总量的40%以上，血清中的清蛋白全部由肝合成，而γ-球蛋白则主要由浆细胞合成。肝细胞还能将糖、脂肪转化为氨基酸，作为进一步合成蛋白质的原料。当肝发生病变时，血清中蛋白质的质和量均会发生改变。因此，检测血清中蛋白质是肝疾病诊断、观察治疗效果和预后的重要手段之一。总蛋白和清蛋白反映肝合成蛋白质的功能，随着肝功能损害加重，失代偿期肝合成功能下降，蛋白质合成减少，清蛋白下降、球蛋白升高，致使清蛋白与球蛋白比值倒置。测定A/G比值对判断肝病的严重程度、提示病情的发展和估计预后具有重要意义。

（二）血清前清蛋白测定

前清蛋白在肝合成，是反映肝早期合成功能损害的敏感指标。由于前清蛋白的半衰期比清蛋白短，故当肝合成蛋白质障碍时，前清蛋白下降出现更早，前清蛋白比清蛋白能更敏感地反映肝合成功能的轻度损害，且随着病情的加重，前清蛋白降低愈明显。此外，前清蛋白测定可作为静脉高营养患者的营养监测指标之一。

（三）血清甲胎蛋白测定

甲胎蛋白是在胎儿发育早期，由胎儿肝细胞和卵黄囊合成的糖蛋白，是胎儿血清中的主要蛋白质，出生一年内降至成人水平。成人体内的甲胎蛋白由肝产生，血清中含量极微，仅为5～20μg/L。血清甲胎蛋白含量测定对原发性肝癌的诊断具有重要意义，约80%的肝癌患者血清甲胎蛋白含量升高，其浓度可为正常人的数十倍，甚至更高。血清甲胎蛋白的检测还可用于肝癌和其他肝疾病的鉴别，也可协助判断肝癌患者病情和预后。

（四）血氨测定

肝合成尿素是体内氨的主要代谢去路。严重肝疾病时，肝合成尿素的能力下降，血氨增高，引起肝性脑病。血氨测定主要用于肝性脑病的监测和处理。

二、检测血清中某些酶活性的试验

肝病变时，大量细胞酶从受损肝细胞释放到血清中，使得血清中一些酶的活性上升。如丙氨酸酶（ALT）、天冬氨酸酶（AST）、碱性磷酸酶（ALP）、γ-谷氨酰转移酶（GGT）、乳酸脱氢酶（LDH）等。

（一）丙氨酸转氨酶测定

转氨酶是一组催化氨基酸与α-酮酸间氨基转移反应的酶类，ALT是最重要的转氨酶之一。ALT广泛存在于肝、肾、心肌、骨骼肌等组织细胞中，但肝细胞中最多。当肝疾病如传染性肝炎、中毒性肝炎、肝癌、肝硬化活动期等，血清中ALT活性明显增高。

（二）天冬氨酸转氨酶测定

AST也是体内最重要的转氨酶之一，肝细胞也含有较多的AST，因此各种肝病时，AST

随着 ALT 活性升高而上升。AST 是检查有无肝细胞损伤的一个重要指标，但在人体内，其主要分布在心肌内，而心肌容易受缺氧、酸中毒、感染等因素影响而损伤，从而释放出 AST 等多种酶。因此，AST 的升高不能说明肝细胞损伤的程度。

（三）碱性磷酸酶测定

血清中的 ALP 主要来自于肝和骨，是通过胆管随胆汁排泄的酶，各种形式的胆道梗阻，如阻塞性黄疸、急性、慢性和黄疸性肝炎、肝癌等，由于胆汁淤积，ALP 进入血液，导致血清中 ALP 升高。生理性的 ALP 升高见于正常妊娠、新生儿骨质生成和正在发育的儿童。

三、检测肝对胆色素代谢功能的试验

测定血清总胆红素、结合胆红素及尿液中胆红素、胆素原、胆素等，可协助鉴别不同类别的黄疸。血清总胆红素明显升高表示有严重的肝细胞损害，且总胆红素越高，表示肝损害越严重，病程越长。测定血清总胆红素的主要价值在于发现隐性黄疸。血清总胆红素、结合胆红素、未结合胆红素均升高见于肝细胞性黄疸；血清总胆红素及未结合胆红素升高见于溶血性黄疸；血清总胆红素及结合胆红素升高见于阻塞性黄疸。

四、检测胆汁酸代谢功能的试验

胆汁酸是肝代谢的重要产物。血清总胆汁酸是肝分泌到胆汁中最多的有机酸。一旦肝细胞发生病变，总胆汁酸极易升高。因此，总胆汁酸已被认为是肝实质性损伤的灵敏指标。急性肝炎、慢性活动性肝炎、肝硬化时，总胆汁酸的阳性率在 85%～100%；而慢性迁延性肝病时，丙氨酸转氨酶变化不明显，但总胆汁酸的阳性率高达 85.4%，明显高于其他指标的阳性率；在肝硬化后期，总胆汁酸改变明显，比丙氨酸转氨酶更敏感地反映患者病情，因此，总胆汁酸又可作为反映肝细胞慢性损害的指标之一。

本章小结

肝是人体中最重要的器官之一，在糖代谢、脂类代谢、蛋白质代谢、维生素和激素的代谢中都有着非常重要的作用；肝还通过生物转化作用对非营养物质进行代谢转变，增强其溶解度、降低其毒性、易于排泄。

在肝细胞内胆固醇转化成胆汁酸，是肝清除胆固醇的主要途径。在肝内合成的胆汁酸称为初级胆汁酸，在肠道中初级胆汁酸被细菌作用生成次级胆汁酸。胆汁酸通过肠肝循环，满足脂类消化吸收的生理需要。

铁卟啉化合物在体内分解代谢生成胆色素，最主要的是胆红素。胆红素在血液中主要与清蛋白结合形成未结合胆红素而运输，在肝细胞内，胆红素与葡糖醛酸结合转化成结合胆红素，经胆道系统排入肠腔。肠道中的胆红素被还原成胆素原，大部分再被肠黏膜吸收进入肝，形成胆素原的肠肝循环。

各种原因造成血浆胆红素浓度升高都可以引起黄疸，根据发病原因分成溶血性黄疸、阻塞性黄疸和肝细胞性黄疸。

常用的肝功能试验项目，主要用于协助肝病的诊断和治疗。

（吕荣光）

目标测试

（单项选择题）

1. 肝合成最多的血浆蛋白是

A. α-球蛋白　　B. β-球蛋白
C. 清蛋白　　D. 纤维蛋白原
E. 凝血酶原

2. 严重肝疾患的男性患者出现男性乳房发育，蜘蛛痣，主要是由于

A. 雌激素分泌过多　　B. 雌激素分泌过少
C. 雌激素灭活不好　　D. 雄激素分泌过多
E. 雄激素分泌过少

3. 下列哪种胆汁酸是初级胆汁酸

A. 胆酸，脱氧胆酸　　B. 甘氨胆酸、石胆酸
C. 牛磺胆酸，脱氧胆酸　　D. 石胆酸，脱氧胆酸
E. 甘氨鹅脱氧胆酸，牛磺鹅脱氧胆酸

4. 体内可转变成胆汁酸的是

A. 葡萄糖　　B. 胆固醇
C. 脂肪　　D. 磷脂
E. 血红素

5. 下列哪一个不是非营养物质的来源

A. 肠道细菌腐败产物被重吸收　　B. 外界的药物、毒物
C. 体内代谢产生的氨、胺　　D. 食物添加剂，如色素等
E. 体内合成的非必需氨基酸

6. 关于生物转化作用，下列哪项是不正确的

A. 具有多样性和连续性的特点
B. 常受年龄、性别、诱导物等因素影响
C. 有解毒与致毒的双重性
D. 使非营养性物质的极性降低，利于排泄
E. 使非营养物质极性增加，利于排泄

7. 生物转化反应中的第二相反应以哪种结合供体最多见？

A. 硫酸　　B. 葡糖醛酸
C. 甘氨酸　　D. 乙酰 CoA
E. 牛磺酸

8. 生物转化最重要的生理意义

A. 使毒物的毒性降低　　B. 使有毒物质失去毒性
C. 使非营养物质极性增加，利于排泄　　D. 使药物失效
E. 使生物活性物质灭活

9. 胆红素主要是哪种蛋白质分解代谢的产物？

A. 血红蛋白　　B. 肌红蛋白

C. 过氧化氢酶　　D. 过氧化物酶
E. 细胞色素

10. 血中哪一种胆红素增加会在尿中出现胆红素
A. 结合胆红素　　B. 未结合胆红素
C. 血胆红素　　D. 间接胆红素
E. 胆红素-Y蛋白

11. 下列哪种不属于胆色素？
A. 胆汁酸　　B. 胆红素
C. 胆素原　　D. 胆素
E. 胆绿素

12. 结合胆红素是指
A. 胆红素-清蛋白　　B. 胆红素-球蛋白
C. 游离胆红素　　D. 胆红素-葡糖醛酸
E. 胆红素-Y蛋白

13. 溶血性黄疸的特点是
A. 血中结合胆红素含量增高　　B. 血中胆素原剧减
C. 尿中胆红素增加　　D. 未结合胆红素浓度增高
E. 粪便颜色变浅

14. 反映肝早期合成功能损害的敏感指标是
A. 血清总蛋白　　B. 清蛋白
C. 球蛋白　　D. 前清蛋白
E. Y蛋白

15. 肝受损时，血中蛋白质的主要改变是
A. 清蛋白含量升高
B. 球蛋白含量下降
C. 清蛋白含量升高，球蛋白含量下降
D. 清蛋白和球蛋白含量都正常
E. 清蛋白含量下降，球蛋白含量升高或相对升高

第十章　基因信息的传递与表达

10章

学习目标

1. 掌握：核苷酸分解代谢的产物；复制的概念及特点。
2. 熟悉：RNA 在蛋白质合成中的作用。
3. 了解：核苷酸的合成途径；转录的概念及特点；蛋白质生物合成的基本过程。

蛋白质是生命活动的主要载体，也是功能执行者。生物体的结构越复杂，其所含蛋白质的种类越丰富，功能也越多。核酸是生命的重要物质之一，分为脱氧核糖核酸（DNA）和核糖核酸（RNA）两类。DNA 是遗传信息的载体，是遗传的主要物质基础。RNA 在蛋白质合成和基因表达调控中起着重要作用。蛋白质的合成受核酸控制，核酸自身的代谢及其功能的发挥需要蛋白质参与，通过核酸和蛋白质的代谢过程，实现了生物信息的传递与表达，形成了大千世界形形色色的物种。所以，核酸和蛋白质是生命的物质基础。核酸和蛋白质一旦解体，生命也就不存在了。

第一节　核酸的代谢

案例

患者，男性，50 岁，干部。患者经常出差，频繁饮酒，兼之旅途劳顿，感受风寒，时感手指、足趾肿痛，因工作较忙，未曾介意。前天参加完婚礼后，疼痛加重，右手指关节及左足拇趾内侧肿痛尤甚，以夜间痛为剧。前来就诊，查体：右手食指中指肿痛破溃。左足大趾内侧亦肿痛。夜间痛较甚。血尿酸高达 918μmol/L，右肾有痛风石结节。确诊为“痛风症”。

请问：1. 引起痛风症的原因是什么？

2. 临床上可根据哪项生化指标诊断痛风症？

核酸由核苷酸组成。机体所需的核苷酸可由食物提供，但主要来自于机体细胞自身合成，故核酸不是人体必需的营养素。

一、核苷酸的分解代谢

核酸由各种核酸酶水解生成核苷酸。核苷酸由核苷酸酶水解去掉磷酸生成核苷；核苷被核苷磷酸化酶催化，发生磷酸解反应生成碱基和 1-磷酸核糖。碱基可重新合成核苷，也可进一步分解；1-磷酸核糖转变成 5- 磷酸核糖，可用于再合成核苷酸，也可以进入磷酸戊糖途径分解。

> **考点链接**
>
> 嘌呤核苷酸分解代谢的产物

（一）嘌呤核苷酸的分解代谢

嘌呤核苷酸主要在肝、小肠及肾中进行，其碱基最终氧化成尿酸，经肾随尿排出体外（图 10-1）。

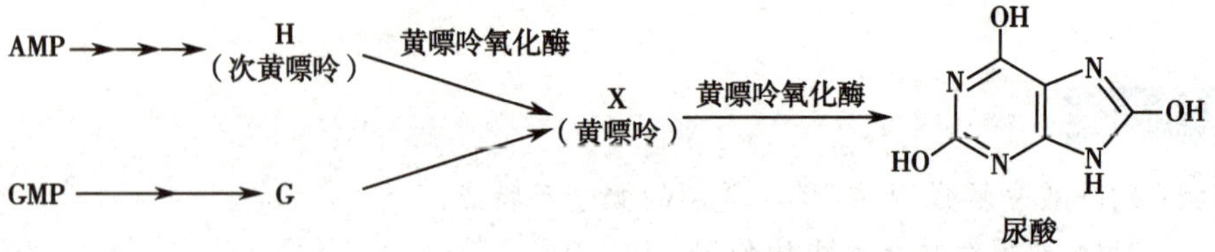

图 10-1 嘌呤核苷酸分解过程示意图

（二）嘧啶核苷酸的分解代谢

嘧啶核苷酸主要在肝中分解。胞嘧啶水解脱氨基转变成尿嘧啶，尿嘧啶还原成二氢尿嘧啶，后者最终分解成 NH_3、CO_2 及 β- 丙氨酸，胸腺嘧啶则分解成 NH_3、CO_2 及 β- 氨基异丁酸。嘧啶碱的分解产物易溶于水，可直接随尿排出，也可进一步分解（图 10-2）。

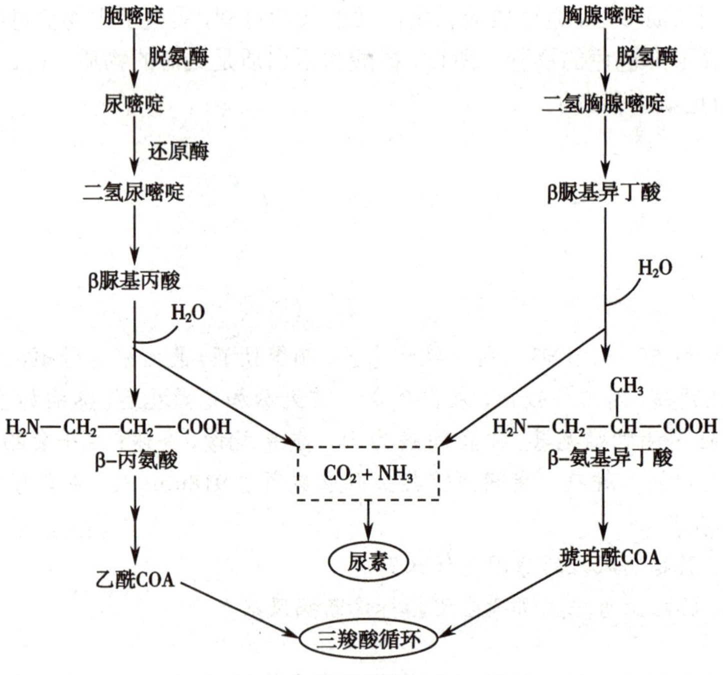

图 10-2 嘧啶碱基分解过程示意图

痛风症是人体内嘌呤代谢紊乱，尿酸的合成增加或排出减少，造成高尿酸血症，血尿酸浓度过高时，尿酸以钠盐的形式沉积在关节、软骨和肾脏中，引起组织异物炎性反应。主要临床表现为痛风性关节炎和关节畸形，患者局部出现红、肿、热、痛症状。

临床上痛风分为原发性和继发性两类。原发性多由嘌呤代谢相关酶缺乏导致，继发性主要是由某些疾病引起血尿酸升高所致，如肾功能障碍导致尿酸排出减少。

二、核苷酸的合成代谢

核苷酸的合成包括从头合成途径和补救合成途径。从头合成途径是指利用磷酸核糖、氨基酸、一碳单位及 CO_2 等小分子物质为原料，经过一系列酶促反应合成核苷酸的过程。补救合成途径是指利用体内游离的碱基或核苷，经过简单的反应合成核苷酸的过程。两者的重要性因组织不同而异，一般情况下，从头合成途径是体内大多数组织核苷酸合成的主要途径。

（一）从头合成途径

1. 嘌呤核苷酸的从头合成途径　嘌呤核苷酸的从头合成原料包括谷氨酰胺、天冬氨酸、甘氨酸、一碳单位、二氧化碳和 5- 磷酸核糖。反应可分为两个阶段：首先在 5- 磷酸核糖基础上逐步形成次黄嘌呤核苷酸（IMP），之后由 IMP 再分别转变成腺嘌呤核苷酸（AMP）和鸟嘌呤核苷酸（GMP）（图 10-3）。

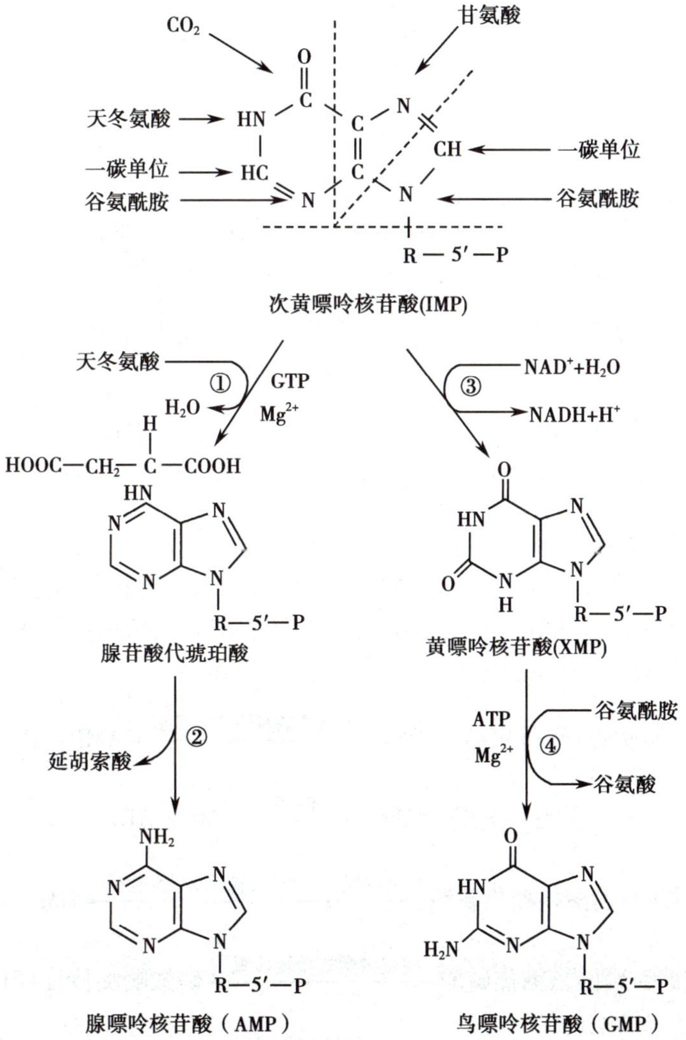

图 10-3　IMP 合成的原料来源及其转变成 AMP、GMP 的过程

嘌呤核苷酸从头合成的主要器官是肝，其次为小肠黏膜和胸腺，反应过程是在细胞质中进行的。

2. 嘧啶核苷酸的从头合成途径　嘧啶核苷酸的从头合成主要在肝进行，其原料包括谷氨酰胺、天冬氨酸、二氧化碳和 5- 磷酸核糖。其过程与嘌呤核苷酸的合成不同。首先合成嘧啶环，再与磷酸核糖连接成尿嘧啶核苷酸（UMP）；UMP 再转化为 UTP 和 CTP（图 10-4）。

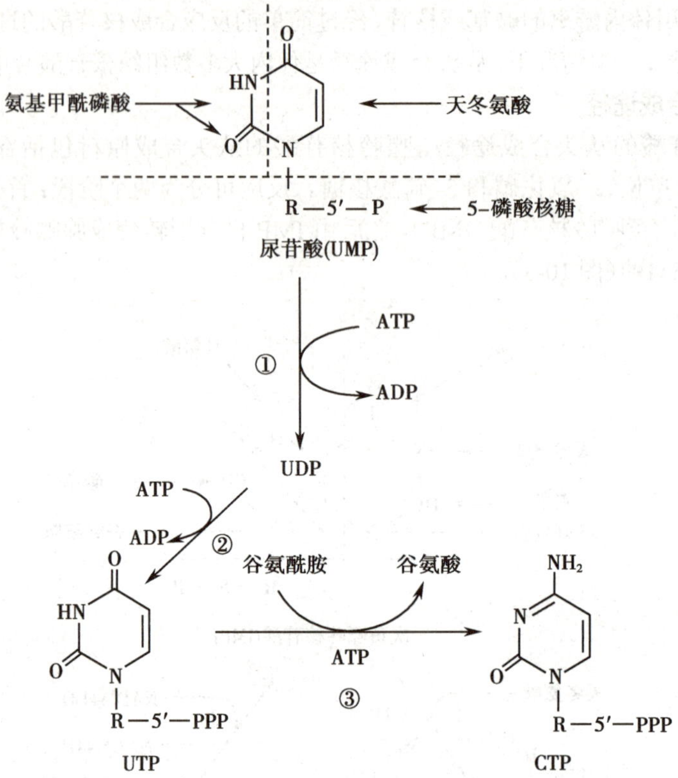

图 10-4　UMP 合成的原料来源及其转变成 UTP、CTP 的过程

（二）补救合成途径

补救合成途径是指细胞利用现成的嘌呤碱、嘧啶碱或嘌呤核苷、嘧啶核苷重新合成核苷酸的过程。由于脑、骨髓等组织缺乏从头合成嘌呤核苷酸的酶系统，只能进行嘌呤核苷酸的补救合成，故补救合成途径对于这些组织器官非常重要。

$$\text{腺嘌呤+磷酸核糖焦磷酸} \xrightarrow{\text{腺嘌呤磷酸核糖转移酶}} \text{AMP+PPi}$$

$$\text{尿嘧啶核苷+ATP} \xrightarrow{\text{尿苷激酶}} \text{UMP + ADP}$$

$$\text{鸟嘌呤+磷酸核糖焦磷酸} \xrightarrow{\text{次黄嘌呤-鸟嘌呤磷酸核糖转移酶}} \text{GMP+PPi}$$

$$\text{嘧啶+磷酸核糖焦磷酸} \xrightarrow{\text{嘧啶磷酸核糖转移酶}} \text{磷酸嘧啶核苷+PPi}$$

$$\text{尿嘧啶+核糖-1-磷酸} \xrightarrow{\text{尿苷磷酸化酶}} \text{尿嘧啶核苷+Pi}$$

（三）脱氧核苷酸的合成

脱氧核苷酸由二磷酸核苷酸还原生成，此反应由核糖核苷酸还原酶催化（总反应式概括如上）。二磷酸脱氧核苷酸在激酶催化下，消耗 ATP 生成三磷酸脱氧核苷酸，作为合成 DNA 的原料。

知识链接

自毁容貌症

自毁容貌症是由于黄嘌呤 - 鸟嘌呤磷酸核糖转移酶（HGPRT）缺失，使得次黄嘌呤和鸟嘌呤不能转换为 IMP 和 GMP，而是降解为尿酸。自毁容貌症是一种 X 连锁隐性遗传病，常见于男性。患者表现为尿酸增高及神经异常。如脑发育不全、智力低下、共济不佳、具攻击和破坏性行为，并且患者常有咬伤自己的嘴唇，手和足部，故称自毁容貌症。

三、DNA 的生物合成——复制

DNA 是遗传信息的携带者，DNA 分子中能编码生物活性产物的功能片段称为基因。基因所携带的遗传信息能通过自我复制传递给子代，实现基因遗传；通过转录传递给 RNA，再通过翻译传递给蛋白质，以蛋白质的功能体现出来，实现基因表达。遗传信息的这种传递规律称为分子生物学的中心法则。

在深入研究致癌 RNA 病毒时，发现这类病毒中的 RNA 同样具有自我复制的能力，并能将其信息反向转录至 DNA。这种遗传信息的传递方式，是分子生物学中心法则的进一步扩充（图 10-5）。

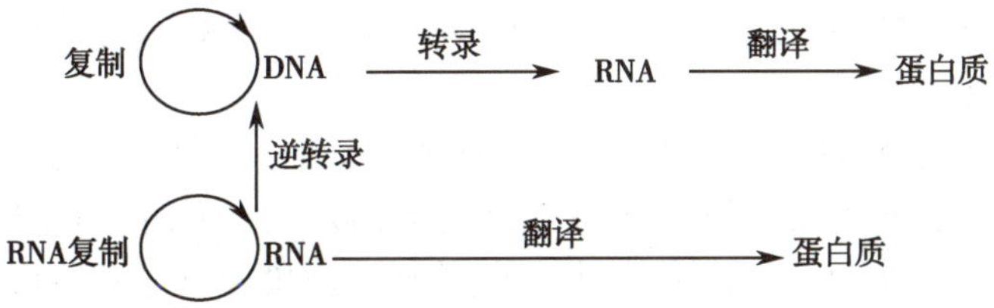

图 10-5 中心法则

从扩充后的中心法则可知，基因信息的传递包括复制、转录、翻译、RNA 的复制及逆转录。其中，复制、转录和翻译是基因信息传递的经典方式；复制是合成 DNA 的主要方式，转录是合成 RNA 的主要方式。

（一）复制方式及机制

复制是指在生物体内，以亲代 DNA 为模板合成子代 DNA 的过程。DNA 以半保留方式进行复制，实现此复制方式的机制是碱基配对规律。复制时，亲代 DNA 分子中的氢键断裂，双螺旋解旋并分开成两条单链，称为亲链（或母链）。以每条亲链作为模板，脱氧核苷三磷酸（dNTP）为原料，按照碱基配对规律合成与模板链互补的新链，称为子链。新合成的两条子链分别与其模板母链重新形成双螺旋，即成为与亲代 DNA 碱基顺序完全一

考点提示

复制的概念

样的两个子代DNA。因此，在DNA复制时，子代DNA分子中的一条链来自亲代，另一条链是新合成的，这种复制方式称为半保留复制（图10-6）。

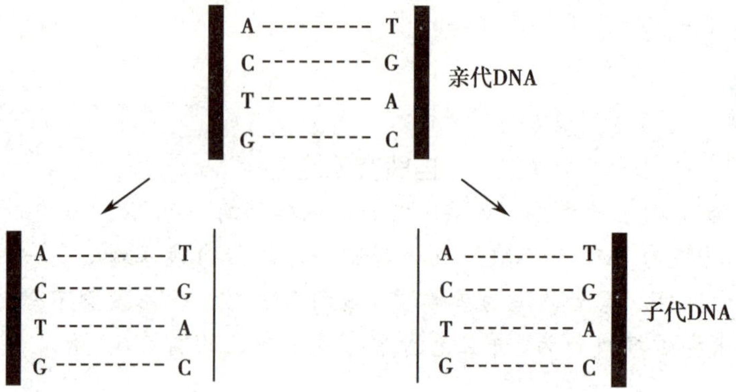

图10-6 DNA半保留复制示意图

（二）DNA复制体系

1. 模板　亲代DNA分子。

2. 底物　四种脱氧核苷三磷酸，即dATP、dCTP、dGTP和dTTP。

3. 引物　小片段RNA，由RNA引物酶催化合成。其3′-OH末端为脱氧核苷三磷酸的加入位点。

4. 酶及蛋白因子　主要包括解旋酶、拓扑异构酶、引物酶、DNA聚合酶和DNA连接酶等。

（1）解旋酶：利用ATP提供能量，将DNA双螺旋间的氢键解开，使DNA局部形成两条单链。

（2）拓扑异构酶：切断一股或两股解开的DNA单链，使其回旋时不致缠结；之后将其连接起来，形成松弛的单链。

（3）单链DNA结合蛋白：结合在解开的DNA单链上，避免重新形成双螺旋，使其保持稳定的单链状态；并保护DNA链免受核酸酶的降解，以保持模板链的完整。

（4）引物酶：一种RNA聚合酶。在复制起始部位由模板指导其催化合成一段RNA片段。为DNA合成提供加入位点。

（5）DNA聚合酶：又称DNA指导的DNA聚合酶（DDDP），能催化四种dNTP按照模板链的指导聚合形成DNA链。

（6）DNA连接酶：催化相邻的DNA片段连接成完整的DNA链。

（三）复制的基本过程

复制过程包括起始、延长、终止三个基本阶段。

1. 起始阶段　DNA复制从特定的起始部位开始，解旋酶和拓扑异构酶作用在DNA的复制起始部位解开DNA超螺旋结构，使DNA双链解开一段成为叉形结构称复制叉；单链DNA结合蛋白与该处的DNA单链结合，使之保持稳定的DNA单链模板状态。引物酶辨认模板链起始点，以解开的DNA链为模板，按照碱基配对原则，从5′→3′催化合成RNA片段即RNA引物。DNA聚合酶加入到引物的3′端，形成完整的复制叉结构，起始阶段完成。

2. 延长阶段　在DNA聚合酶的作用下，按照碱基配对原则，以四种dNTP为原料进行的聚合反应。其实质是3',5'-磷酸二酯键的不断生成,新链DNA延长的方向是5'→3'。随着复制的进行,复制叉向前移动,亲代DNA继续解链,子链则不断延长,形成边解链边复制的过程。由于两条模板链的方向相反,而子链只能按5'→3'方向合成,故在DNA复制时,只有合成方向与解链方向相同的子链能够连续合成,称为前导链(或领头链);另一条合成方向与解链方向相反的子链必须待模板链解开足够长度,才能再次合成引物及延长,其合成是不连续的,故称为随从链(或后随链)。随从链上不连续合成DNA的片段称为冈崎片段。当后一冈崎片段延长至前一冈崎片段的引物处时,引物脱落形成空缺,后一冈崎片段继续延长填补空缺,最后由DNA连接酶催化相邻的冈崎片段连接成完整的子链。

3. 终止阶段　当复制进行到模板链上出现复制终止序列时,多种参与复制终止的蛋白质因子进入复制体系,使每条子链分别与其模板链形成双螺旋结构,形成两个与亲代DNA碱基组成完全相同的子代DNA分子,整个复制过程结束(图10-7)。

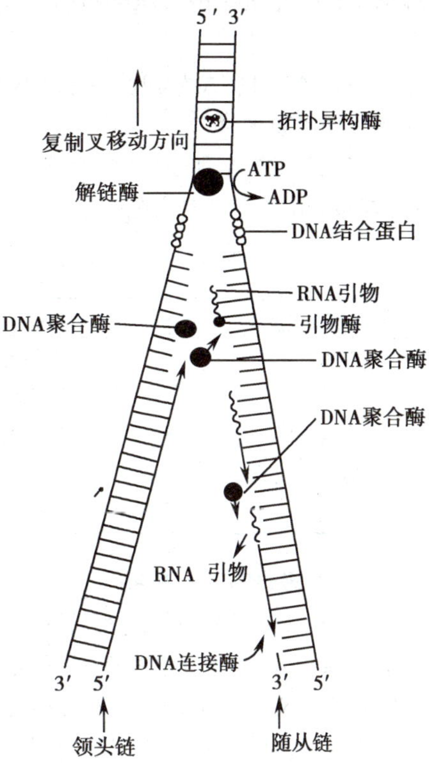

图10-7　DNA复制过程模式示意图

(四) DNA复制的特点

1. 半保留复制　DNA复制时,亲代DNA解开为两股单链,各自为模板按碱基配对规律合成与模板互补的子链。子代的DNA分子中一条链从亲代完整地接受过来,另一条链是新合成的。两个子代DNA分子都与亲代DNA分子的碱基序列一致,这种复制方式称为半保留复制。体现了遗传过程的稳定性和保真的特点。

考点提示
复制的特点

2. 半不连续性　DNA复制时,一条链是连续合成的,而另一条链是不连续合成,这种复制方式称为半不连续性。

前沿知识

转基因技术

转基因技术的原理是将人工分离和修饰过的优质基因,导入到生物体基因组中,从而达到改造生物的目的。人们常说的"遗传工程"、"基因工程"、"遗传转化"均为转基因的同义词。现在,改变动植物性状的人工技术通常被称为转基因技术(狭义),而对微生物的操作则一般被称为遗传工程技术(狭义)。目前,转基因技术已广泛应用于医药、工业、农业、环保、能源和新材料等领域。

四、RNA的生物合成——转录

DNA的复制实现了基因信息的遗传,基因信息的表达有赖于活性蛋白的合成。基因信息从 DNA 传递给蛋白质的过程中需中介分子 RNA，即 DNA 的信息传到 RNA 再传到蛋白质。

生物体以 DNA 为模板合成 RNA 的过程称为转录。转录是基因表达的第一步，是遗传信息传递的重要环节。

转录与 DNA 复制相比，有很多相同或相似之处，如基本化学反应、核苷酸链的合成方向、模板、碱基配对的原则、核苷酸之间的连接方式等。但它们之间又有区别（表 10-1）。

表 10-1 DNA 复制和 RNA 的转录比较

	DNA 复制	RNA 转录
模板	DNA 的两条链	DNA 的模板链（不对称转录）
原料	dNTP	NTP
主要的酶	DNA 聚合酶	RNA 聚合酶
碱基配对	A-T，G-C	A-U，T-A，G-C
产物	子代双链 DNA	mRNA，tRNA，rRNA

（一）转录方式及机制

RNA 以不对称方式进行转录，实现此转录方式的机制仍是碱基配对规律。由 DNA 解开的两条链中只有一条具有模板功能，这条可作为模板指导 RNA 转录的 DNA 链称为模板链；另一条与模板链互补的 DNA 链能反映出多肽链的编码信息，称为编码链。在一个包含多个基因的 DNA 双链分子中，各个基因的模板链并不总在同一条链上，在某个基因节段以其中某一条链为模板进行转录，而在另一个基因节段上可反过来以其对应单链为模板。转录的这种选择性称不对称转录。但在转录时，DNA 的双链结构必须完整，否则转录不能进行。

（二）RNA 转录的体系

1．模板　RNA 合成时只需结构基因双链中的一股链为模板进行转录，转录产物 RNA 的碱基序列取决于模板 DNA 的碱基序列。

2．底物　四种核苷三磷酸，即 ATP、GTP、CTP 和 UTP。

3．酶和蛋白因子　RNA 聚合酶，又称 DNA 指导的 RNA 聚合酶（DDRP），也叫转录酶。原核生物的 RNA 聚合酶由五个亚基（$\alpha_2\beta\beta'\sigma$）组成全酶，去掉 σ 亚基后成为核心酶（$\alpha_2\beta\beta'$）。σ 亚基能辨认转录起始点，核心酶催化四种核苷三磷酸按照模板链的指导聚合形成 RNA 链。

（三）转录的基本过程

转录过程包括起始、延长、终止三个阶段。

1．转录的起始　转录是从 DNA 分子的特定部位开始的，这个部位也是 RNA 聚合酶全酶结合的部位，称为启动子。RNA 聚合酶的 σ 亚基辨认 DNA 的启动子部位，核心酶与启动子结合使 DNA 局部解开成单链结构，形成转录泡。以模板链 3'→5' 方向为指导，四种 NTP 按照碱基配对原则依次聚合。核心酶催化第一和第二个 NTP 形成 3'，5'- 磷酸二酯键后，σ 亚基从转录泡中脱落，起始阶段完成。脱落的 σ 亚基循环参与启动序列的识别。

2．转录的延长　核心酶沿模板链的 3'→5' 方向移动，催化按照碱基配对原则不断进入转录泡的 NTP 与前一个核苷酸形成 3'，5'- 磷酸二酯键，连接成与模板 DNA 杂交的 RNA 长链。DNA-RNA 杂交双链之间的氢键不牢固，新合成的 RNA 很容易与模板分开。随着转录的进行，RNA 链的 5' 端不断脱离模板链，转录后的 DNA 即恢复其双链结构（图 10-8）。

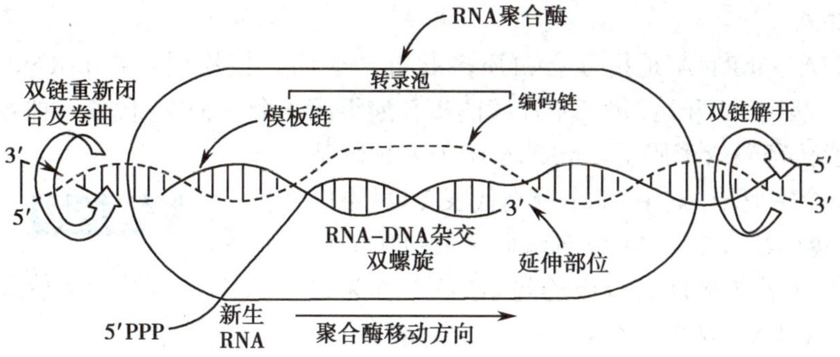

图 10-8 转录延长示意图

3. 转录的终止

(1) 不依赖 ρ 因子的转录终止：DNA 模板链上靠近终止处有特殊序列，使新合成的 RNA 链形成发夹结构，阻止 RNA 聚合酶的移动，RNA 链合成终止。

(2) 依赖 ρ 因子的转录终止：ρ 因子是一种 RNA-DNA 双螺旋解旋酶。ρ 因子进入终止区域，新合成的 RNA 链从模板链上脱落，转录过程结束。

(四) 转录后的加工

真核生物转录的产物没有生物学活性，称为 RNA 前体；此前体必须经过特定的加工成熟过程，才能成为有活性的 RNA，此加工成熟过程称为转录后加工(或称转录后修饰)。三类 RNA 都需要经过一定的剪接和修饰过程：mRNA 要经过特殊的“戴帽”、“穿鞋”，tRNA 要进行大量的化学修饰形成稀有碱基，rRNA 则必须经过降解后与相关蛋白组合形成大、小亚基。

(五) 转录的特点

转录的特点是不对称转录，其中包含两方面的意思：①在同一基因区段内，DNA 只有一条链可以转录；②模板链并非一直在同一条链上。

第二节 蛋白质的生物合成

蛋白质生物合成也称为翻译，是以 mRNA 为模板合成蛋白质的过程。

一、蛋白质生物合成体系

(一) 合成原料

蛋白质合成的基本原料是 20 种编码氨基酸。此外，合成过程中还需要 ATP 和 GTP 提供能源，以及 Mg^{2+} 和 K^+ 参与。

(二) 酶及蛋白因子

参与蛋白质合成的重要酶类有：①氨基酰 -tRNA 合成酶：催化氨基酸和 tRNA 生成氨基酰 -tRNA；②转肽酶：催化核糖体 P 位上肽酰基转移至 A 位氨基酰 -tRNA 氨基上，酰基和氨基形成酰胺键；③转位酶：催化核糖体向 mRNA 的 3′ 端移动一个密码子，使下一个密码子定位于 A 位。

参与蛋白质合成的蛋白因子主要有起始因子(IF)、延长因子(EF)、终止因子或释放因子(RF)。

(三) RNA

1. mRNA　mRNA 是指导蛋白质多肽链合成的直接模板。在 mRNA 分子上，按 5′→3′方向，从 AUG 开始，每三个连续的核苷酸组成一个三联体，代表一种氨基酸或其他信息，称为遗传密码或密码子。mRNA 中的 4 种碱基可以组成 64 个密码子，其中 61 个分别代表 20 种不同的编码氨基酸（表 10-2）。AUG 既编码多肽链中的甲硫（蛋）氨酸，又作为多肽链合成的起始信号，称为起始密码子，而 UAA、UAG、UGA 则代表多肽链合成的终止信号，不编码氨基酸，称为终止密码子。遗传密码具有以下重要特点。

> **考点链接**
>
> 密码子的概念、种类及特点

表 10-2　遗传密码表

第一个核苷酸（5′）	第二个核苷酸				第三个核苷酸（3′）
	U	C	A	G	
U	苯丙氨酸	丝氨酸	酪氨酸	半胱氨酸	U
	苯丙氨酸	丝氨酸	酪氨酸	半胱氨酸	C
	亮氨酸	丝氨酸	终止密码	终止密码	A
	亮氨酸	丝氨酸	终止密码	色氨酸	G
C	亮氨酸	脯氨酸	组氨酸	精氨酸	U
	亮氨酸	脯氨酸	组氨酸	精氨酸	C
	亮氨酸	脯氨酸	谷氨酰胺	精氨酸	A
	亮氨酸	脯氨酸	谷氨酰胺	精氨酸	G
A	异亮氨酸	苏氨酸	天冬酰胺	丝氨酸	U
	异亮氨酸	苏氨酸	天冬酰胺	丝氨酸	C
	异亮氨酸	苏氨酸	赖氨酸	精氨酸	A
	甲硫氨酸	苏氨酸	赖氨酸	精氨酸	G
G	缬氨酸	丙氨酸	天冬氨酸	甘氨酸	U
	缬氨酸	丙氨酸	天冬氨酸	甘氨酸	C
	缬氨酸	丙氨酸	谷氨酸	甘氨酸	A
	缬氨酸	丙氨酸	谷氨酸	甘氨酸	G

（1）方向性：密码子在 mRNA 分子中按照 5′→3′的方向排列和阅读，这种特点称为遗传密码的方向性。起始密码位于 5′端，终止密码位于 3′端，故翻译沿着 mRNA 的 5′端向 3′端进行。

（2）连续性：在翻译时，从 5′端的 AUG 开始阅读密码，中间无间隔，也不能重叠，连续地一个密码子挨着一个密码子“阅读”下去，直到终止密码子为止。这种特点称为遗传密码的连续性。如果 mRNA 链发生碱基插入或缺失，密码阅读将出现错误，引起译码突变。

（3）简并性：20 种编码氨基酸中，除色氨酸和甲硫氨酸各有一个密码子外，其余氨基酸都有 2 个以上密码，这种特点称为遗传密码的简并性。简并性主要表现在遗传密码的第一、二位碱基都是相同的，只有第三位不同，说明密码子的特异性主要由前两个碱基决定。

（4）通用性：地球上的各种生物在蛋白质合成中共用一套遗传密码，这种特点称为遗传密码的通用性。从病毒、细菌到人类几乎使用同一套遗传密码表，是进化论关于生物具有同一起源的有力论据。

（5）摆动性：mRNA 上的密码子与 tRNA 上的反密码子在配对辨认时，有时不完全遵守碱基配对原则，尤其是密码子的第三位碱基与反密码子的第一位碱基，不严格互补也能相互辨认，称为密码子的摆动性。

2. tRNA　tRNA 是氨基酸的转运工具。各种氨基酸都有其特定的 tRNA。tRNA 分子以其 3′ 末端（-CCA-OH）与特定氨基酸结合，并以其反密码子与 mRNA 上的密码子进行配对结合，使其所携带的氨基酸按照 mRNA 的密码排列准确地“对号入座”，从而保证多肽链的正常合成。

3. rRNA　rRNA 与多种蛋白质共同构成核糖体，是蛋白质合成的场所。核糖体由大小两个亚基组成。小亚基上有 mRNA 结合的部位，可容纳两个密码子；大亚基上有两个相邻的 tRNA 结合位点，一个与肽酰 -tRNA 结合称为肽酰位（或 P 位，给位），另一个与氨基酰 -tRNA 结合称为氨基酰位（或 A 位，受位）；两位点之间具有转肽酶活性，可催化肽键形成。此外，核糖体还有许多位点可与蛋白质合成的启动因子、延长因子结合。

二、蛋白质的生物合成过程

蛋白质的生物合成过程包括氨基酸的活化与转运、肽链的合成、肽链合成后的加工修饰三个基本阶段。

（一）氨基酸的活化与转运

氨基酸与相应的 tRNA 结合生成氨基酰 -tRNA 的过程称为氨基酸的活化。此过程由氨基酰 -tRNA 合成酶催化，需 ATP 供能。活化形成的氨基酰 -tRNA 进入核糖体，参与多肽链合成。

（二）肽链的合成

肽链的合成从核糖体大小亚基与 mRNA 聚合形成起始复合物开始；肽链合成结束后，解聚的大小亚基重新与 mRNA 聚合形成新的起始复合物，开始另一条肽链的合成，故将此过程称为核糖体循环。核糖体循环是蛋白质生物合成的中心环节，包括起始、延长及终止三个阶段。

1. 起始阶段　在三种起始因子、GTP 和 Mg^{2+} 的参与下，核糖体、mRNA 与甲硫氨酰 -tRNA 共同形成起始复合物。大致过程为：

（1）形成起始复合物Ⅰ：小亚基与 mRNA 的起始部位结合成复合物Ⅰ。

（2）形成起始复合物Ⅱ：甲硫氨酰 -tRNA 通过其反密码子与 mRNA 的起始密码 AUG 结合，形成起始复合物Ⅱ，此过程需要 GTP 提供能量。

（3）形成起始复合物：GTP 分解供能，起始因子从复合物上脱落，大亚基与小亚基结合形成起始复合物，此时，甲硫氨酰 -tRNA 处于大亚基的肽酰位，对应于 mRNA 第二个密码子位置的氨基酰位处于准备接受下一个氨基酰 -tRNA 的状态（图 10-9）。

2. 延长阶段　在肽链延长因子、GTP、K^+ 和 Mg^{2+} 的参与下，对 mRNA 链上的遗传信息进行连续翻译，使肽链逐渐延长。肽链每延长一个氨基酸残基单位，需经过进位、转肽和移位三个步骤。

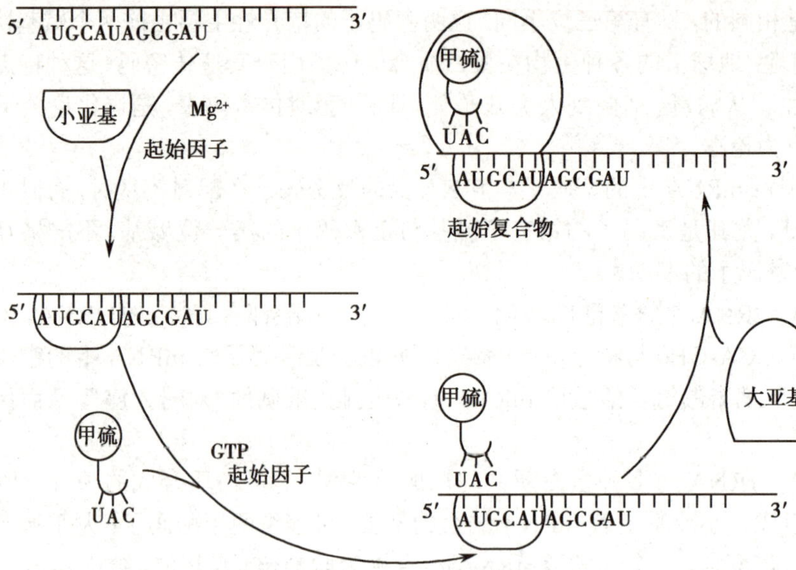

图 10-9 肽链合成的起始过程

（1）进位：氨基酰 -tRNA 以其反密码子与对应于氨基酰位的 mRNA 密码子进行识别配对，从而进入氨基酰位。此步骤需要延长因子及 GTP 参与。

（2）转肽：在转肽酶催化下，肽酰位上的肽酰基（或甲硫氨酰基）转移至氨基酰位，与氨基酰位上的氨基酰形成肽链连接，肽酰位上脱去肽酰基的 tRNA 脱离复合物，此步骤需要 K^+ 和 Mg^{2+} 的参与。

（3）移位：转位酶催化核糖体沿 mRNA5′→3′ 方向移动相当于一个密码子的距离，原处于氨基酰位的肽链 -tRNA 移至肽酰位，氨基酰位空出，准备接受下一个氨基酰 -tRNA。此步骤需要延长因子、GTP、K^+ 和 Mg^{2+} 的参与（图 10-10）。

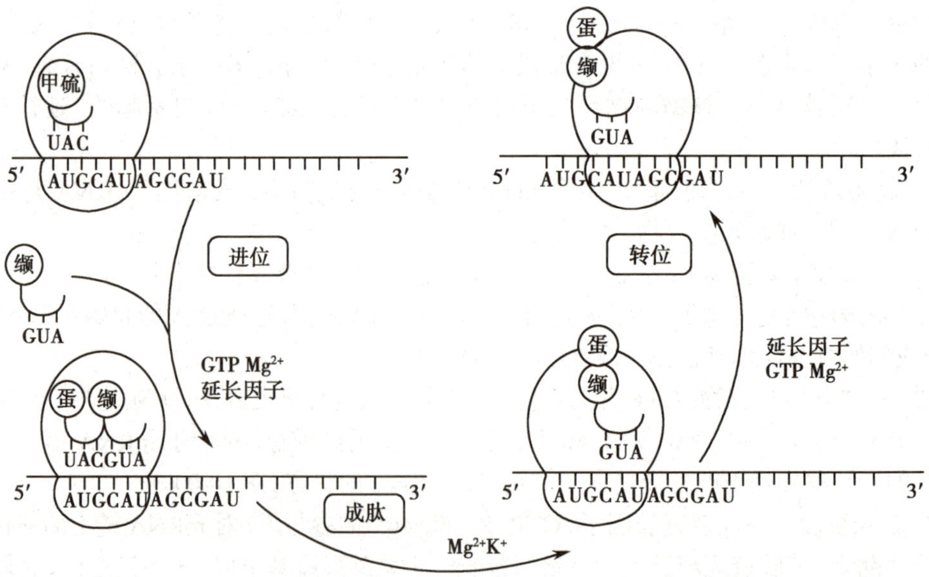

图 10-10 肽链合成的延长过程

上述三个步骤不断重复，使肽链按 mRNA 上的密码排列逐渐延长，直到进入终止阶段。

3. 终止阶段　当核糖体移位至氨基酰位上出现终止密码时，任何氨基酰 -tRNA 都不能进位。终止因子识别终止密码并与其结合，诱导转肽酶变构而表现出水解酶活性，使肽酰位上的肽链水解释放，tRNA 和延长因子从复合物中脱落，核糖体与 mRNA 分离，大小亚基解聚，整个肽链合成过程结束（图 10-11）。

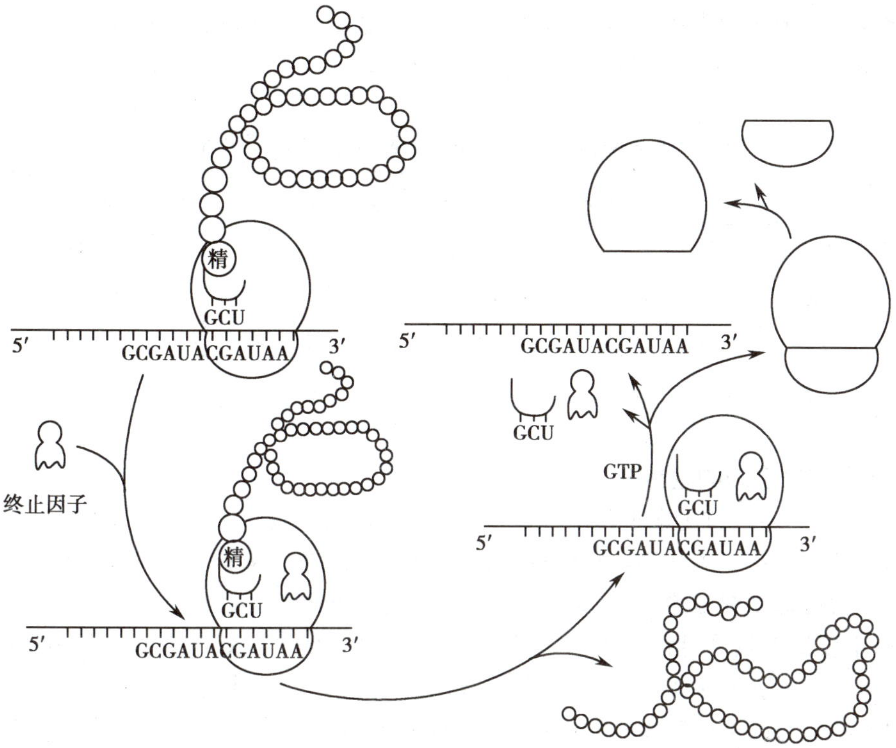

图 10-11　肽链合成的终止过程

肽链合成结束后，解离的大小亚基重新与 mRNA 聚合，开始下一条肽链的合成，故肽链合成过程也称为核糖体循环。由于多个核糖体可相隔一定距离与同一条 mRNA 结合，同时进行相同肽链的合成，使 mRNA 得到充分利用，也提高了蛋白质合成的速度。所以，肽链合成过程又称为多核糖体循环。

（三）肽链合成后的加工修饰

核糖体循环合成的多肽链往往不具有生物活性，必须经过细胞内各种方式的加工修饰，才能成为具有生物活性的蛋白质，此过程称为翻译后加工。多肽链加工修饰的方式很多，主要有切除 N 端的甲硫氨酸、水解去除某些肽段或氨基酸残基、对某些氨基酸进行化学修饰，形成二硫键、与辅基结合等。单链蛋白质经过此加工后就具有生物活性；由两个或两个以上亚基组成的蛋白质，在每条多肽链合成加工结束后，还必须通过非共价键将各个亚基聚合起来形成四级结构，才能成为有生物活性的蛋白质。

三、蛋白质生物合成与医学的关系

蛋白质是生命的重要物质基础，与机体的组成及各种生命现象密切相关。蛋白质生物合成异常，必然导致机体代谢异常，从而引起疾病。临床医学利用此机制，可对病原生物或某些疾病进行干预。

（一）分子病

由于 DNA 分子上的基因遗传缺陷，使蛋白质分子一级结构发生改变，导致蛋白质出现功能障碍所引起的疾病称为分子病。分子病是一类遗传性疾病，镰刀状红细胞性贫血就是其典型病种。此类患者因基因缺陷（表 10-3），使血红蛋白 β 链相应位置的谷氨酸残基变成了缬氨酸残基，形成异常血红蛋白 HbS。HbS 在氧分压较低时容易连接成巨大分子，附着在红细胞膜上，使红细胞扭曲成镰刀状且极易破裂，从而导致溶血性贫血。

表 10-3 镰刀状红细胞性贫血患者血红蛋白基因异常表

	正常	镰刀状红细胞性贫血
相关的 DNA	3′……CTT……5′	3′……CAT……5′
相关的 mRNA	5′……GAA……3′	5′……GUA……3′
β 链 N 端第 6 位氨基酸残基	N 端……谷……C 端	N 端……缬……C 端
血红蛋白种类	HbA	HbS

（二）蛋白质合成的阻断剂

1. 抗生素　多种抗生素可作用于遗传信息传递的各个环节，阻抑细菌或肿瘤细胞的蛋白质合成，从而发挥药理作用。如丝裂霉素、博来霉素、放线菌素等可抑制 DNA 的模板活性；利福霉素可抑制细菌的 RNA 聚合酶活性，通过影响转录来阻抑蛋白质的合成。另一些抗生素则主要影响翻译过程，如四环素能与细菌核糖体的小亚基结合使其变构，从而抑制 tRNA 的进位；链霉素则抑制细菌蛋白质合成的起始阶段，并引起密码错读而干扰蛋白质的合成；氯霉素能与细菌核糖体的大亚基结合，抑制转肽酶活性等。

一些抗生素的作用位点及作用机制如表 10-4 所示。

表 10-4 一些抗生素的作用位点及作用

抗生素	作用位点	作用机制
四环素	原核核糖体小亚基	抑制氨基酰 -tRNA 与小亚基的结合
氯霉素	原核核糖体大亚基	抑制肽酰转移酶，阻断肽键的形成
链霉素、卡那霉素	原核核糖体小亚基	改变构象，引起读码错误，抑制起始
红霉素	原核核糖体大亚基	抑制肽酰转移酶，妨碍转位
嘌呤霉素	原核、真核核糖体	氨基酰 -tRNA 类似物，使肽链从核糖体上解离

2. 其他因素　某些毒素能在肽链延长阶段阻断蛋白质合成而引起毒性，如白喉毒素可特异抑制人和哺乳动物肽链延长因子 2 的活性，强烈抑制真核细胞蛋白质的生物合成。干扰素是真核生物细胞感染病毒之后产生并分泌的一类蛋白质，它能阻断病毒蛋白质的合成，抑制病毒繁殖。此外，干扰素还具有调节细胞生长分化、激活免疫系统等作用，临床应用十分广泛。

知识链接

基因工程(又称重组DNA技术)

基因是DNA分子上携带着遗传信息的碱基序列片段。基因工程是近几年来发展较快的一项分子生物学高新技术，是将所获得的目的基因在体外与基因载体重组，然后将其转入适当宿主细胞中，随着该细胞的繁殖，DNA重组体得到扩增，产生大量的目的基因片段(克隆)，并同时使目的基因得以表达。

1972年2月22日，英国的生物遗传学家维尔穆特成功地克隆出了多利羊。2005年8月5日我国第一头体细胞克隆的小香猪诞生，2007年7月16日另一头体细胞克隆的巴马小型猪在上海诞生，表明我国DNA重组技术迈上了新台阶。

本章小结

核酸在各种酶作用下逐步分解为碱基和磷酸核糖；两者可重新合成核苷酸，也可进一步分解。嘌呤碱分解生成尿酸，嘧啶碱分解成NH_3、CO_2及β-丙氨酸或β-氨基异丁酸。核苷酸有从头合成途径和补救合成途径，以从头合成途径为主，而补救合成途径对脑、骨髓等不能利用从头合成嘌呤核苷酸的组织尤其重要。

基因信息的传递主要包括复制、转录和翻译。复制是合成DNA的主要方式，特点为半保留复制及半不连续复制。转录是合成RNA的主要方式，特点是不对称转录。翻译是合成蛋白质的过程，需要mRNA、tRNA、rRNA参加。其过程包括氨基酸的活化与转运、肽链的合成、翻译后加工及亚基的聚合三个阶段；肽链合成是中心环节，包括进位、转肽和移位三个步骤。蛋白质生物合成异常，必然导致机体代谢异常，从而引起疾病，如分子病。抗生素和干扰素等能通过抑制复制、转录和翻译过程阻碍蛋白质合成，从而起到抑菌、抗肿瘤作用。

(冷淑萍)

目标测试

(单项选择题)

1. 嘌呤核苷酸分解的终产物是
   A. 丙氨酸　　B. 尿酸
   C. CO_2　　D. β-氨基异丁酸
   E. NH_3
2. DNA复制时，模板序列5′—TAGA—3′，将合成子链序列是
   A. 5′—TCTA—3′　　B. 5′—ATCA—3′
   C. 5′—UCUA—3′　　D. 5′—GCGA—3′
   E. 3′—TCTA—5′
3. 遗传信息传递的中心法则是
   A. DNA→RNA→蛋白质　　B. RNA→DNA→蛋白质

C. 蛋白质→DNA→RNA
D. DNA→蛋白质→RNA
E. RNA→蛋白质→DNA

4. 合成RNA需要的原料是
A. dNTP
B. dNMP
C. NMP
D. NTP
E. NDP

5. RNA聚合酶核心酶的组成是
A. αββ′
B. αβ′β
C. αββ
D. $\alpha_2\beta\beta'$
E. $\alpha_2\beta\beta'\sigma$

6. 下列有关遗传密码的叙述中错误的是
A. 简并性
B. 连续性
C. 特异性
D. 通用性
E. 方向性

7. 蛋白质生物合成的场所是
A. 细胞质
B. rRNA
C. 核糖体
D. 内质网
E. 细胞质

8. 蛋白质合成的直接模板是
A. DNA
B. hnRNA
C. tRNA
D. mRNA
E. rRNA

9. 在DNA复制中，RNA引物的作用是
A. 引导DNA聚合酶与DNA模板结合
B. 提供5′-P末端
C. 提供3′-OH末端为脱氧核苷三磷酸的加入位点
D. 诱导RNA合成
E. 提供四种NTP附着的部位

10. 翻译的含义是指
A. mRNA的合成
B. tRNA的合成
C. tRNA运输氨基酸
D. 核糖体大、小亚基的聚合与解聚
E. 以mRNA为模板合成蛋白质的过程

第十一章 水和无机盐代谢

学习目标

1. 掌握：水和无机盐的生理功能，血钙与血磷。
2. 熟悉：体液的分布与组成；水的摄入和排出；钠、氯、钾的代谢，钙磷的含量、生理功能及钙磷代谢的调节。
3. 了解：微量元素的代谢。

水和无机盐是人体必需的营养物质，也是构成体液的主要成分。体液由体内的水分以及溶解于水中的无机盐、有机物和蛋白质组成。水和无机盐代谢又称水、电解质平衡，主要是指水和无机盐的摄取、排泄、在体内的存在形式和分布及体液交换等。水、电解质平衡是维持细胞正常代谢、保证各器官生理功能与生命活动所必需的条件。

第一节 体 液

一、体液的分布与含量

(一) 体液的分布

体液广泛分布于细胞内外，构成了人体内环境。正常成年人体液总量约为体重的60%，其中分布于细胞内的体液称为细胞内液，约占体重的40%；分布于细胞外的体液称为细胞外液，占体重的20%。血浆和细胞间液共同构成细胞外液，细胞外液中血浆约占体重的5%，细胞间液约占体重的15%。

血浆在心血管系统内循环流动，是沟通人体内外环境的重要转运体系，对维持生命活动极为重要。消化液、尿液、渗出液等是细胞外液的特殊部分，这些特殊体液的大量丢失可影响体液的容量、渗透压和酸碱平衡。

机体内体液的总量和分布具有明显的个体差异，受年龄、性别和胖瘦等因素影响。年龄越小，体液占体重的百分比越大；成年男性体液量多于同体重女性；肥胖者比同体重均衡体型者体液总量低。

知识链接

由于婴幼儿体内含水量较多，每日对水的需要量高，以每千克体重计算，可比成人高 2～4 倍，同时，婴幼儿每千克体重的体表面积比成年人大，水通过皮肤蒸发快，而调节水平衡的能力又差，因此，婴幼儿易发生电解质平衡紊乱。

（二）体液的电解质含量及特点

体液中的溶质如无机盐、蛋白质和有机酸等常以离子状态存在，故称电解质。电解质在细胞内、外液含量不尽相同，各具特点。

1. 无论细胞内液或细胞外液，其所含阴离子与阳离子的摩尔电荷总量相等，体液呈电中性。

2. 细胞内液和细胞外液电解质分布差异很大。细胞外液的阳离子以 Na^+ 为主，阴离子以 Cl^- 和 HCO_3^- 为主；而细胞内液的阳离子以 K^+ 为主，阴离子以 HPO_4^{2-} 和蛋白质负离子为主。这种差异的存在和维持，是细胞完成基本生命活动所必需的。

3. 细胞内外液渗透压基本相等。由于细胞内液含有二价离子（HPO_4^{2-}、SO_4^{2-}、Mg^{2+} 等）和蛋白质负离子较多，故细胞内液的电解质总量（以摩尔电荷浓度计）大于细胞外液。

4. 血浆与细胞间液两者的电解质组成及含量比较接近，而血浆中的蛋白质明显高于组织间液，故血浆胶体渗透压高于细胞间液胶体渗透压。这一点对维持血容量和血浆与细胞之间水交换有重要作用。

电解质含量和分布的特点与体液的酸碱平衡、电荷平衡、渗透压平衡以及物质交换等密切相关。体液中主要的电解质含量见表 11-1。

表 11-1 体液中电解质含量（单位：mmol/L）

电解质	血浆		细胞间液		细胞内液（肌肉）	
	离子	电荷	离子	电荷	离子	电荷
正离子						
Na^+	145	（145）	139	（139）	10	（10）
K^+	4.5	（4.5）	4	（4）	158	（158）
Ca^{2+}	2.5	（5）	2	（4）	3	（6）
Mg^{2+}	0.8	（1.6）	0.5	（1）	15.5	（31）
合计	152.8	（156）	145.5	（148）	186.5	（205）
负离子						
Cl^-	103	（103）	112	（112）	1	（1）
HCO_3^-	27	（27）	25	（25）	10	（10）
HPO_4^{2-}	1	（2）	1	（2）	12	（24）
SO_4^{2-}	0.5	（1）	0.5	（1）	9.5	（19）
蛋白质	2.25	（18）	0.25	（2）	8.1	（65）
有机酸	5	（5）	6	（6）	16	（16）
有机磷酸		（-）		（-）	23.3	（70）
合计	148.75	（156）	144.75	（148）	79.9	（205）

二、体液的交换

各部分体液之间不断地通过物质交换将营养物质输送到组织细胞中，组织细胞又将代谢排出的代谢废物和 CO_2 经由血液运输到肾、肺、肠道等器官排出体外。体液之间不断地进行着水、电解质和小分子有机物的交换，以保证营养物质和代谢产物的相互沟通，使内环境保持相对稳定。

（一）血浆与细胞间液之间的交换

血浆与细胞间液之间进行物质交换的屏障是毛细血管壁。毛细血管壁是一种半透膜，葡萄糖、氨基酸、尿素及无机盐等小分子物质可以自由通过，而血浆蛋白质等大分子物质则不能自由通过。

由于毛细血管动脉端与静脉端的血压、血浆胶体渗透压和组织静水压的变化，维持着血管中流动着的血浆和细胞间液之间的动态平衡。若这些因素在病理状况下发生改变，可导致水与电解质平衡失常，出现水肿等现象，严重者可危及生命。

（二）细胞间液与细胞内液之间的交换

细胞内液与细胞外液之间进行物质交换的屏障是细胞膜，细胞膜也是半透膜，它与毛细血管壁不同，因为其对物质的透过有较为严格的限制。当细胞内、外液之间出现渗透压差时，主要依靠水的转移维持细胞内外的渗透压平衡。细胞外渗透压过高时，水从细胞内大量转移到细胞外，细胞失水萎缩；反之，细胞内渗透压过高时，水从细胞外大量流入细胞内，细胞充盈肿胀。细胞内水分丢失过多或进入细胞的水分过多时，将导致体液渗透压失衡，引起细胞功能紊乱。

（三）消化液与血浆之间的交换

正常成年人每天分泌约 8200ml 消化液，其中含有多种电解质和多种消化酶，渗透压与血浆渗透压基本相等。这些消化液分布在消化道内，绝大部分随着食物的消化吸收而被消化道重吸收，每日随粪便排出体外的大约只有 150ml 左右。如果消化液大量丢失，可导致脱水、酸碱平衡紊乱及电解质失衡，如严重呕吐或腹泻等。

知识拓展

由于机体细胞生存的内环境由水和电解质组成，目前科学家们主要致力于研究内环境对于细胞再生、肿瘤发生及生长的影响，尤其在内环境对神经细胞再生等方面取得了可喜进展。

钠、钾元素与高血压的关系已经得到了大量科研数据的支持。摄入钾在减少肾结石、骨质疏松甚至在减少卒中发生率方面有重要意义；补充碳酸氢钾，而不是常用的氯化钾，可以降低血管阻力，改善血管扩张，对降低高血压严重性有重要意义。骨骼的硬度与再生、血液透析患者的代谢紊乱以及含钙磷生物学材料的研究已成为钙磷元素的研究热点。因微量元素相关疾病种类众多，故微量元素与人体常见病、多发病的关系已成为大多数科学家研究的方向。

第二节 水的代谢

一、水的生理功能

水是机体中含量最多的组成成分，体内的水一部分与蛋白质、多糖等物质相结合，以结合水的形式存在；另一部分以自由状态存在于机体内，称为自由水。水在体内的生理功能主要体现在以下几个方面。

1. 调节体温　水是良好的体温调节剂。水的比热大，能吸收或者释放较多的热量而本身温度升高或者降低不多；水的蒸发热大，蒸发少量的汗就能散发大量的热；水的流动性大，导热性强，而且细胞内液、血浆和细胞间液中水的交换非常迅速，能使物质代谢释放的热量迅速、均匀地分布于全身，并通过辐射的形式从体表散发。

2. 运输并参与物质代谢　水是良好的极性溶剂，流动性大，机体内大多数的营养物质和代谢废物都能较好地溶解于水中，通过血液循环而被运输至目的器官或组织。进行营养物质的消化、吸收、运输和代谢废物的排出。水分子还直接参与许多化学反应，如水解、水化、加水脱氢等。

3. 润滑作用　水作为润滑剂可以起到湿润和减少摩擦的作用。如唾液可保持口腔和咽部湿润，有利于吞咽；泪液可以防止眼球干燥，有利于眼球转运；关节滑液有助于关节转运；胸膜腔和腹膜腔的液体可减少组织间的摩擦等。

4. 维持组织器官的正常形态、硬性和弹性　不同组织器官含水量不同，水在其中的存在形式也不同，使各种组织器官具有不同的形态、硬度和弹性。

二、水的摄入和排出

正常成人每日水的摄入和排出处于动态平衡。正常成人每日需水量约为2500ml。

（一）水的来源

体内水的来源主要有以下三个方面。

1. 饮水　饮水量多少因个人习惯、气候条件、劳动强度和生理情况的不同有很大差别。成人每天饮水约1200ml。

2. 食物　成人每天随食物摄入的水量约为1000ml左右。

3. 代谢水　糖、脂肪、蛋白质等营养物质在生物体内进行生物氧化时生成的水称为代谢水，又称为内生水，其生成量比较恒定，每天约为300ml。若大量机体组织被破坏，可使体内迅速产生大量内生水。

（二）水的去路

> **考点链接**
> 体内水的来源与去路

正常成人每天排出的水量约为2500ml，体内水的排出途径主要有以下四个方面。

1. 肾排出　肾是人体排水的主要器官。正常成人每天排出尿量约为1500ml。但尿量受其他水的来源及去路途径影响很大，机体排尿除排出体内多余的水分外，更重要的生理功能是通过排尿过程排出机体内代谢终产物如尿素、尿酸等，防止其在身体内堆积对机体产生不良影响。正常成人每天产生代谢终产物约35～40g，一般每1g溶质需要15ml尿液才能溶解。故正常成人每天的最低尿量不应低于 500ml 才能保证代谢产物保持溶解状态随尿排出，否则代谢终产物将潴留在机体内，造成尿毒症。

2. 呼吸蒸发　呼吸蒸发是指肺在呼吸时以水蒸气的形式排出的水分，正常成人每日通过呼吸排出的水分约 350ml。肺呼吸的频率和深度与肺排水量密切相关，如某些疾病导致的呼吸加深加快，可增加肺的排水量。

3. 皮肤蒸发　皮肤也属于机体的排泄器官，皮肤蒸发分为显性出汗和非显性出汗两种方式。显性出汗是指皮肤通过汗腺分泌的汗液。显性出汗多少与环境温度、劳动强度等因素有关，除失水外也有电解质的丢失，属于水的额外丢失而非生理性丢失。非显性出汗是指体表皮肤蒸发的水分，其中电解质含量微小，可将其视为纯水，正常成人每日通过此方式排出的水约 500ml。

知识链接

汗液是一种低渗溶液，其中[Na^+]为 40～80mmol/L，[Cl^-]为 35～70mmol/L，[K^+]为 3～5mmol/L。故高温作业或强体力劳动大量出汗后，除失水外，也有 Na^+、Cl^-、K^+ 等电解质的丢失，此时，在补充水分的基础上还应注意电解质的补充。

4. 消化道排出　胃肠道的消化液大部分会随着食物的吸收而被重吸收，只有极少部分随粪便排出体外。正常成人每日随粪便排出的水量约为 150ml。

所以，正常成人每日水的摄入与排出各为 2500ml，基本保持水的进出量大致相等，这是正常生理状态下的水平衡，故将此量称为生理需水量（表 11-2）。

表 11-2　正常成人每日水的平均出入量（单位：ml）

水的摄入途径	摄入量	水的排出途径	排出量
饮水	1200	肾排出	1500
食物	1000	皮肤蒸发	500
代谢水	300	呼吸蒸发	350
		粪便排出	150
总计	2500	总计	2500

当机体由于某些原因不能进食、进水时，经由皮肤、肺、消化道和肾仍在排水，以正常人每天最低尿量 500ml 计，每日排出水约 1500ml，这是人体每天必然丢失的水量，称为必然失水量，只有补足此量才能维持机体最基础的生理代谢。若机体不能通过饮食补充水分，除机体自身产生的 300ml 代谢水外，正常成人每日最低应补充水分约 1200ml，才能维持基础生理需要。故正常成人每日的最低需水量为 1200ml。

第三节　无机盐的代谢

机体的电解质分为有机电解质（蛋白质等）和无机电解质（如无机盐）两部分，后者的主要阳离子有 Na^+、K^+、Ca^{2+} 和 Mg^{2+} 等，主要阴离子有 Cl^-、HPO_4^{2-}、HCO_3^- 等，它们需维持一定的浓度才能支持机体正常活动的进行。

一、无机盐的生理功能

（一）维持体液的渗透压和酸碱平衡

Na^+、Cl^- 是维持细胞外液渗透压的主要离子；K^+、HPO_4^{2-} 是维持细胞内液渗透压的主要离子。这些离子同时也是体液和红细胞中各种缓冲对的主要组成成分，在体液酸碱平衡的调节中起重要作用。

（二）维持神经、肌肉的兴奋性

神经、肌肉的应激性与体液中各种电解质的浓度和比例密切相关。Na^+、K^+ 可提高神经肌肉的应激性，而 Ca^{2+}、Mg^{2+} 等的作用则相反。

无机离子对神经、肌肉兴奋性的影响机制如下式所示：

$$\text{神经、肌肉的应激性} \propto \frac{[Na^+]+[K^+]}{[Ca^{2+}]+[Mg^{2+}]+[H^+]}$$

从上式看出，Na^+、K^+ 离子可增强神经、肌肉的兴奋性，Na^+、K^+ 离子浓度升高时，可增强神经、肌肉的兴奋性，Na^+、K^+ 离子浓度降低时，神经、肌肉接头的兴奋性降低，表现为肌肉无力，甚至肌肉麻痹。而 Ca^{2+}、Mg^{2+} 离子浓度降低时，神经、肌肉兴奋性增强，可出现手足抽搐，严重者可发生惊厥。

无机离子对心肌兴奋性的影响机制如下式所示：

$$\text{心肌细胞的应激性} \propto \frac{[Na^+]+[Ca^{2+}]+[OH^-]}{[K^+]+[Mg^{2+}]+[H^+]}$$

从上式看出，K^+ 离子对心肌有抑制作用，K^+ 离子浓度升高，心跳慢、弱而不规则，严重时心跳可停止在舒张期。K^+ 离子浓度降低时，心肌兴奋性增强，可引起心律失常，心跳常停顿于收缩期。而 Na^+、Ca^{2+} 离子作用与 K^+ 离子相拮抗，因此，临床上高钾血症所致的心肌兴奋性降低可用提高细胞外液 Ca^{2+} 离子浓度来拮抗。

（三）维持机体细胞正常新陈代谢

部分无机离子是酶的辅助因子或是辅助因子的组成成分。如各种 ATP 酶需要一定浓度的 Na^+、K^+、Mg^{2+} 和 Ca^{2+} 的存在才表现活性；唾液淀粉酶的激活剂是 Cl^-，细胞色素氧化酶发挥作用需要 Fe^{2+} 和 Cu^{2+} 离子存在。

考点链接

无机盐的生理功能

无机盐在机体代谢及调控中起着重要作用，如 Na^+ 参与小肠对葡萄糖的吸收，K^+ 参与糖原和蛋白质的合成，Ca^{2+} 还参与血液的凝固过程等。

（四）构成骨骼、牙齿及其他组织

体内的所有细胞、组织、器官均含电解质，电解质参与维持细胞的静息电位，并参与动作电位的形成。骨骼和牙齿中的主要成分是钙和磷，骨中的无机盐又称骨盐，占骨干重的 65%～70%，其中正离子主要为 Ca^{2+}，其次为 Mg^{2+}、Na^+ 等；负离子主要为 PO_4^{3-}，其次为 CO_3^{2-}、OH^-。

（五）构成体内有特殊功能的化合物

如血红蛋白和细胞色素中的铁、维生素 B_{12} 中的钴等。

二、钠和氯的代谢

（一）含量与分布

正常人体内的钠含量约为 1g/kg 体重。钠有 45% 分布于细胞外液，45% 结合于骨骼的基质，其余10%存在于细胞内液。血清钠浓度为135～145mmol/L。

氯主要分布于细胞外液中，血清氯浓度为98～106mmol/L。

（二）吸收与排泄

1. 吸收 天然食物中含钠很少，人体摄入钠和氯主要来自于食盐（NaCl），一般成人每日NaCl需要量为4.5～9g，而实际摄入量受多种因素影响，因个人饮食习惯、生活情况等的不同而有很大差别。机体摄入的钠大部分在小肠被吸收，通常每日摄入量约在7～15g之间。在消化道内，钠和氯以离子形式易被吸收。

2. 排泄 Na^+和Cl^-主要由肾随尿排出，少量由粪便及汗腺排出。在醛固酮的影响下，肾对钠的排泄具有强大的调节能力。肾脏排钠的特点是“多吃多排，少吃少排，不吃不排”，因而一般情况下，机体不会出现钠和氯的缺乏。体内氯随钠排出。

三、钾的代谢

（一）含量与分布

正常成人体内的钾含量为2g/kg体重，其中98%存在细胞内液中，细胞外液仅占2%左右。细胞内液中钾浓度为150mmol/L左右，而血清中钾浓度仅为3.5～5.5mmol/L。

钾离子在细胞内外液中的分布可因某些生理因素而发生改变。血钾浓度极易受到蛋白质、糖原合成和分解以及细胞外H^+的影响。机体每合成1g糖原需要0.15mmolK^+进入细胞内，每合成1g蛋白质需要0.45mmol K^+进入细胞内，而糖原或蛋白质分解时会释放等量的K^+到细胞外。另外，机体发生酸中毒时，细胞外液H^+浓度增大，大量的H^+进入细胞内可缓解酸中毒的程度，同时有K^+转移出细胞以维持细胞内外液的电中性，引起高钾血症。反之，碱中毒时则引起低钾血症。

（二）吸收与排泄

1. 吸收 正常成人每日约需钾2.5g。大部分来源于食物，如蔬菜、水果、谷类、肉类、豆类、薯类等食物，日常膳食就能满足机体对钾的需要。食物中的钾约90%在消化道被吸收。当消化道出现溃疡等疾病时，会影响钾的摄入。

2. 排泄 钾主要经肾脏随尿进行排泄，少量由肠道排出（结肠的排钾功能），二者均受醛固酮的调节。肾脏的远曲小管和集合管具有泌钾功能，肾脏排钾的特点是“多吃多排，少吃少排，不吃也排”，所以对不能进食者常常出现缺钾的现象，应注意适当、及时的补钾。

第四节 水与无机盐平衡的调节

案例

患者，男，42岁，患1型糖尿病8年，因神志不清入院，3天前因食用变质食品出现呕吐、腹泻，未进食已3日，实验室检查血钾6.1mmol/L、血钠128mmol/L。

请问：1. 为什么糖尿病患者会出现“三多一少”（多饮、多食、多尿和消瘦）的症状？

2. 为什么糖尿病患者在呕吐、腹泻、未进食的情况下会出现高钾血症和低钠血症？

机体水和无机盐的平衡在神经系统和激素的调节下，主要通过肾脏实现。参与调节的激素主要是抗利尿激素和醛固酮。

一、神经系统的调节

神经系统对水和电解质平衡的调节主要通过调节摄水量实现。中枢神经系统通过感受体液渗透压的变化，直接影响水的摄入。当机体缺水或体液渗透压升高时，通过神经反射兴奋口渴中枢，引起摄水量增加，以补充水分，降低体液渗透压；反之，则口渴中枢抑制，摄水量减少。

二、抗利尿激素的调节

抗利尿激素（ADH）是由下丘脑视上核分泌的一种九肽激素，又称加压素。储存于垂体，机体需要时释放入血。它的作用是可增强肾小管对水的重吸收能力，使尿量减少。当机体因大量出汗、严重呕吐或腹泻引起血浆渗透压升高、血容量减少或血压下降时，抗利尿激素释放增加，刺激肾小管对水的重吸收增加、尿量减少，大部分水保留在体内，使血浆渗透压恢复正常；反之则抗利尿激素释放减少，肾小管对水的重吸收作用减弱，大量水分通过肾脏排出，使血浆渗透压恢复正常。

三、醛固酮的调节

醛固酮是肾上腺皮质球状带分泌的一种类固醇激素，它的作用是促进肾远曲小管和集合小管重吸收 Na^+、分泌排出 K^+ 和 H^+，同时伴有 Cl^- 和 H_2O 的重吸收，使尿量减少。醛固酮的分泌受肾素 - 血管紧张素 - 醛固酮系统影响，当血容量下降、血压下降，有效循环血量下降，肾血流量减少时，促使醛固酮分泌增加，加强肾小管对水钠的重吸收，使血容量与血压得以恢复。当机体内血钠降低、血钾升高或血浆 $[Na^+]/[K^+]$ 减小时，醛固酮分泌增加，促进肾小管保钠排钾，使机体电解质浓度恢复正常。

第五节　钙、磷的代谢

一、钙和磷的含量和分布

钙、磷是人体内含量最多的无机盐，正常成人体内钙总量为 700～1400g，磷总量为 400～800g。人体内 99% 以上的钙和 86% 以上的磷分布于骨中，构成骨骼和牙齿的主要成分，其余部分存在于体液和软组织中。

二、钙和磷的生理功能

1．参与构成骨骼和牙齿　钙、磷在体内的主要功能是构成骨盐，以羟磷灰石 $[Ca_{10}(PO_4)_6(OH)_2]$ 结晶的形式结合在胶原纤维上，形成具有一定硬度的骨骼。骨骼作为机体的支架，负荷体重，同时又是体内钙、磷的储存库。

2．钙的生理功能　存在于体液和软组织中的钙是以离子形式，也就是 Ca^{2+} 形式存在。钙的主要生理功能：①降低神经肌肉的兴奋性。当机体中血钙浓度降低时，可使神经肌肉兴奋性升高，以致发生抽搐。②降低细胞膜和毛细血管壁的通透性。③作为细胞膜受体型激素的第二信使。④作为某些酶的辅助因子。⑤增强心肌收缩力。⑥参与凝血过程。

3. 磷的生理功能　磷除参与构成骨盐外，主要以磷酸根的形式在体内发挥多种生理作用：①是体内许多重要化合物的组成成分；②参与糖、脂、蛋白质和核酸等物质的代谢和能量代谢；③参与物质代谢的调节；④参与体内酸碱平衡调节。

三、钙磷的吸收与排泄

1. 钙的吸收和排泄　正常成人每日需钙量为 0.6～1.0g，主要从食物中摄取，牛奶、豆类是人体内钙的主要来源。钙的吸收主要在十二指肠和空肠上段，钙盐在酸性溶液中易溶解，凡使消化道内 pH 下降的食物（如糖、氨基酸等）均有利于钙的吸收。影响钙吸收的因素主要有：①食物中的草酸盐、碱性磷酸盐、植酸盐可与钙形成不溶性磷酸钙复合物，不利于钙的吸收。②活性维生素 D 能促进钙和磷的吸收。③食物中的钙磷比例为 2∶1 时更有利于钙的吸收。④年龄因素也是影响食物中钙吸收的重要方面，钙的吸收随年龄的增长而下降。平均每增长 10 岁，吸收率下降 5%～10%，这也是造成老年人骨质疏松的原因之一。

正常成人每日排出的钙中约 80% 由肠道排出，20% 由肾排出。肾小球每日滤过约 9g 游离钙，大约 99% 被肾小管重吸收，只有大约 1% 左右随尿排出体外。肾小管对钙的重吸收量与血钙浓度相关。血钙浓度降低可增加肾小管对钙的重吸收率，原尿中的钙几乎全部被重吸收，而血钙高时肾小管对钙的重吸收减少。肾对钙的重吸收受甲状旁腺激素的严格调控。

2. 磷的吸收和排泄　食物中的有机磷酸酯和磷脂水解生成无机磷酸盐在小肠上段被吸收。钙、镁、铁可与磷酸根生成不溶性化合物而影响其吸收。肾小管对血磷的重吸收也取决于血磷水平，血磷浓度降低可增高磷的重吸收率；血钙增加可降低磷的重吸收，甲状旁腺激素抑制血磷的重吸收，增加磷的排泄。

四、血钙和血磷

血钙是指血浆或血清中的钙，正常成人血钙含量为 2.25～2.75mmol/L（9～11mg/dl），约一半是游离 Ca^{2+}；另一半主要与清蛋白结合，小部分与小分子有机物（如柠檬酸）结合，后两者统称为结合钙。发挥生理作用的主要是游离钙，游离钙与结合钙在血浆中呈动态平衡状态，血浆 pH 可影响它们的平衡。当血浆 pH 偏低时，结合钙解离，血浆游离钙增多；反之，则结合钙增多，而游离钙减少，神经肌肉兴奋性增高。故碱中毒患者常出现手足抽搐。

血浆中的磷主要以无机磷酸盐的形式存在，如 Na_2HPO_4 和 NaH_2PO_4 等。成人血磷含量约为 1.1～1.3mmol/L（3.5～4.0mg/dl）。

正常人血液中钙和磷的浓度乘积相对恒定，当两者浓度以 mg/dl 表示时，其乘积为一常数，即 $[Ca]\times[P]=35\sim40$。当此乘积大于 40 时，钙磷以骨盐的形式沉积于骨组织中；若小于 35 时，则发生骨盐溶解，甚至发展成佝偻病或软骨症。

五、钙、磷代谢的调节

调节钙和磷代谢的主要激素有活性维生素 D、甲状旁腺激素和降钙素。主要调节的靶器官有小肠、肾和骨。通过调节使血浆中钙磷浓度和两者的比例保持相对稳定。

> **考点链接**
> 钙磷代谢的调节

1. 1，25- 二羟维生素 D_3　1，25- 二羟维生素 D_3[1，25-

$(OH)_2$-D_3]被称为活性维生素 D，由维生素 D_3 经肝和肾的羟化作用生成，主要靶器官是小肠和骨，促进小肠对钙的吸收，同时磷的吸收也随之增加。生理剂量的 1，25-$(OH)_2$-D_3 可促进骨盐沉积，促进骨基质的成熟，有利于成骨。总的作用是使血钙和血磷升高。

2. 甲状旁腺激素　甲状旁腺激素（PTH）的主要作用靶器官是骨和肾。PTH 激活破骨细胞，促进破骨作用，使血钙与血磷增高。PTH 促进肾小管对钙的重吸收，抑制对磷的重吸收。PTH 的总体作用是使血钙升高。

3. 降钙素　降钙素（CT）的作用靶器官为骨和肾，是唯一降低血钙浓度的激素。CT 通过激活成骨细胞、抑制破骨细胞促进成骨作用，从而降低血钙与血磷含量。CT 还抑制肾小管对钙、磷的重吸收。CT 的总体作用是使血钙与血磷降低。

血钙与血磷通过 1，25-$(OH)_2$-D_3、PTH 和 CT 对小肠、骨、肾组织的协同作用维持其正常的动态平衡，若任何靶器官或调节激素出现异常，均可使血钙、血磷浓度升高或降低，导致钙磷代谢紊乱。

第六节　微 量 元 素

组成人体的元素因其含量不同，可分为宏量元素和微量元素。凡占人体总重量万分之一以下，日需要量在小于 100mg 的称为微量元素。目前，公认的人体必需元素有铁、锌、铜、硒、钴、锰、铬、碘、氟、镍、钼、硅、锡等。微量元素在含量上极其微小，但具有十分重要的生理学功能。

一、铁

1. 代谢概况　铁是体内含量最多的一种微量元素，成年男性平均含铁量约为 50mg/kg 体重；女性因妊娠、哺乳、月经等因素略低于男性，约为 30mg/kg 体重。成年男性及绝经后的妇女需铁约 1mg/d，妊娠期妇女约 3.6mg/d。

人体内的铁主要来源于体内血红蛋白降解时所释放的铁，食物中的铁主要是补充因代谢丢失的部分。其吸收部位主要在十二指肠及空肠上段。影响铁吸收的因素主要有：① Fe^{2+} 比 Fe^{3+} 易吸收。②胃酸可促使铁盐溶解。③维生素 C 和谷胱甘肽可将 Fe^{3+} 还原成 Fe^{2+}，氨基酸、柠檬酸、苹果酸等能与铁离子形成络合物，有利于铁的吸收。临床上常用硫酸亚铁、柠檬酸铁铵、富马酸亚铁等作为口服补铁药剂。④鞣酸、草酸、植酸、无机磷酸、含磷酸的抗酸药等可与铁形成难溶的铁盐，从而影响铁的吸收。

吸收的铁在血液中与亚铁蛋白结合而运输。体内多余的铁与铁蛋白结合而储存，主要储存于肝、脾、骨髓、小肠黏膜、胰等器官。储存于小肠黏膜细胞内的铁随着细胞的脱落而排泄于肠腔，随着粪便排出体外。

2. 生理作用　铁在体内主要参与合成铁卟啉，约有 75% 存在于铁卟啉化合物中，25% 存在于其他含铁化合物（如含铁的黄素蛋白、铁硫蛋白、运铁蛋白等）中，而铁卟啉是血红蛋白、肌红蛋白、细胞色素系统、过氧化物酶及过氧化氢酶等的重要组成部分，这些物质在在气体运输、生物氧化和酶促反应中均发挥重要作用。

3. 代谢异常　成年人铁的缺乏可引起缺铁性贫血，即小细胞低血色性贫血。若长期铁摄入过剩，部分铁蛋白变性生成血铁黄素，体内铁沉积过多时可出现血红蛋白沉着症，引起器官损伤，可出现肝硬化、肝癌、糖尿病、心肌病、皮肤色素沉着、内分泌紊乱、关节痛等。

二、锌

1. 代谢概况　成人体内锌的含量 1.5～2.5g。锌主要在小肠吸收，肉类尤其是海鲜类、豆类、坚果、麦胚等含锌丰富。血中锌与清蛋白或运铁蛋白结合而运输。血锌浓度约为 0.10～0.15mmol/L。体内储存的锌主要与金属硫蛋白结合。锌主要经粪便排泄，其次为尿、汗、乳汁等。

2. 生理作用　锌是含锌金属酶的组成成分，与多种酶（碳酸酐酶、DNA 聚合酶和 RNA 聚合酶等）的活性有关。目前已知含锌酶有 200 多种。许多蛋白质，如反式作用因子、类固醇激素和甲状腺激素受体的 DNA 结合区，都有锌参与形成的锌指结构。锌指结构在转录调控中起重要作用。锌是合成胰岛素所必需的元素。锌也是重要的免疫调节剂，在抗氧化和抗炎症中均起重要作用。

3. 代谢异常　锌主要从食物摄入，各种原因引起的锌的生理需要量增加、锌的摄入不足、锌的吸收困难等，均可引起锌的缺乏。锌缺乏可引起生长发育滞后、生殖器官发育受损、智力发育不良，消化功能紊乱，伤口愈合缓慢，皮肤炎，脱发，严重者可致精神障碍等。

三、铜

成人体内铜的含量约为 80～110mg，成人每日需铜约 1.0～3.0mg，孕妇和生长期的青少年略有增加。铜主要在十二指肠吸收，血液中的铜主要与铜蓝蛋白、清蛋白或组氨酸形成复合物，铜主要随胆汁排泄。

铜是体内多种酶的辅基，如细胞色素氧化酶、多巴胺 β- 羟化酶、单胺氧化酶、酪氨酸酶、胞质超氧化物歧化酶等。铜增强血管内皮生长因子和相关细胞因子的表达，促进血管生成。

铜缺乏的特征性表现为小细胞低色素性贫血、出血性血管改变、白细胞减少、高胆固醇血症和神经疾患等。铜摄入过多也会引起中毒现象，如蓝绿粪便、唾液以及行动障碍等。

四、锰

正常人体内含锰约 12～20mg。成人每日需 2～5mg。锰主要从小肠吸收，与血浆中 γ-球蛋白、清蛋白、运铁蛋白结合。锰在体内主要储存于骨、肝、胰和肾。锰主要从胆汁排泄，少量可随胰液排出体外。

体内锰主要是多种酶的组成成分和激活剂，正常的免疫功能、血糖与细胞能量调节、生殖、消化、骨骼生长、抗自由基等均需要锰。

机体内锰缺乏时生长发育会受到影响。过量的锰可干扰多巴胺的代谢，导致精神病和帕金森神经功能障碍。

五、硒

成人体内含硒约为 14～21mg。硒在十二指肠吸收。硒入血后与球蛋白或极低密度脂蛋白结合而运输，主要随尿及汗液排泄。

硒在体内以硒代半胱氨酸的形式存在于近 30 种蛋白质中，可表达于各种组织，如动脉内皮细胞和肝血窦内皮细胞。硒蛋白 P 是硒的转运蛋白，也是内皮系统的抗氧化剂。

机体内硒的缺乏可导致生长缓慢、肌肉萎缩、毛发稀疏、精子生成异常等疾病，世界上不同地区的土壤中含硒量不同，影响食用植物中硒的含量，从而影响人类硒的摄取量。克山病和大骨节病都被认为是由于地域性生长的农作物中含硒量低引起的地方病。由于硒的抗氧化作用，服用硒或含硒制剂可以明显降低某些癌症（如前列腺癌、肺癌、大肠癌）的危险性。

六、碘

成人每日需碘100～300mg。碘的吸收部位主要在小肠，大多数碘随尿排出体外，其他由汗腺通过排汗排出体外。

成人体内含碘30～50mg，甲状腺是人体内含碘最多的器官。碘的主要功能：①合成甲状腺激素。②抗氧化作用。碘可与活性氧竞争细胞成分和中和羟自由基，防止细胞遭受破坏。③与细胞膜上的多不饱和脂肪酸结合，使之不易产生自由基。因此，碘在预防癌症方面有一定的积极作用。

机体内碘缺乏可引起地方性甲状腺肿，严重时可致发育停滞、并影响神经系统发育，如胎儿期缺碘可致呆小症；若摄入碘过多又可致高碘性甲状腺肿，表现为甲状腺功能亢进及一些中毒症状。

七、钴

人体钴含量为1.1～1.5mg。钴是构成维生素B_{12}的组成成分，在体内也主要以维生素B_{12}的形式参与一碳单位代谢和核苷酸的合成。钴能促进锌的吸收，也能促进铁的吸收，增强造血功能。钴主要从尿中排泄。

钴的缺乏可使维生素B_{12}缺乏，而维生素B_{12}缺乏可引起巨幼红细胞性贫血等疾病。由于人体排钴能力强，很少有钴蓄积的现象发生。

八、氟

成人体内含氟约2～6g，其中90%分布于骨、牙中，少量存在于指甲、毛发及神经肌肉中。氟的生理需要量每日为0.5～1.0mg，主要从胃肠道和呼吸道吸收，从尿中排泄。

氟可被羟基磷灰石吸附，生成氟磷灰石，从而加强对龋牙的抵抗作用，与骨、牙的形成及钙磷代谢密切相关。

机体内氟缺乏可致骨质疏松，易发生骨折，牙釉质受损易碎。氟过多可影响肾上腺、生殖腺等多种器官功能并引起骨脱钙和白内障等。

九、铬

正常成人铬每日需要量为30～40μg，食物中铬的主要来源有动物肝脏、谷类、豆类、海藻类、乳制品和肉类等。铬与胰岛素的作用关系密切，可通过促进胰岛素与细胞受体的结合，增强胰岛素的生物学效应。

机体内铬缺乏主要表现在胰岛素的有效性降低，造成葡萄糖耐量受损，血清胆固醇和血糖上升，补充铬元素有利于预防和治疗糖尿病。动物实验证明，铬还具有预防动脉硬化和冠心病的作用，并为生长发育所需要。过量可出现铬中毒，铬及其化合物主要侵害皮肤和呼吸道，出现皮炎、溃疡、咽炎、胃痛、胃肠道溃疡等皮肤黏膜的刺激和腐蚀作用，并伴有周身酸痛、乏力等症状，严重者可发生急性肾衰竭致人死亡。

本章小结

体液由体内的水以及溶解于水中的无机盐、有机物和蛋白质组成，可分为细胞内液、血浆和细胞间液。各部分体液的电解质含量不尽相同，各具特点。水具有调节体温、促进并参与物质代谢、润滑、维持组织器官的正常形态、硬性和弹性等作用。其主要来源有饮水、食物、代谢水，去路有呼吸蒸发、皮肤蒸发、粪便排出、肾排出。体液中的无机盐具有维持体液的渗透压和酸碱平衡、维持神经肌肉的应激性等作用。水和无机盐的平衡在神经和激素的调节下，主要通过肾脏实现。参与调节的激素主要是抗利尿激素和醛固酮。

人体内大部分钙、磷存在于骨组织与牙齿中，正常人血液中钙和磷的浓度以 mg/dl 表示时，[Ca]×[P]=35～40。微量元素是指人体每日需要量在 100mg 以下的元素。铁、锌、铜、锰、硒、碘、钴、氟、铬等均有重要的生理功能。

（石海燕）

目标测试

（单项选择题）

1. 细胞外液的主要阳离子是

A. Na^+　　B. K^+

C. Mg^{2+}　　D. Zn^{2+}

E. Ca^{2+}

2. 正常人血浆中[Ca]与[P]的乘积为

A. 5～10　　B. 15～20

C. 25～30　　D. 35～40

E. 45～50

3. 缺乏下列哪种微量元素可导致巨幼红细胞贫血

A. 铁　　B. 钴

C. 氟　　D. 硒

E. 钼

4. 细胞内液的主要阳离子是

A. Na^+　　B. K^+

C. Mg^{2+}　　D. Zn^{2+}

E. Ca^{2+}

5. 体内缺乏铁可能导致哪种疾病

A. 夜盲症　　B. 软骨病

C. 贫血　　D. 克山病

E. 糖尿病

6. 参与调节体内水电解质平衡的激素是

A. 降钙素　　B. 生长激素

C. 集落刺激因子
D. 胰高血糖素
E. 醛固酮

7. 下列不属于磷的生理功能的是
A. 构成骨组织
B. 参与物质代谢和能量代谢
C. 参与物质代谢的调节
D. 参与体内酸碱平衡调节
E. 启动凝血功能

8. 下列不属于微量元素的是
A. 铁
B. 钙
C. 氟
D. 碘
E. 钴

9. 下列不属于水的排除方式的是
A. 肾排出
B. 循环系统排出
C. 皮肤蒸发
D. 消化道排出
E. 呼吸蒸发

10. 机体内碘缺乏可引起下列哪种疾病
A. 侏儒症
B. 佝偻病
C. 龋齿
D. 克山病
E. 呆小症

第十二章 酸碱平衡

学习目标

1. 掌握：血液的缓冲作用。
2. 熟悉：肺和肾对调节酸碱平衡的调节作用。
3. 了解：体内酸碱物质的来源；酸碱平衡失常的基本类型；判断酸碱平衡常用的生化指标。

在生命活动过程中，机体每天代谢不断地产生酸性和碱性物质，同时不断地从食物中摄取酸性和碱性物质，但是通过一系列调节作用，机体将多余的酸性或碱性物质排出体外，使体液 pH 值维持在相对恒定范围内，这一过程称为酸碱平衡。正常人体各种体液的 pH 略有差异，细胞外液比细胞内液稍高，血浆的 pH 的正常范围为 7.35～7.45。保持体液的酸碱平衡，对维持机体的正常代谢具有重要意义。这一个复杂的动态平衡过程，需在血液、肺、肾等器官协同作用下完成。

第一节 体内酸性和碱性物质的来源

凡能够解离出 H^+，使体液的 pH 降低的物质，称为酸性物质。凡能够接受 H^+，使体液的 pH 增高的物质，称为碱性物质。人体内的酸性物质主要来自机体的物质代谢，少量来自于某些食物及药物。体内的碱性物质主要来自某些成碱食物，物质代谢过程中也会产生碱性物质，但产生量很少。正常膳食情况下，体内产生的酸性物质多于碱性物质。

一、酸性物质的来源

（一）机体物质代谢产生

体内的糖、脂肪、蛋白质及核酸等物质的分解代谢，是酸性物质的主要来源，根据排出形式可将其分为挥发酸和固定酸两大类。

1. 挥发性酸　营养物质（糖、脂肪、蛋白质）在体内氧化分解最终产生 ATP、CO_2 和 H_2O，后两者在红细胞内碳酸酐酶（CA）催化下生成 H_2CO_3，H_2CO_3 随血液循环运至肺后，通过肺泡时，可重新解离出 CO_2 由肺呼出，故 H_2CO_3 称之为挥发酸。这是体内酸性物质的主要来源。据统计，正常成人每日可产生 CO_2 约 300～400L，如果全部转变成 H_2CO_3，可释放 10～20mol 的 H^+。

2. 固定酸（非挥发酸）　体内糖氧化分解产生的丙酮酸、乳酸，脂肪分解代谢产生的乙酰乙酸和β-羟丁酸，磷脂和核酸代谢产生的磷酸，含硫氨基酸分解产生的硫酸，以及嘌呤分解产生的尿酸等都不具有挥发性，这些酸不能由肺呼出，只能经肾随尿排出体外，故称为固定酸。据统计，正常成人每日产生的固定酸约50～100mmol。

（二）摄入的酸性物质

机体摄入一些酸性食物和药物，如调味品的醋酸、饮料中的柠檬酸、止咳糖浆中的氯化铵、解热镇痛药阿司匹林等都是在肝脏合成尿素并释放H^+等，都属于酸性物质。

二、碱性物质的来源

（一）摄入的碱性物质

大部分蔬菜、水果属于成碱食物。机体每日摄入的蔬菜、水果含较多的有机酸盐，如柠檬酸、苹果酸的钠盐或钾盐，它们进入人体进行水解，其中有机酸根可与H^+结合成有机酸进一步氧化分解成CO_2和H_2O。而Na^+、K^+则可与HCO_3^-结合生成碱性的碳酸氢盐，使体内的碱性物质增加。这是体内碱性物质的主要来源。

此外，某些碱性药物，如小苏打（$NaHCO_3$）进入体内也可使血液pH升高。

（二）体内代谢产生

体内代谢可产生少量的碱性物质，例如氨、有机胺等，数量远不如酸性物质多。

综上所述，分析体内酸性物质和碱性物质的来源，可以看出，在正常饮食情况下，体内酸性物质的来源多于碱性物质。因此，机体对酸碱平衡的调节主要是对酸的调节。

第二节 酸碱平衡的调节

人体对酸碱平衡的调节主要通过血液的缓冲作用、肺的呼吸功能以及肾的重吸收和排泄功能三方面协同作用而完成。

一、血液的缓冲作用

血液中含有大量的缓冲物质，可在较短的时间内，以最快的速度，最先对进入血液的酸、碱物质进行缓冲，使之变成较弱的酸或碱，此即血液的缓冲作用。

> **考点链接**
>
> 血液的缓冲对的组成

（一）血液的缓冲体系组成

血液缓冲体系包括血浆缓冲体系和红细胞缓冲体系。

血浆缓冲体系有：$\frac{NaHCO_3}{H_2CO_3}$、$\frac{Na_2HPO_4}{NaH_2PO_4}$、$\frac{NaPr}{HPr}$（Pr为血浆蛋白质）

红细胞缓冲体系有：$\frac{KHb}{HHb}$、$\frac{KHbO_2}{HHbO_2}$、$\frac{KHCO_3}{H_2CO_3}$、$\frac{K_2HPO_4}{KH_2PO_4}$

（Hb为血红蛋白；HbO_2为氧合血红蛋白）

血浆中的缓冲体系以碳酸氢盐缓冲体系（$NaHCO_3/H_2CO_3$）的缓冲能力最强，是缓冲固定酸和碱的主要成分；红细胞中的缓冲体系以血红蛋白缓冲体系（KHb/HHb及$KHbO_2$/$HHbO_2$）缓冲能力最强，是缓冲挥发酸的主要成分。血液各缓冲体系的缓冲能力比较见表12-1。

表 12-1　全血各缓冲体系的比较

缓冲体系	占全血缓冲容量的百分比(%)
血浆碳酸氢盐	35
Hb 和 HbO_2	35
红细胞碳酸氢盐	18
血浆蛋白质	7
有机磷酸盐	3
无机磷酸盐	2

（二）血浆 pH 值与碳酸氢盐缓冲体系的关系

考点链接

血浆 pH 值与碳酸氢盐缓冲体系的关系

血浆的 pH 值主要取决于血浆中 $NaHCO_3$ 和 H_2CO_3 浓度的比值。正常血浆 $NaHCO_3$ 的浓度约为 24mmol/L，H_2CO_3 的浓度约为 1.2mmol/L，比值为 20/1。血浆 pH 可由亨德森 - 哈塞巴方程式计算：

$$pH = pK_a + \lg\frac{[NaHCO_3]}{[H_2CO_3]}$$

方程式中的 pK_a 为 H_2CO_3 解离常数的负对数，在 37℃时为 6.10。将此数值代入上式得

$$\begin{aligned} pH &= 6.10 + \lg\frac{20}{1} \\ &= 6.10 + 1.30 \\ &= 7.40 \end{aligned}$$

从上式可见，血浆的$[NaHCO_3]/[H_2CO_3]$只要维持在 20/1，血浆 pH 就能维持在正常范围。当其中任何一方浓度发生变化时，机体只要对另一方做出相应的调节，使两者浓度比值仍然保持 20/1，则血浆 pH 可维持在 7.4。由此可见，酸碱平衡调节的实质就是调节 $NaHCO_3$ 和 H_2CO_3 的含量及浓度比值来维持血浆 pH 的相对恒定。

（三）血液的缓冲机制

1. 对固定酸的缓冲作用　代谢过程中产生的磷酸、硫酸、乳酸、酮体等固定酸(H-A)进入血液，与血浆中 $NaHCO_3$ 等缓冲碱接触并得到中和缓冲，使酸性较强的固定酸变为酸性较弱的挥发性酸 H_2CO_3，H_2CO_3 可在肺部分解为 H_2O 和 CO_2，CO_2 由肺呼出体外，所以，血液的 pH 没有发生明显变化。对固定酸缓冲作用反应式如下：

$$\underset{\text{(固定酸)}}{H\text{-}A} + NaHCO_3 \longrightarrow Na\text{-}A + H_2CO_3$$
$$H_2CO_3 \longrightarrow CO_2\uparrow + H_2O$$

血浆中 $NaHCO_3$ 在一定程度上可以代表血浆对固定酸的缓冲能力，故习惯上把血浆中的 $NaHCO_3$ 称为碱储。碱储的多少，可用血浆 CO_2 结合力(CO_2-CP)来表示。

2. 对挥发性酸(H_2CO_3)的缓冲　体内各组织细胞代谢过程中产生的 CO_2 主要是经过红细胞中的血红蛋白缓冲体系所缓冲，此缓冲作用与血红蛋白的运氧过程相偶联。

(1) 在组织：由于组织细胞与血浆之间存在 CO_2 分压差，当动脉血流经组织时，组织中的 CO_2 可经毛细血管壁扩散入血浆，其中大部分 CO_2 继续扩散进入红细胞，在红细胞内碳酸酐酶的作用下和 H_2O 迅速结合生成 H_2CO_3。同时，红细胞中的 $KHbO_2$ 解离释放出 O_2 成

为碱性较强的KHb，KHb对H_2CO_3进行缓冲，生成大量$KHCO_3$和酸性更弱的HHb，使血液pH不致过度下降。$KHCO_3$进一步解离成K^+和HCO_3^-，后者扩散入血浆，成为CO_2运输的重要方式；同时血浆中的Cl^-转移到红细胞中，以维持血浆和红细胞的电荷平衡（图12-1）。

$$CO_2 + H_2O \rightarrow H_2CO_3$$

$$KHbO_2 \rightarrow O_2 + KHb$$

$$KHb + H_2CO_3 \rightarrow KHCO_3 + HHb$$

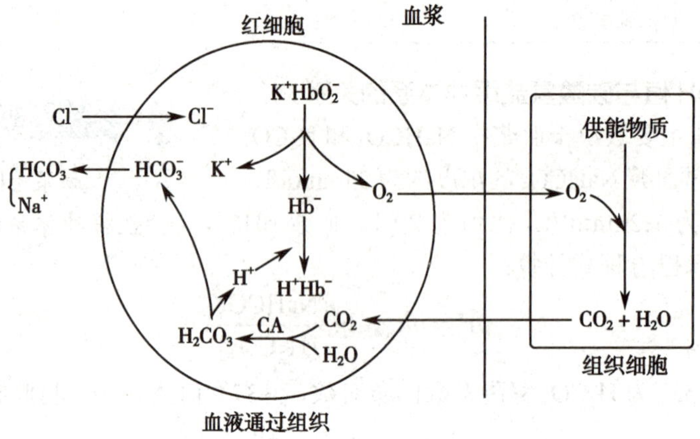

图12-1 血液流经组织时的调节机制

（2）在肺部：由于肺泡中氧分压（PO_2）高、二氧化碳分压（PCO_2）低，血液流经肺部时，血浆中溶解形式存在的CO_2进入到肺泡，肺泡中O_2扩散入红细胞。红细胞缓冲系统中的HHb通过氧合作用与O_2合成$HHbO_2$，后者与$KHCO_3$作用生成$KHbO_2$；释放出的H^+与HCO_3^-合成H_2CO_3，又迅速在碳酸酐酶作用下，催化H_2CO_3分解成CO_2和H_2O。CO_2不断进入肺泡内，由毛细支气管排出。由于CO_2呼出，红细胞中HCO_3^-浓度下降，血浆中的HCO_3^-迅速向红细胞中转移，从而不断使CO_2呼出；同时，红细胞中的Cl^-转移到血浆中以维持电荷平衡。所以，血液对挥发酸的缓冲是与其运氧过程密切相关的（图12-2）。

$$HHb + O_2 \rightarrow HHbO_2$$

$$KHbO_2 + KHCO_3 \rightarrow KHbO_2 + H_2CO_3$$

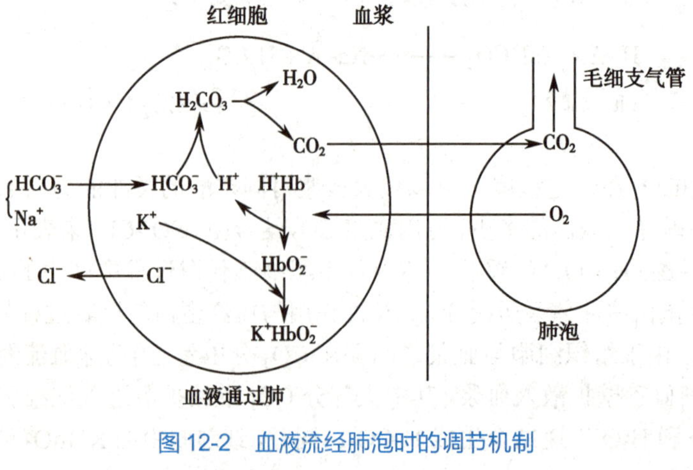

图12-2 血液流经肺泡时的调节机制

3. 对碱的缓冲　碱性物质进入血液后可被血浆缓冲体系中的 H_2CO_3、NaH_2PO_4 及 H-Pr 所缓冲，由于体内 CO_2 的来源非常丰富，所以 H_2CO_3 是缓冲碱的主要成分。缓冲结果是强碱（Na_2CO_3）变弱碱（$NaHCO_3$），最后由肾脏调节排出，pH 没有发生明显变化。

$$Na_2CO_3 + H_2CO_3 \rightarrow 2NaHCO_3$$

$$Na_2CO_3 + NaH_2PO_4 \rightarrow NaHCO_3 + Na_2HPO_4$$

$$Na_2CO_3 + H\text{-}Pr \rightarrow NaHCO_3 + Na\text{-}Pr$$

综上所述，血液缓冲系统在缓冲酸性、碱性物质中起重要作用。但该缓冲作用是有一定限度的，对固定酸的缓冲，必然使血浆 HCO_3^- 含量减少，H_2CO_3 含量增加；相反，对碱的缓冲，会使 H_2CO_3 含量减少，$NaHCO_3$ 含量增加。当这种变化达到一定程度时，则可改变血中[$NaHCO_3$]/[H_2CO_3]比值，使血浆 pH 发生变化。然而在正常人体内，这样的改变实际是很轻微的，原因是由于身体还存在着肺和肾脏的进一步调节作用，以维持体液的酸碱平衡。

二、肺对酸碱平衡的调节机制

肺通过改变 CO_2 呼出量来调节血中 H_2CO_3 浓度，以维持[$NaHCO_3$]/[H_2CO_3]比值正常，来实现对酸碱平衡的调节。

> **考点链接**
>
> 肺在调节酸碱平衡中的作用

肺可接受来自延髓呼吸中枢的指令，通过调节呼吸的频率与深浅度来调节 CO_2 排出量，进而达到对酸碱平衡的调节作用。而延髓呼吸中枢的兴奋性受血液 PCO_2 和 pH 影响。当血浆 PCO_2 升高、pH 降低时，可刺激呼吸中枢使之兴奋性增强，呼吸加深加快，CO_2 排出增多；反之当血浆 PCO_2 降低、pH 升高时，呼吸中枢兴奋性被抑制，呼吸变浅变慢，CO_2 排出减少。这样，肺通过对 CO_2 排出量的增减，调节血中 H_2CO_3 的浓度，从而维持血浆[$NaHCO_3$]/[H_2CO_3]的比值为 20/1，保持血液 pH 正常。在酸碱平衡失常患者的临床诊断中，注意询问患者的呼吸频率、深浅度也显得尤为重要。

三、肾对酸碱平衡的调节机制

经过血液的缓冲作用和肺的调节，虽然防止了血浆 pH 的较大改变，但血液中的 $NaHCO_3$ 绝对含量仍有改变，此时及时恢复体内 $NaHCO_3$ 的含量显得尤为重要。肾主要是通过排出机体在代谢过程中产生的过多的酸或碱，调节血浆 $NaHCO_3$ 的浓度，保持[$NaHCO_3$]/[H_2CO_3]在正常比值范围。肾的调节速度较肺慢，但调节效果比肺彻底，在生理条件下主要以排酸为主。

肾通过肾小管上皮细胞的 H^+-Na^+ 交换、NH_4^+-Na^+ 交换、K^+-Na^+ 交换及排出过多的碱来调节血中 $NaHCO_3$ 的浓度。

> **考点链接**
>
> 肾在调节酸碱平衡中的作用

（一）肾小管的 H^+-Na^+ 交换

主要通过 $NaHCO_3$ 重吸收和尿液的酸化来实现。

1. $NaHCO_3$ 的重吸收　人体每天从肾小球滤过 $NaHCO_3$ 约 300g，但排出量通常仅为 0.3g，说明肾脏重吸收 $NaHCO_3$ 的能力很强。重吸收主要在肾近曲小管进行，约占重吸收总量的 80%，其余部分在髓袢、远曲小管和集合管被重吸收。肾小管细胞主动分泌 H^+ 的作用与 Na^+ 的重吸收同时进行。在肾小管上皮细胞内含有碳酸酐酶（CA）。该酶催化 CO_2 和

H_2O 迅速生成 H_2CO_3，后者进一步解离为 H^+ 和 HCO_3^-。

$$CO_2 + H_2O \xleftrightarrow{CA} H_2CO_3 \longrightarrow H^+ + HCO_3^-$$

肾小管腔液中的 $NaHCO_3$ 可解离为 Na^+ 和 HCO_3^-。细胞中的 H^+ 可主动分泌至肾小管管腔与 Na^+ 进行交换（H^+-Na^+ 交换），进入细胞内的 Na^+ 可与 HCO_3^- 生成 $NaHCO_3$ 重新回到血液。$NaHCO_3$ 中的 Na^+ 是通过钠泵的作用向血液主动转运，HCO_3^- 则是被动吸收。进入肾小管管腔中的 H^+ 与 HCO_3^- 生成 H_2CO_3，后者在细胞刷状缘碳酸酐酶的催化下，又分解成 CO_2 和 H_2O，CO_2 很快又扩散入细胞内再被利用，H_2O 则随尿排出（图 12-3）。

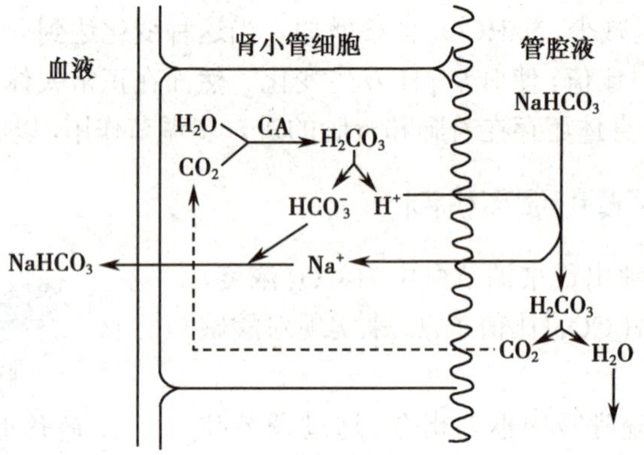

图 12-3 H^+-Na^+ 交换与 $NaHCO_3$ 重吸收

2. 尿液的酸化　尿液酸化即磷酸盐的酸化。血液 pH 为 7.4 时，血浆中磷酸氢盐缓冲体系的 [Na_2HPO_4]/[NaH_2PO_4] 为 4/1。在近曲小管管腔的原尿中，这一缓冲对仍保持原来的比值。当原尿流经肾远曲小管时，肾小管细胞分泌增多，一部分 H^+ 就与 Na_2HPO_4 分子中的 Na^+ 交换，转变为 NaH_2PO_4 随尿排出，尿液 pH 下降，此过程尿液被酸化。反应式如下：

$$H^+ + Na_2HPO_4 \rightarrow NaH_2PO_4 + Na^+$$

（由尿排出）

被重吸收的 Na^+ 与肾小管细胞内 HCO_3^- 一起转运回到血液。正常人总是以排酸为主，尿液 pH 为 5.0～6.0。若尿液 pH 降到 4.8 时，则 [Na_2HPO_4]/[NaH_2PO_4] 比值将从原来的 4∶1 变为 1∶99。这说明原尿经过肾远曲小管时，Na_2HPO_4 不断转变成 NaH_2PO_4，而导致原尿 pH 逐渐下降，尿液被酸化（图 12-4）。

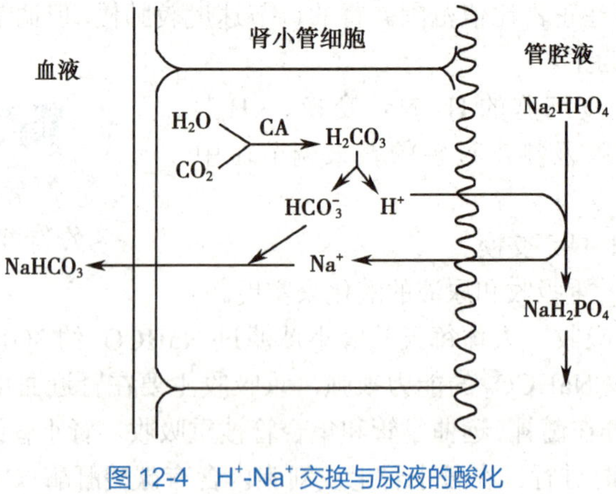

图 12-4 H^+-Na^+ 交换与尿液的酸化

机体代谢正常时，这一途径所占比例较小，但在发生酸中毒时（如糖尿病酸中毒），显得较为重要。

（二）肾小管的NH_4^+-Na^+交换

强酸生成的NaCl、Na_2SO_4等不适用于H^+-Na^+交换，因为交换的结果将会产生HCl、H_2SO_4等强酸。肾主要是通过NH_4^+-Na^+交换来回收NaCl、Na_2SO_4中的Na^+。肾远曲小管和集合管能主动分泌NH_3，约有60%的NH_3来自血液的谷氨酰胺分解，40%则在肾小管上皮细胞内发生氨基酸脱氨基作用过程中生成。分泌至肾小管管腔液中的NH_3与H^+结合成NH_4^+，进而生成NH_4Cl随尿排出，在促进酸排泄的同时换回了Na^+。NH_4^+-Na^+交换可表示为：

$$Na_2SO_4 + 2H_2CO_3 + 2NH_3 \rightarrow (NH_4)_2SO_4 + 2NaHCO_3\text{（进入血液）}$$

Na^+与HCO_3^-形成$NaHCO_3$进入血液，维持血浆中$NaHCO_3$的正常浓度。随着NH_3的分泌，管腔液中H^+浓度降低，有利于肾小管细胞分泌H^+。肾小管细胞分泌H^+增强，又反过来促进NH_3的分泌。NH_3的分泌量随尿液的pH而变化，尿液酸性愈强，NH_3的分泌愈多；如尿呈碱性，NH_3的分泌减少甚至停止（图12-5）。

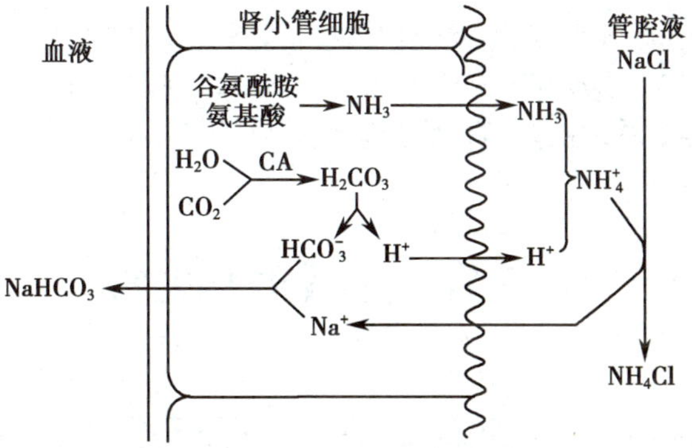

图12-5 泌氨作用与NH_4^+-Na^+交换

正常情况下，每天约有30～50mmol的H^+与NH_3结合生成NH_4^+由尿排出，而在严重酸中毒时，每天由尿排出的NH_4^+可高达500mmol。

（三）肾小管的K^+-Na^+交换

除H^+-Na^+交换外，肾远曲小管细胞还能主动分泌K^+，进行K^+-Na^+交换，这是人体保留Na^+的另一种方式。且K^+-Na^+交换与H^+-Na^+交换有相互竞争作用，即K^+-Na^+交换增强，则H^+-Na^+交换减弱；H^+-Na^+交换增强，K^+-Na^+交换减弱。K^+-Na^+交换虽然不能直接生成$NaHCO_3$，但与H^+-Na^+交换的竞争性抑制作用，可间接影响$NaHCO_3$的生成。故临床上高血钾与酸中毒互为因果，碱中毒与低血钾互为因果。

（四）排出过量的碱

应该指出，肾小管对$NaHCO_3$的重吸收是随着机体对$NaHCO_3$的需求而变动的。肾对HCO_3^-排出有一定肾阈，当血浆$NaHCO_3$的浓度超过肾阈时，即滤过的$NaHCO_3$超过肾小管重吸收$NaHCO_3$的最大值时，尿中出现HCO_3^-。这一机制有助于排出体内过剩的HCO_3^-，防止代谢性碱中毒的发生。

在酸碱平衡的调节过程中，血液、肺、肾必须共同参与，缺一不可。血液作为“先锋”反应迅速，但缓冲能力有限，且会导致 $NaHCO_3$ 和 H_2CO_3 的浓度改变。肺虽然也能快速调节，但只限于调节 H_2CO_3 的浓度。肾发挥作用较慢，但强而持久，可排出多余的酸和碱，还可调节血浆 $NaHCO_3$ 的浓度，在酸碱平衡调节中起主要作用，是酸碱平衡调节最重要的一道防线。

知识链接

血钾浓度与酸碱平衡

成人血浆钾浓度正常参考范围是 3.5～5.5mmol/L。正常成人每日需钾 2.5g，主要由蔬菜、水果、谷类、瘦肉、豆类及薯类等食物提供。由于食物中钾含量很丰富，正常进食者很少出现低血钾。在一般情况下，钾的排出与摄入量保持一致，但肾调节钾的能力弱于对钠的调节。而肾脏又是酸碱平衡调节的重要器官，因此体内酸碱平衡状况也影响肾的排钾作用。酸中毒时，由于尿中钾排泄增多产生高钾性碱性尿；碱中毒时，尿中钾排泄减少产生低钾性酸性尿。长期以来认为，酸碱平衡对肾排钾能力的影响主要通过肾远曲小管中的 H^+-Na^+ 交换、K^+-Na^+ 交换之间的竞争作用进行。但近期研究认为，远曲小管对 H^+ 与 K^+ 的排泌呈平行关系而不是拮抗关系。酸碱平衡主要是通过增加或减少肾小管细胞内的钾转运池对肾排钾功能产生影响；调节钾进入或逸出细胞膜的枢纽是血浆 HCO_3^- 浓度，并非 H^+ 浓度。不论血钾水平如何，钾的浓度与细胞外液 HCO_3^- 浓度直接相关，而与血浆 pH 的变化关系不大。

第三节 酸碱平衡失常

案例

患者，女，52 岁，患糖尿病十年，入院时体征：呼吸深大，有烂苹果味，皮肤黏膜干燥、舌唇樱桃红色而干，四肢厥冷，肌张力下降、反射迟钝，意识渐模糊。实验室检查：血糖 =28mmol/L、尿糖 ++++，尿酮体 +++，血气结果显示：pH=7.2，PCO_2=22mmHg，CO_2-CP=16mmol/L。

请问：1. 该患者是否有酸碱平衡失常发生？

2. 属于哪种类型？依据是什么？

机体在维持体液酸碱平衡过程中，血液的缓冲作用、肺的呼吸功能以及肾的重吸收和排泄功能三方面调节机制相互联系。如果因疾病引起体内酸或碱产生过多，或因调节机制功能不足使消耗掉的酸或碱得不到补充，都会导致血浆 $NaHCO_3$ 和 H_2CO_3 的浓度发生异常改变，这种现象称为酸碱平衡失常或者酸碱失衡。初期通过血液的缓冲作用和肺、肾的调节作用，若能使血浆[$NaHCO_3$]/[H_2CO_3]的比值维持 20/1，血液的 pH 维持在 7.35～7.45 的正常范围内，称为代偿性酸碱平衡失常。如果病情加重，机体充分发挥调节能力也不能使血浆[$NaHCO_3$]/[H_2CO_3]的比值维持正常，血液 pH 超出 7.35～7.45 的正常范围，称为失代偿性酸碱平衡失常。酸碱平衡失常是临床常见的一种症状，各种疾患均有可能出现。

一、酸碱平衡失常的基本类型

根据引起酸碱平衡失常的首发原因，可将酸碱平衡失常分为呼吸性酸碱失衡和代谢性酸碱失衡；根据血浆 pH 变化，可将酸碱失衡分为酸中毒（$pH<7.35$）和碱中毒（$pH>7.45$）；根据血浆[$NaHCO_3$]/[H_2CO_3]的比值，可将酸碱失衡分为代偿性或失代偿性酸碱失衡。故酸碱平衡失常共有四类八种。

（一）代谢性酸中毒

代谢性酸中毒是由于代谢失常导致的血浆 $NaHCO_3$ 浓度原发性降低而引起的酸碱失衡，是临床上最常见的酸碱平衡失常的类型。其主要原因常见于：①固定酸产生过多，如缺氧或循环衰竭状态时乳酸增多；饥饿或糖尿病时，脂肪分解增强导致酮体生成过多。②肾疾病，如肾衰竭时肾小管泌 H^+、泌 NH_3 能力减退或者 HCO_3^- 重吸收减少。③碱性物质丢失过多，如腹泻时，肠液大量丢失，导致血浆 $NaHCO_3$ 浓度降低。

代谢性酸中毒时，血浆 $NaHCO_3$ 浓度降低，H^+ 浓度升高，使呼吸中枢兴奋，呼吸变深变快，CO_2 呼出增多，血浆 H_2CO_3 浓度随之降低；肾小管的泌 H^+ 作用增强，泌 NH_3 增多，通过 H^+-Na^+ 交换、NH_4^+-Na^+ 交换，使 $NaHCO_3$ 排出量减少。从而使血浆[$NaHCO_3$]/[H_2CO_3]的比值维持在 20/1，pH 恢复到正常水平，即代偿性代谢性酸中毒。如果血浆[$NaHCO_3$]/[H_2CO_3]的比值<20/1，血浆 $pH<7.35$，此即失代偿性代谢性酸中毒。

代谢性酸中毒的特点是：血浆 $NaHCO_3$ 浓度降低，血浆 H_2CO_3 浓度也相应降低。

（二）代谢性碱中毒

代谢性碱中毒是由于各种原因导致血浆 $NaHCO_3$ 浓度原发性升高而引起的酸碱失衡。可见于：①胃液大量丢失，如由于幽门梗阻引起的呕吐、长期胃管减压等；②肾小管对 $NaHCO_3$ 的重吸收能力增高，如盐皮质激素（主要是醛固酮）分泌过多、大量应用利尿剂等；③治疗溃疡服用碱性药物过多，导致 $NaHCO_3$ 原发性增多等；④低钾血症等。

代谢性碱中毒时，由于血浆 $NaHCO_3$ 浓度升高，H^+ 浓度降低，使呼吸中枢受抑制，呼吸变浅变慢，CO_2 呼出减少，血浆 H_2CO_3 浓度随之升高；肾小管的泌 H^+ 作用减弱，泌 NH_3 减弱，使 $NaHCO_3$ 排出量增加。从而使血浆[$NaHCO_3$]/[H_2CO_3]的比值维持在 20/1，pH 恢复到正常水平，即代偿性代谢性碱中毒。如果血浆[$NaHCO_3$]/[H_2CO_3]的比值>20/1，血浆 $pH>7.45$，此即失代偿性代谢性碱中毒。

代谢性碱中毒的特点是：血浆 $NaHCO_3$ 浓度升高，血浆 H_2CO_3 浓度也稍有升高。

（三）呼吸性酸中毒

呼吸性酸中毒是由于肺呼吸功能障碍，CO_2 呼出减少，血浆 H_2CO_3 浓度原发性升高而引起的酸碱失衡。可见于肺部疾病（肺气肿、肺心病等）、应用呼吸中枢抑制药物及呼吸肌麻痹等呼吸功能障碍，CO_2 呼出减少，血浆 H_2CO_3 浓度原发性升高。

呼吸性酸中毒时，由于血浆 PCO_2 和 H_2CO_3 浓度升高，肾小管上皮细胞泌 H^+ 增强、泌 NH_3 增强，通过 H^+-Na^+ 交换、NH_4^+-Na^+ 交换，使 $NaHCO_3$ 重吸收增多，从而血浆 $NaHCO_3$ 浓度继发性升高。如果血浆[$NaHCO_3$]/[H_2CO_3]的比值维持在 20/1，pH 恢复到正常水平，即代偿性呼吸性酸中毒。但当 H_2CO_3 浓度过高，超过肾的调节能力时，血浆[$NaHCO_3$]/[H_2CO_3]的比值仍变小，血浆 $pH<7.35$，此即失代偿性呼吸性酸中毒。

呼吸性酸中毒的特点是：血浆 H_2CO_3 浓度升高，血浆 $NaHCO_3$ 浓度也稍有升高。

（四）呼吸性碱中毒

呼吸性碱中毒是由于各种原因导致的肺通气过度，CO_2 呼出增多，血浆 H_2CO_3 浓度原发性降低而引起的酸碱失衡。可见于癔症、高热、手术麻醉时辅助呼吸过快、过深和时间过长；还可见于高山缺氧、妊娠等。

呼吸性碱中毒时，由于血浆 PCO_2 和 H_2CO_3 浓度降低，肾小管上皮细胞泌 H^+ 及泌 NH_3 减弱，H^+-Na^+ 交换减弱，重吸收 $NaHCO_3$ 减少，结果导致血浆 $NaHCO_3$ 浓度相应降低，可根据血浆[$NaHCO_3$]/[H_2CO_3]的比值分为代偿性和失代偿性两种类型。

呼吸性碱中毒的特点是：血浆 H_2CO_3 浓度降低，血浆 $NaHCO_3$ 浓度也稍有降低。

二、判断酸碱平衡的常用生化指标

（一）血液 pH

正常人血液的 pH 为 7.35～7.45，平均为 7.4。血液 pH<7.35 为酸中毒，pH>7.35 为碱中毒。此指标在失代偿性酸碱失衡时才出现改变。

> **考点链接**
>
> 判断酸碱平衡的常用生化指标

（二）二氧化碳分压（PCO_2）

PCO_2 是指物理溶解于血浆中的 CO_2 所产生的张力，正常 CO_2 参考值为 4.6～6.0kPa（35～45mmHg），平均值为 5.3kPa。此指标与血浆 H_2CO_3 的浓度呈正相关，主要反映肺泡通气情况，被视为呼吸性指标。

（三）二氧化碳结合力（CO_2-CP）

CO_2-CP 是指在 25℃（室温）、动脉血 PCO_2 为 5.3kPa（40mmHg）的条件下，血浆中以 HCO_3^- 形式存在的 CO_2 量。正常参考值为 22～31mmol/L，平均为 27mmol/L。此指标主要受代谢性因素影响而变化，在代谢性酸中毒时降低，代谢性碱中毒时升高。但在呼吸性酸中毒时，由于肾的代偿，血浆 HCO_3^- 代偿性升高，CO_2-CP 也升高；反之，呼吸性碱中毒时，CO_2-CP 由于代偿而降低。因此，单凭此指标既不能判断是酸中毒还是碱中毒，也不能判断是由于呼吸性因素还是代谢性因素所引起。故该指标必须结合其他指标使用，而不能单独使用。

（四）标准碳酸氢盐（SB）和实际碳酸氢盐（AB）

SB 是指在标准条件下（37℃、PCO_2 为 5.3kPa、血氧饱和度为 100%）所测得的血浆中 HCO_3^- 含量，该指标是标准条件下测得的结果，已排除了呼吸因素的影响。

AB 是指在 37℃、隔绝空气的条件下测定的血浆中 HCO_3^- 实际含量，该指标受代谢性因素影响，又受患者体温、PO_2、PCO_2 等呼吸因素影响，即未排除呼吸因素的代谢性指标。

机体正常时 SB=AB，或者差别在 ±1mmol/L 之内；两者正常参考值在 21～27mmol/L 范围内，平均为 24mmol/L。如果 SB>AB，说明体内 PCO_2 升高，为呼吸性酸中毒；如果 SB<AB，说明体内 PCO_2 降低，为呼吸性碱中毒；如果 SB=AB，且两者均<正常参考值，说明体内 HCO_3^- 含量减少，为代谢性酸中毒；如果 SB=AB，且两者均>正常参考值，说明体内 HCO_3^- 含量增多，为代谢性碱中毒。

现将各种类型酸碱失衡时生化指标的变化总结于表 12-2。

表 12-2 酸碱失衡的类型及常用生化指标

生化指标	呼吸性酸中毒		呼吸性碱中毒		代谢性酸中毒		代谢性碱中毒	
	代偿	失代偿	代偿	失代偿	代偿	失代偿	代偿	失代偿
pH	正常	↓	正常	↑	正常	↑	正常	↑
PCO_2	↑	↑↑	↓	↓↓	↓	↓	↑	↑
CO_2-CP	↑	↑	↓	↓	↓	↓↓	↑	↑↑
SB 与 AB	SB<AB		SB>AB		SB=AB，均↓		SB=AB，均↑	

本章小结

机体使体液 pH 维持在恒定范围内的过程称酸碱平衡。正常膳食情况下，体内酸多碱少。酸碱平衡的调节是通过血液、肺、肾三方面协同实现。血浆中以碳酸氢盐缓冲体系最为重要，是缓冲固定酸和碱的主要成分，血浆［$NaHCO_3$］/［H_2CO_3］比值为 20/1，血液的 pH 值就可以维持在 7.4。红细胞中以 Hb 缓冲体系最为重要，其偶联运氧过程，是缓冲挥发酸的主要成分。肺通过改变 CO_2 的呼出量来调节血中 H_2CO_3 的浓度。肾通过肾小管上皮细胞的 H^+-Na^+、NH_4^+-Na^+、K^+-Na^+ 交换及排出过多的碱来调节 $NaHCO_3$ 的浓度。

如因疾病引起体内酸或碱产生过多，或酸碱过度消耗而未能得到补充，都会导致血浆中 $NaHCO_3$ 和 H_2CO_3 的浓度发生变化，出现酸碱平衡失常共四类八种。判断指标有 pH、PCO_2、CO_2-CP、SB 和 AB 等。

（孙革新）

目标测试

（单项选择题）

1. 不参与酸碱平衡调节的系统和器官是

A. 肺　　B. 肾

C. 肝胆系统　　D. 细胞外液的缓冲体系

E. 细胞内液的缓冲体系

2. 除哪一项外，以下因素都能引起代谢性碱中毒

A. 甲状腺功能亢进　　B. 长期胃管减压

C. 胃液大量丢失　　D. 盐皮质激素分泌过多

E. 大量应用利尿剂

3. 血液中最重要的缓冲系统是

A. 磷酸氢二钠 - 磷酸二氢钠缓冲系统

B. 血红蛋白缓冲系统

C. 碳酸氢盐 - 碳酸缓冲系统

D. 血浆蛋白的缓冲系统

E. 细胞内 H^+ 作为底物被利用

4. 呼吸性酸中毒可由下列哪种情况引起
   A. 发热
   B. 哮喘
   C. 肺气肿
   D. 贫血
   E. 癔症
5. 严重腹泻可引起
   A. 碳酸氢盐丢失，造成酸中毒
   B. 肾脏对 $NaHCO_3$ 重吸收代偿降低
   C. 胃酸损失
   D. 引起碱中毒
   E. 引起低血钾
6. 红细胞缓冲系统中最重要的是
   A. 血浆中以碳酸氢钾 / 碳酸缓冲系统
   B. 以磷酸氢二钠 - 磷酸二氢钠缓冲系统
   C. 以氧合血红蛋白 / 血红蛋白缓冲系统
   D. 血浆中以碳酸氢钠 / 碳酸缓冲系统
   E. 以磷酸氢二钾 - 磷酸二氢钾缓冲系统
7. 体内条件酸碱平衡作用最强而持久的机制是
   A. 血液的缓冲作用
   B. 肺的呼吸作用
   C. 细胞的缓冲作用
   D. 肾的排酸保碱作用
   E. 以上都不是
8. 关于血液 pH 值的叙述以下不正确的是
   A. 血液正常 pH 值为 7.35～7.45
   B. 血液 pH 值为 <7.35 为酸中毒
   C. 血液 pH 值为 >7.45 为碱中毒
   D. 测定血液 pH 值时误差应不超过 ±0.005～0.01
   E. 根据 pH 值改变可确定代谢性还是呼吸性酸碱失衡
9. 人体血液中的挥发酸是下列哪一种
   A. 乳酸
   B. 碳酸
   C. 硫酸
   D. 磷酸
   E. 丙酮酸

实验指导

实验一　醋酸纤维薄膜电泳法分离血清蛋白质

【实验目的】

学习醋酸纤维薄膜电泳的操作，了解电泳技术的一般原理。

【实验原理】

带电粒子在电场中向电性相反的方向移动的现象称为电泳。

任何一种物质的粒子，由于其本身在溶液中的解离或由于其表面对其他带电粒子的吸附，会在电场中向一定的电极移动。例如，氨基酸、蛋白质、酶、激素、核酸及其衍生物等物质都具有许多可解离的酸性和碱性基团，它们在溶液中会解离而带电。

不同的粒子在同一电场中泳动速度不同，据此可将不同带电物质分开。

醋酸纤维薄膜电泳是用醋酸纤维薄膜作为支持物的电泳方法。

醋酸纤维薄膜由二乙酸纤维素制成，它具有均一的泡沫样结构，厚度仅120μm，有强渗透性，对分子移动无阻力，作为区带电泳的支持物进行蛋白电泳有简便、快速、样品用量少、应用范围广、分离清晰、没有吸附现象等优点。目前已广泛用于血清蛋白、脂蛋白、血红蛋白和同工酶的分离及免疫电泳。

【实验准备】

1．试剂

(1) 巴比妥缓冲液（pH=8.6）：巴比妥2.76g，巴比妥钠15.45g，加水至1000ml。

(2) 染色液：氨基黑10B 0.25g，甲醇50ml，冰醋酸10ml，水40ml（可重复用）。

(3) 漂洗液：含甲醇或乙醇45ml，冰醋酸5ml，水50ml。

(4) 透明液：含无水乙醇7份，冰醋酸3份。

2．器材　常压电泳仪、醋酸纤维薄膜（2cm×8cm）、玻璃板、竹镊、点样器（盖玻片）、白磁反应板、培养皿（染色及漂洗用）、人血清或鸡血清、粗滤纸。

【实验学时】 2学时

【实验方法与结果】

1．浸泡和点样　将醋酸纤维薄膜切成8cm×2cm条状，浸于巴比妥缓冲液，待完全浸透后，取出置于滤纸上，轻轻吸去多余的缓冲液，再于薄膜的无光泽面的一端1.5cm处，用小玻片蘸取少许血清，垂直印于膜上，待样品浸入膜后，将薄膜有样品的一面向下（以防蒸发干）贴在电泳槽架上，两端用数层浸湿的滤纸（或纱布）作盐桥贴紧。其他样品同样处理，若需标记，只能用铅笔书写于有光泽面的两端（实验图1-1）。

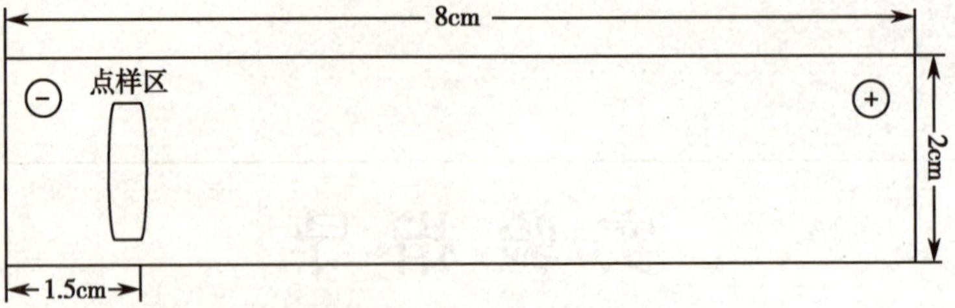

实验图 1-1　醋酸纤维薄膜点样示范

2. 电泳　在电泳槽内加入缓冲液，使两个电极槽内的液面等高，将膜条平悬于电泳槽支架的滤纸桥上。先剪裁尺寸合适的滤纸条，取双层滤纸条附着在电泳槽的支架上，使它的一端与支架的前沿对齐，而另一端浸入电极槽的缓冲液内。用缓冲液将滤纸全部润湿并驱除气泡，使滤纸紧贴在支架上，即为滤纸桥。它是联系醋酸纤维薄膜和两极缓冲液之间的“桥梁”。膜条上点样的一端靠近负极，盖严电泳室，通电，调节电压至160V，电流强度0.4～0.7mA/cm膜宽，电泳时间约为60分钟。

3. 染色　电泳完毕后将膜条取下并放在染色液中浸泡10分钟。

4. 漂洗　将膜条从染色液中取出，置漂洗液中漂洗数次至无蛋白区底色脱净为止，可得色带清晰的电泳图谱（实验图 1-2）。

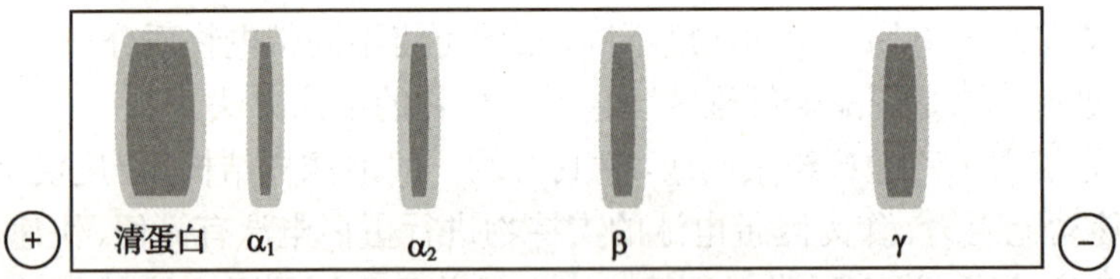

实验图 1-2　醋酸纤维薄膜电泳图谱

5. 定量（了解）　有两种方法。

（1）将上述漂净的薄膜用滤纸吸干，剪下各种蛋白质色带，分别浸于4.0ml 0.4mol/L NaOH溶液中（37℃）5～10分钟，色泽浸出后，比色（590nm）。设各部分的光密度分别为：$OD_{清}$、$OD_{\alpha1}$、$OD_{\alpha2}$、OD_{β}、OD_{γ}。则光密度总和（$OD_{总}$）为：

$$OD_{总}=OD_{清}+OD\alpha_1+OD\alpha_2+OD_{\beta}+OD_{\gamma}$$

清蛋白 %=$\frac{OD_{清}}{OD_{总}}\times100$

α_1球蛋白 %=$\frac{OD_{\alpha1}}{OD_{总}}\times100$

α_2球蛋白 %=$\frac{OD_{\alpha2}}{OD_{总}}\times100$

β球蛋白 %=$\frac{OD_{\beta}}{OD_{总}}\times100$

γ球蛋白 %=$\frac{OD_{\gamma}}{OD_{总}}\times100$

（2）把薄膜放在滤纸上用电吹风吹干，待薄膜完全干燥后，浸入透明液中约5～10分钟，取出，平贴于干净玻璃片上，自然干燥或用电吹风冷风吹干，即得背景透明的电泳图谱，可用刀片刮开并从玻板上取下图谱，可用光密度计测定各蛋白斑点。此图谱可长期保存。

【注意事项】

1. 点样时一定按操作步骤进行，否则常因血清滴加不匀或滴加过多，导致电泳图谱不齐或分离不良。

2. 醋酸纤维薄膜一定要充分浸透后才能点样。点样后电泳槽一定密闭；电流不易过大，防止薄膜干燥，电泳图谱出现条痕。

3. 缓冲液的离子强度一般不应小于 0.05，或大于 0.075，因为过小可使区带拖尾，而过大则使区带过于紧密。

4. 透明液中醋酸含量适宜，含量不足，膜即发白，含量过高膜可被溶解。

5. 在剪开蛋白质各区带时，力求准确，以尽量消除人为的误差。

6. 切勿用手接触薄膜表面，以免油腻或污物沾上，影响电泳结果。

7. 电泳槽内的缓冲液要保持清洁（数天要过滤一次），两极溶液要交替使用。最好将连接正极、负极的电流调换使用。

8. 电泳槽内两边有缓冲液应保持液面相平。

9. 通电完毕，要先断开电源，再取薄膜，以免触电。

【实验评价】

1. 在电泳中影响蛋白质泳动速度的因素有哪些？哪种起决定性作用？

2. 如果血清样品溶血，在电泳时会出现怎样的结果？

3. 肝、肾病变时，血清蛋白质醋酸纤维薄膜分离的蛋白质电泳谱可能会发生什么样的变化？

（郑学锋）

实验二　酶的特异性

【实验目的】

1. 通过本实验验证并解释酶对底物的特异性。

2. 能以严谨的态度，规范地操作实验，认真记录，并对结果进行讨论分析，完成实验报告。

【实验原理】

唾液淀粉酶可将淀粉水解成麦芽糖及少量葡萄糖，二者均属还原性糖，能使班氏试剂中的二价铜离子还原成一价亚铜离子，生成砖红色氧化亚铜（Cu_2O）沉淀。但唾液淀粉酶不能催化蔗糖水解，且蔗糖本身也不具有还原性，故不能与班氏试剂发生颜色反应。以此证明酶对底物催化的专一性。

【实验准备】

1. 试剂

（1）1% 淀粉溶液：称取可溶性淀粉 1g，加少量蒸馏水调成糊状，再加入蒸馏水 80ml 加热溶解，最后用蒸馏水稀释至 100ml。

（2）1% 蔗糖溶液：称取 1g 蔗糖，加蒸馏水至 100ml 溶解。

(3) pH6.8 缓冲液：取 0.2mol/LNa_2HPO_4 溶液 154.5ml，0.1mol/L 柠檬酸溶液 45.5ml，混合后即成。

(4) 班氏试剂

A 液：取结晶硫酸铜（$CuSO_4 \cdot 5H_2O$）17.3g 溶于 100ml 预热的蒸馏水中，冷却后加水至 150ml。

B 液：取柠檬酸钠 173g，无水碳酸钠 100g，加蒸馏水 600ml，加热溶解，冷却后稀释至 850ml。将 A 液缓慢倒入 B 液中混匀后，置于试剂瓶备用。

2. 器械　滴管、烧杯、试管、试管架及试管夹、37℃恒温水浴箱与沸水浴箱。

3. 环境　pH=6.8，37℃恒温水浴，沸水浴。

【实验学时】 2 学时

【实验方法与结果】

（一）实验方法

1. 制备稀释唾液　实验者先将痰咳净，用自来水漱口，以清除口腔内食物残渣，再在口腔内含蒸馏水约 15ml，并作咀嚼运动，3 分钟后吐入垫有脱脂纱布的漏斗内，过滤于小烧杯中用蒸馏水稀释至 20ml，混匀备用。

2. 取试管 2 支，编号，按实验表 2-1 操作。

实验表 2-1　酶特异性操作步骤

加入物（滴）	1 号管	2 号管
pH6.8 缓冲液	20	20
1% 淀粉溶液	10	—
1% 蔗糖溶液	—	10
稀释唾液	5	5
将各管混匀，置于 37℃水浴箱中保温 10 分钟后取出		
班氏试剂	15	15
将各管混匀，置于沸水浴箱中煮沸 5 分钟		

（二）实验结果

在实验表 2-2 中如实填写实验结果

实验表 2-2　酶特异性实验结果及分析

	1 号管	2 号管
结果		
结果分析		

【实验评价】

1. 试以唾液淀粉酶为例，解释酶的特异性及本实验的原理。

2. 观察各管颜色反应并说明原因。

（祝红梅）

实验三　温度、pH、激活剂与抑制剂对酶促作用的影响

【实验目的】

1. 通过本实验观察和验证温度、pH、激动剂与抑制剂对酶促作用的影响。

2. 以严谨的科学态度进行实验操作，认真记录，并对结果进行讨论分析，完成实验报告。

【实验原理】

酶促反应在低温时，反应速度较慢甚至停止；随着温度升高，反应速度逐渐加快；当达到最适温度时，酶促反应速度达到最大值，人体最适温度在37℃左右。如温度过高，反应速度反而下降，甚至停止，这主要是由于酶蛋白因高温变性失活之故。

酶活性与溶液的pH有关。pH既影响酶蛋白质本身构象，也影响底物的解离程度，从而改变酶与底物结合和催化作用，故每种酶都有其自身最适pH的作用环境，过酸过碱均可引起酶蛋白质变性而降低或失去活性。唾液淀粉酶的最适pH为6.8，氯离子对该酶活性有激活作用，铜离子则有抑制作用。

本实验用碘与淀粉及其水解产物（大分子糊精、麦芽糖）的颜色反应，来比较唾液淀粉酶在不同条件下催化淀粉水解的速度，从而判断温度、pH、激活剂、抑制剂对酶促作用的影响。

$$\underset{\text{(与碘呈蓝色)}}{\text{淀粉}} \longrightarrow \underset{\text{(与碘呈紫红至红色)}}{\text{糊精}} \longrightarrow \underset{\text{(与碘不呈色)}}{\text{麦芽糖}}$$

【实验准备】

1. 试剂

（1）1%淀粉溶液：称取可溶性淀粉1g，加少量蒸馏水调成糊状，再加入蒸馏水80ml加热溶解，最后用蒸馏水稀释至100ml。

（2）pH6.8缓冲液：取0.2mol/L Na_2HPO_4溶液154.5ml，0.1mol/L柠檬酸溶液45.5ml，混合后即成。

（3）pH4.0缓冲液：取0.2mol/L Na_2HPO_4溶液385.5ml，0.1mol/L柠檬酸溶液614.5ml，混合后即成。

（4）pH8.0缓冲液：取0.2mol/L Na_2HPO_4溶液194.5ml，0.1mol/L柠檬酸溶液5.5ml，混合后即成。

（5）0.9%NaCl溶液。

（6）1%$CuSO_4$溶液。

（7）1%Na_2SO_4溶液。

（8）碘液：称取碘2g、碘化钾4g溶于1000ml蒸馏水中，置于棕色瓶内贮存备用。

2. 器械　滴管、试管、试管架、试管夹、小烧杯、恒温水浴箱、冰浴箱（冰箱）、沸水浴箱

3. 环境　pH6.8、pH4.0、pH8.0、37℃恒温水浴，冰浴，沸水浴。

【实验学时】 2学时

【实验方法与结果】

（一）实验方法

1. 制备稀释唾液　实验者先将痰咳净，用自来水漱口，以清除口腔内食物残渣，再在口

腔内含蒸馏水约15ml，并作咀嚼运动，3分钟后吐入垫有脱脂纱布的漏斗内，过滤于小烧杯中用蒸馏水稀释至20ml，混匀备用。

2. pH对酶促反应速度的影响　取试管3支，编号，按实验表3-1操作。

实验表3-1　pH对酶促反应速度的影响

加入物(滴)	1号管	2号管	3号管
pH4.0缓冲液	20	—	—
pH6.8缓冲液	—	20	—
pH8.0缓冲液	—	—	20
1%淀粉溶液	10	10	10
稀释唾液	5	5	5
将各管混匀，置于37℃水浴箱中保温10分钟后取出			
碘液	1	1	1

3. 温度对酶促反应速度的影响　取试管3支，编号，按实验表3-2操作。

实验表3-2　温度对酶促反应速度的影响

加入物(滴)	1号管	2号管	3号管
pH6.8缓冲液	20	20	20
1%淀粉溶液	10	10	10
将1，2，3号管分别置于0℃，37℃，100℃预温5分钟			
稀释唾液	5	5	5
继续将1，2，3号管分别置于0℃，37℃，100℃预温5分钟			
碘液	1	1	1

4. 激活剂与抑制剂对酶促反应速度的影响　取试管4支，编号，按实验表3-3操作。

实验表3-3　激活剂与抑制剂对酶促反应速度的影响

加入物(滴)	1号管	2号管	3号管	4号管
pH6.8缓冲液	20	20	20	20
1%淀粉溶液	10	10	10	10
蒸馏水	10	—	—	—
0.9%NaCl溶液	—	10	—	—
1%$CuSO_4$溶液	—	—	10	—
1%Na_2SO_4溶液	—	—	—	10
稀释唾液	5	5	5	5
将各管混匀，置于37℃水浴箱中保温10分钟后取出				
碘液	1	1	1	1

（二）实验结果

1. pH对酶促反应速度的影响（实验表3-4）

实验表 3-4　pH 对酶促反应速度影响的结果与分析

	1 号管	2 号管	3 号管
结果			
结果分析			

2. 温度对酶促反应速度的影响（实验表 3-5）

实验表 3-5　温度对酶促反应速度影响的结果与分析

	1 号管	2 号管	3 号管
结果			
结果分析			

3. 激活剂与抑制剂对酶促反应速度的影响（实验表 3-6）

实验表 3-6　激活剂与抑制剂对酶促反应速度影响的结果与分析

	1 号管	2 号管	3 号管	4 号管
结果				
结果分析				

【实验评价】

1. 简述温度、pH、激动剂及抑制剂等因素对淀粉酶活性的影响。
2. 简述淀粉酶活性测定的原理及注意事项。

（祝红梅）

实验四　琥珀酸脱氢酶的作用及其抑制

【实验目的】

1. 掌握测定琥珀酸脱氢酶活性的简易方法及其原理。
2. 了解丙二酸对琥珀酸脱氢酶的竞争性抑制作用。

【实验原理】

存在于心肌、骨骼肌、肝等组织中琥珀酸脱氢酶，能使琥珀酸脱氢而成延胡索酸，脱下氢可使甲烯蓝褪色，还原为甲烯白。反应如下：

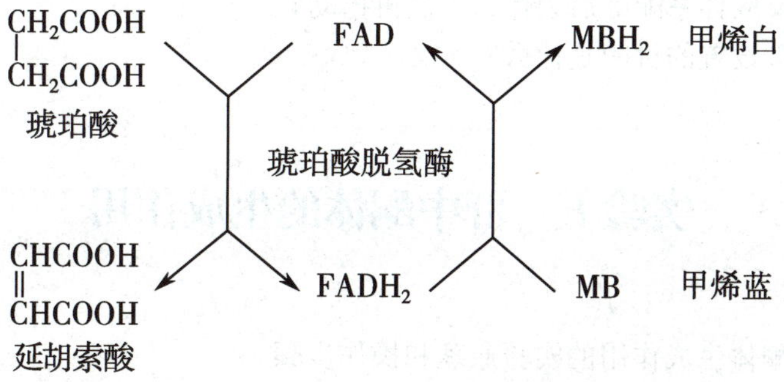

草酸、丙二酸等在结构上与琥珀酸相似，可与琥珀酸竞争与琥珀酸脱氢酸的活性中心结合。若酶已与丙二酸等结合，则不能再与琥珀酸结合而使之脱氢，产生抑制作用，且抑制程度取决于琥珀酸与抑制剂在反应体系中浓度的相对比例，所以这种抑制是竞争性抑制。本实验通过观察在由不同浓度的琥珀酸与丙二酸组成的反应体系中使等量甲烯蓝退色反应时间，从而验证丙二酸对琥珀酸的竞争性抑制作用。

【实验准备】

1. 试剂

（1）0.1mol/L 盐酸缓冲液（pH7.4）：取 0.1mol/L 磷酸氢二钠溶液 81ml 和 0.1mol/L 磷酸二氢钠溶液 19ml，二者混合即成。4℃冰箱保存。

（2）1.5% 琥珀酸钠溶液：称取 1.5g 琥珀酸钠，加蒸馏水至 100ml。

（3）1% 丙二酸钠溶液：称取 1g 丙二酸钠，加蒸馏水至 100ml。

（4）0.02% 甲烯蓝溶液：称取 0.02g 甲烯蓝溶液，加蒸馏水至 100ml。

（5）液体石蜡。

2. 器材　家兔、组织剪、试管、试管架、滴管、高速组织捣碎机或研钵、恒温水浴箱。

【实验学时】 2 学时

【实验方法与结果】

1. 将家兔气栓致死后，迅速取出大腿肌肉或肝组织，加入 0～4℃的 pH7.4 磷酸缓冲液，用高速组织捣碎机制备成 20% 匀浆。

2. 试管 4 支，标以 1、2、3、4，按实验表 4-1 加入各种试剂。

实验表 4-1　琥珀酸脱氢酶的作用及其抑制

管号	1	2	3	4
匀浆液（滴）	10	10	—	10
1.5% 琥珀酸钠溶液（滴）	10	10	10	20
1% 丙二酸钠溶液（滴）	—	10	10	10
蒸馏水（滴）	20	10	20	—
0.02% 甲烯蓝溶液（滴）	5	5	5	5
结果				

3. 将各试管溶液混匀，各加少量液体石蜡覆盖在溶液液面上，然后将试管放入 37℃水浴中保温。

4. 在 15 分钟内观察各管颜色的改变，并记录在表内。

【实验评价】

1. 为什么要在各管液面上覆盖石蜡？

2. 各管中的反应体系配好后为什么不能再摇动？

3. 第四号试管设置的目的是什么？

（吕荣光）

实验五　肝中酮体的生成作用

【实验目的】

1. 了解肝中酮体生成作用的实验原理和操作步骤。

2. 验证酮体生成是肝特有的功能。

【实验原理】

酮体包括乙酰乙酸、β- 羟丁酸和丙酮三种物质，是脂肪酸在肝中氧化的正常中间代谢产物，是大脑及肌肉组织的重要能源。正常情况下，血中仅含有少量酮体。而在饥饿及严重糖尿病时，血中酮体升高，称为酮血症，一部分酮体可随尿排出，称为酮尿，严重者可导致酮症酸中毒。

本实验以丁酸作为底物，与新鲜的肝匀浆一起保温，利用肝组织中合成酮体的酶系，催化丁酸生成酮体。酮体能与显色粉中的亚硝基铁氰化钠反应，生成紫红色化合物。而将丁酸与肌匀浆混合，放在同样的环境中则不能生成酮体，也不与显色粉反应，因为肌组织中无酮体生成酶系。

【实验准备】

1. 试剂

(1) 生理盐水(0.9% 氯化钠溶液)。

(2) 洛克(Locke)液：称取葡萄糖 0.1g，氯化钠 0.9g，氯化钾 0.042g，氯化钙 0.024g，碳酸氢钠 0.02g，溶于 100ml 蒸馏水中。

(3) 0.5mol/L 丁酸溶液：称取丁酸 44g，溶于适量的 0.1mol/L 的 NaOH 溶液中，然后再用 0.1mol/L 的 NaOH 溶液稀至 1L。

(4) pH7.6 磷酸盐缓冲液：量取 0.1mol/L 的 $Na_2HPO_4$86.8ml 与 0.1mol/L 的 $NaH_2PO_4$13.2ml，混合即可。

(5) 15% 三氯醋酸溶液。

(6) 显色粉：称取亚硝基铁氰化钠 1g，硫酸铵 50g，无水碳酸钠 30g，混合后研成粉末。

2. 器材　试管及试管架、滴管、动物肝、肌肉、剪刀、研钵或匀浆器、恒温水浴箱。

【实验学时】 2 学时

【实验方法与结果】

1. 制备肝匀浆和肌匀浆　取小白兔或小白鼠一只，断头杀死，迅速剖腹取出肝和肌肉，剪碎后分别放入匀浆器或研钵中，按体重：体积为 1(g)：3(ml) 的比例加入生理盐水制成匀浆。匀浆也可以用大动物的肝和肌肉制取，方法是：取大动物的肝和肌肉，除去脂肪和筋膜，剪成碎条后用生理盐水浸泡 2～3 次，然后制成匀浆。

2. 取 4 支试管编号，按实验表 5-1 加入试剂。

实验表 5-1　酮体的生成操作步骤

加入物(滴)	1 号管	2 号管	3 号管	4 号管
洛克液	15	15	15	15
0.5mol/L 丁酸溶液	30	—	30	30
pH7.6 磷酸盐缓冲液	15	15	15	15
肝匀浆	20	20	—	—
肌匀浆	—	—	—	20
蒸馏水	—	30	20	—

3. 将各管溶液摇匀后，置于37℃恒温水浴箱中保温40分钟（每隔10分钟摇动一次试管可加快反应）。

4. 取出各管，分别加入15%三氯醋酸20滴，混匀后用离心机离心5分钟（3000转/分）或用脱脂棉过滤。

5. 用滴管分别从4支试管中吸取上清液数滴，分别置于白瓷反应板的4个凹槽内。然后每凹槽各加显色粉一小匙，观察颜色反应。

将各管液体与显色粉反应后呈现的颜色记录于表中，分析原因。

【实验评价】

1. 比较并分析实验结果，说明酮体生成的部位及意义。

2. 试分析肝中酮体的生成作用对机体的利弊。

（刘文芳）

实验六　转氨基作用

【实验目的】

在体内所有组织器官中几乎都能进行氨基酸的转氨基作用，但不同的组织器官转氨酶（ALT）的活性大小不同。本实验验证和比较肝、肌肉ALT的活性。

【实验原理】

L-丙氨酸与α-酮戊二酸在丙氨酸转氨酶的催化下生成丙酮酸和*L*-谷氨酸，丙酮酸与显色粉中的2，4-二硝基苯肼作用，生成丙酮酸-2，4-二硝基苯腙，苯腙在碱性条件下显红棕色，颜色深浅表示酶活性大小。在本试验中进行肝、肌肉与血清中转氨酶活性比较。

【实验准备】

1. 试剂

（1）0.1mol/L磷酸盐缓冲液（pH7.4）：精确量取80.8ml的0.1mol/LNa_2HPO_4，19.2ml的0.1mol/LKH_2PO_4，混匀即成。

（2）底物缓冲液：取1.78g *DL*-丙氨酸，29.2mg α-酮戊二酸。将两种物质先溶于10ml的1mol/LNaOH中，溶解后用1mol/L HCl调节pH7.4磷酸盐缓冲液至100ml，加氯仿数滴防腐，置于4℃冰箱保存。

（3）1.0mmol/L2，4-二硝基苯肼溶液：取20mg 2，4-二硝基苯肼溶于1mol/L HCl 100ml中。

（4）0.4mol/LNaOH溶液：用1mol/LNaOH溶液稀释配制。

（5）2mmol/L丙酮酸标准液。

2. 器材　研钵和细沙、分析天平、恒温水浴箱、试管、可调加样器、刻度吸量管等。

【实验学时】 2学时

【实验方法与结果】

1. 将家兔处死后，迅速剖腹取出肝和部分肌肉，用生理盐水洗净。取新鲜肝和肌组织一定量，剪碎后分别放入研钵中，按重量与体积1∶3的比例加入生理盐水，加细沙、研磨成匀浆。用棉花过滤匀浆，即得到肝与肌的提取液。

2. 取试管3支按实验表6-1操作。

实验表 6-1 转氨基作用操作步骤

加入物	1 号管	2 号管	3 号管
ALT 基质液	1ml	1ml	1ml
肝提取液	3 滴	—	—
肌提取液	—	3 滴	—
血清	—	—	3 滴
37℃水浴	20 分钟	20 分钟	20 分钟
2，4- 二硝基苯肼	10 滴	10 滴	10 滴
37℃水浴	20 分钟	20 分钟	20 分钟
0.4mol/LNaOH	5ml	5ml	5ml
结果			

【实验评价】

说明 ALT 活性测定的临床意义。

（再努热木•阿不都外力）

目标测试参考答案

第一章

1. A　2. D

第二章

1. E　2. B　3. E　4. B　5. E　6. D　7. C　8. D　9. C　10. B
11. B　12. B　13. D　14. A　15. B

第三章

1. D　2. C　3. B　4. B　5. C　6. B　7. D　8. D　9. C　10. E
11. C　12. D　13. C　14. A　15. C

第四章

1. C　2. A　3. E　4. A　5. C　6. C　7. C　8. E　9. C　10. A

第五章

1. A　2. D　3. A　4. E　5. C　6. E　7. C　8. C　9. C　10. D
11. E　12. C　13. B　14. C　15. B

第六章

1. E　2. B　3. C　4. B　5. C　6. B　7. C　8. C　9. E　10. D

第七章

1. A　2. B　3. A　4. D　5. D　6. B　7. B　8. B　9. B　10. A

第八章

1. B　2. B　3. B　4. C　5. C　6. D　7. C　8. D　9. D　10. A
11. C　12. B　13. C　14. D　15. A

第九章

1. C　2. C　3. E　4. B　5. E　6. D　7. B　8. C　9. A　10. A
11. A　12. D　13. D　14. D　15. E

第十章

1. B　2. A　3. A　4. D　5. D　6. C　7. C　8. D　9. C　10. E

第十一章

1. A　2. D　3. B　4. B　5. C　6. E　7. E　8. B　9. B　10. E

第十二章

1. C　2. A　3. C　4. C　5. A　6. C　7. D　8. E　9. B

参考文献

[1] 何旭辉. 生物化学[M]. 2版. 北京：人民卫生出版社，2014.
[2] 何旭辉，吕士杰. 生物化学[M]. 7版. 北京：人民卫生出版社，2014.
[3] 王易振，何旭辉. 生物化学[M]. 2版. 北京：人民卫生出版社，2013.
[4] 李月秋. 生物化学[M]. 2版. 北京：人民卫生出版社，2008.
[5] 车龙浩. 生物化学[M]. 2版. 北京：人民卫生出版社，2008.
[6] 万福生. 生物化学[M]. 2版. 北京：人民卫生出版社，2012.
[7] 查锡良. 生物化学[M]. 7版. 北京：人民卫生出版社，2008.
[8] 查锡良，药立波. 生物化学与分子生物学[M]. 8版. 北京：人民卫生出版社，2013.
[9] 贾弘提，冯作化. 生物化学与分子生物学[M]. 2版. 北京：人民卫生出版社，2010.
[10] 叶任高，陆再英. 内科学[M]. 6版. 北京：人民卫生出版社，2004.
[11] 蔡太生，张申. 生物化学[M]. 4版. 北京：人民卫生出版社，2015.
[12] 周克元，罗德生. 生物化学[M]. 2版. 北京：科学出版社，2010.
[13] 周爱儒. 生物化学[M]. 6版. 北京：人民卫生出版社，2006.
[14] 赵汉芬. 生物化学[M]. 2版. 北京：人民卫生出版社，2011.
[15] 中国营养协会. 中国居民膳食指南[M]. 拉萨：西藏人民出版社，2007.
[16] 中国营养协会. 中国居民膳食指南[M]. 2版. 北京：人民卫生出版社，2016.